U0174324

国家自然科学基金
理论物理专款资助

"十三五"国家重点出版物出版规划项目

21 世纪理论物理及其交叉学科前沿丛书

广义相对论与引力规范理论

段一士 著

科学出版社

北 京

内 容 简 介

本书是由段一士教授长期讲授广义相对论课程的讲义整理而成，在兰州大学使用多年，是我国最早的广义相对论教材之一. 本书系统介绍了广义相对论的物理内容，包括必要的数学知识（黎曼几何），爱因斯坦引力场方程，中心球对称解与广义相对论的引力效应，对致密星与黑洞的诠释，还介绍了引力规范理论的基础，以标架方法介绍了 $SO(N)$ 规范理论与黎曼几何，广义协变 Dirac 方程，广义相对论中的广义协变守恒定律，并以广义协变守恒定律为基础讨论引力辐射理论，给出了双星引力辐射的计算.

本书内容化难为易、言简意赅、一语道破而不失深刻内涵，适合理论物理专业研究生和高年级本科生作为学习广义相对论的教材，也适合相关领域研究人员阅读参考.

图书在版编目(CIP)数据

广义相对论与引力规范理论 / 段一士著. —北京:
科学出版社, 2020.6
（21世纪理论物理及其交叉学科前沿丛书）
"十三五"国家重点出版物出版规划项目
ISBN 978-7-03-065063-4

Ⅰ. ① 广… Ⅱ. ① 段… Ⅲ. ①广义相对论②引力规范
理论 Ⅳ. ①O412.1

中国版本图书馆 CIP 数据核字 (2020) 第 078108 号

责任编辑：钱　俊　陈艳峰 / 责任校对：杨聪敏
责任印制：吴兆东 / 封面设计：无极书装

科 学 出 版 社 出版
北京东黄城根北街 16 号
邮政编码：100717
http://www.sciencep.com

北京虎彩文化传播有限公司 印刷
科学出版社发行　各地新华书店经销
＊
2020 年 6 月第　一　版　开本：720 × 1000　1/16
2023 年 8 月第四次印刷　印张：13 1/4
字数：240 000
定价：98.00 元
(如有印装质量问题，我社负责调换)

本书编委会

编　　委：葛墨林　孙昌璞　罗洪刚　任继荣
　　　　　刘玉孝　杨　捷　王永强　赵　力
　　　　　魏少文

《21 世纪理论物理及其交叉学科前沿丛书》出版前言

物理学是研究物质及其运动规律的基础科学. 其研究内容可以概括为两个方面: 第一, 在更高的能量标度和更小的时空尺度上, 探索物质世界的深层次结构及其相互作用规律; 第二, 面对由大量个体组元构成的复杂体系, 探索超越个体特性"演生"出来的有序和合作现象. 这两个方面代表了两种基本的科学观—还原论 (reductionism) 和演生论 (emergence). 前者把物质性质归结为其微观组元间的相互作用, 旨在建立从微观出发的终极统一理论, 是一代又一代物理学家的科学梦想; 后者强调多体系统的整体有序和合作效应, 把不同层次"演生"出来的规律当成自然界的基本规律加以探索. 它涉及从固体系统到生命软凝聚态等各种多体系统, 直接联系关乎日常生活的实际应用.

现代物理学通常从理论和实验两个角度探索以上的重大科学问题. 利用科学实验方法, 通过对自然界的主动观测, 辅以理论模型或哲学上思考, 先提出初步的科学理论假设, 然后借助进一步的实验对此进行判定性检验. 最后, 据此用严格的数学语言精确、定量表达一般的科学规律, 并由此预言更多新的、可以被实验再检验的物理效应. 当现有的理论无法解释一批新的实验发现时, 物理学就要面临前所未有的挑战, 有可能产生重大突破, 诞生新理论. 新的理论在解释已有实验结果的同时, 还将给出更一般的理论预言, 引发新的实验研究. 物理学研究这些内禀特征, 决定了理论物理学作为一门独立学科存在的必要性以及在当代自然科学中的核心地位.

理论物理学立足于科学实验和观察, 借助数学工具、逻辑推理和观念思辨, 研究物质的时空存在形式及其相互作用规律, 从中概括和归纳出具有普遍意义的基本理论. 由此不仅可以描述和解释自然界已知的各种物理现象, 而且还能够预言此前未知的物理效应. 需要指出, 理论物理学通过当代数学语言和思想框架, 使得物理定律得到更为准确的描述. 沿循这个规律, 作为理论物理学最基础的部分, 20 世纪初诞生的相对论和量子力学今天业已成为当代自然科学的两大支柱, 奠定了理论物理学在现代科学中的核心地位. 统计物理学基于概率统计和随机性的思想处理多粒子体系的运动, 是二者的必要补充. 量子规范场论从对称性的角度描述微观粒子的基本相互作用, 为自然界四种基本相互作用的统一提供坚实的基础.

关于理论物理的重要作用和学科发展趋势, 我们分六点简述.

1. 理论物理研究纵深且广泛, 其理论立足于全部实验的总和之上. 由于物质结构是分层次的, 每个层次上都有自己的基本规律, 不同层次上的规律又是互相联系的. 物质层次结构及其运动规律的基础性、多样性和复杂性不仅为理论物理学提供了丰富的研究对象, 而且对理论物理学家提出巨大的智力挑战, 激发出人类探索自然的强大动力. 因此, 理论物理这种高度概括的综合性研究, 具有显著的多学科交叉与知识原创的特点. 在理论物理中, 有的学科 (诸如粒子物理、凝聚态物理等) 与实验研究关系十分密切, 但还有一些更加基础的领域 (如统计物理、引力理论和量子基础理论), 它们一时并不直接涉及实验. 虽然物理学本身是一门实验科学, 但物理理论是立足于长时间全部实验总和之上, 而不是只针对个别实验. 虽然理论正确与否必须落实到实验检验上, 但在物理学发展过程中, 有的阶段性理论研究和纯理论探索性研究, 开始不必过分强调具体的实验检验. 其实, 产生重大科学突破甚至科学革命的广义相对论、规范场论和玻色爱因斯坦凝聚就是这方面的典型例证, 它们从纯理论出发, 实验验证却等待了几十年, 甚至近百年. 近百年前爱因斯坦广义相对论预言了一种以光速传播的时空波动——引力波. 直到 2016 年 2 月, 美国科学家才宣布人类首次直接探测到引力波. 引力波的预言是理论物理发展的里程碑, 它的观察发现将开创一个崭新的引力波天文学研究领域, 更深刻地揭示宇宙奥秘.

2. 面对当代实验科学日趋复杂的技术挑战和巨大经费需求, 理论物理对物理学的引领作用必不可少. 第二次世界大战后, 基于大型加速器的粒子物理学开创了大科学工程的新时代, 也使得物理学发展面临经费需求的巨大挑战. 因此, 伴随着实验和理论对物理学发展发挥的作用有了明显的差异变化, 理论物理高屋建瓴的指导作用日趋重要. 在高能物理领域, 轻子和夸克只能有三代是纯理论的结果, 顶夸克和最近在大型强子对撞机 (LHC) 发现的 Higgs 粒子首先来自理论预言. 当今高能物理实验基本上都是在理论指导下设计进行的, 没有理论上的动机和指导, 高能物理实验如同大海捞针, 无从下手. 可以说, 每一个大型粒子对撞机和其他大型实验装置, 都与一个具体理论密切相关. 天体宇宙学的观测更是如此. 天文观测只会给出一些初步的宇宙信息, 但其物理解释必依赖于具体的理论模型. 宇宙的演化只有一次, 其初态和末态迄今都是未知的. 宇宙学的研究不能像通常的物理实验那样, 不可能为获得其演化的信息任意调整其初末态. 因此, 仅仅基于观测, 不可能构造完全合理的宇宙模型. 要对宇宙的演化有真正的了解, 建立自洽的宇宙学模型和理论, 就必须立足于粒子物理和广义相对论等物理理论.

3. 理论物理学本质上是一门交叉综合科学. 大家知道, 量子力学作为 20 世纪的奠基性科学理论之一, 是人们理解微观世界运动规律的现代物理基础. 它的建立, 带来了以激光、半导体和核能为代表的新技术革命, 深刻地影响了人类的物质、精神生活, 已成为社会经济发展的原动力之一. 然而, 量子力学基础却存在诸多的争议, 哥本哈根学派对量子力学的 "标准" 诠释遭遇诸多挑战. 不过这些学术争论不仅促进了量子理论自身发展, 而且促使量子力学走向交叉科学领域, 使得量子物理从观测解释阶段进入自主调控的新时代, 从此量子世界从自在之物变成为我之物. 近二十年来, 理论物理学在综合交叉方面的重要进展是量子物理与信息计算科学的交叉, 由此形成了以量子计算、量子通信和量子精密测量为主体的量子信息科学. 它充分利用量子力学基本原理, 基于独特的量子相干进行计算、编码、信息传输和精密测量, 探索突破芯片极限、保证信息安全的新概念和新思路. 统计物理学为理论物理研究开拓了跨度更大的交叉综合领域, 如生物物理和软凝聚态物理. 统计物理的思想和方法不断地被应用到各种新的领域, 对其基本理论和自身发展提出了更高的要求. 由于软物质是在自然界中存在的最广泛的复杂凝聚态物质, 它处于固体和理想流体之间, 与人们的日常生活及工业技术密切相关. 例如, 水是一种软凝聚态物质, 其研究涉及的基础科学问题关乎人类社会今天面对的水资源危机.

4. 理论物理学在具体系统应用中实现创新发展, 并在基本层次上回馈自身. 从量子力学和统计物理对固体系统的具体应用开始, 近半个世纪以来凝聚态物理学业已发展成当代物理学最大的一个分支. 它不仅是材料、信息和能源科学的基础, 也与化学和生物等学科交叉与融合, 而其中发现的新现象、新效应, 都有可能导致凝聚态物理一个新的学科方向或领域的诞生, 为理论物理研究展现了更加广阔的前景. 一方面, 凝聚态物理自身理论发展异常迅猛和广泛, 描述半导体和金属的能带论和费米液体理论为电子学、计算机和信息等学科的发展奠定了理论基础; 另一方面, 从凝聚态理论研究提炼出来的普适的概念和方法, 对包括高能物理在内的其他物理学科的发展也起到了重要的推动作用. BCS 超导理论中的自发对称破缺概念, 被应用到描述电弱相互作用统一的 Yang-Mills 规范场论, 导致了中间玻色子质量演生的 Higgs 机制, 这是理论物理学发展的又一个重要里程碑. 近二十年来, 在凝聚态物理领域, 有大量新型低维材料的合成和发现, 有特殊功能的量子器件的设计和实现, 有高温超导和拓扑绝缘体等大量新奇量子现象的展示. 这些现象不能在以单体近似为前提的费米液体理论框架下得到解释, 新的理论框架建立已迫在眉睫, 如果成功将使凝聚态物理的基础及应用研究跨上一个新的历史台阶,也将理论物理的引领作用发挥到极致.

5. 理论物理的一个重要发展趋势是理论模型与强大的现代计算手段相结合. 面对纷繁复杂的物质世界 (如强关联物质和复杂系统), 简单可解析求解的理论物理模型不足以涵盖复杂物质结构的全部特征, 如非微扰和高度非线性. 现代计算机的发明和快速发展提供了解决这些复杂问题的强大工具. 辅以面向对象的科学计算方法 (如第一原理计算、蒙特卡罗方法和精确对角化技术), 复杂理论模型的近似求解将达到极高的精度, 可以逐渐逼近真实的物质运动规律. 因此, 在解析手段无法胜任解决复杂问题任务时, 理论物理必须通过数值分析和模拟的办法, 使得理论预言进一步定量化和精密化. 这方面的研究导致了计算物理这一重要学科分支的形成, 成为连接物理实验和理论模型必不可少的纽带.

6. 理论物理学将在国防安全等国家重大需求上发挥更多作用. 大家知道, 无论决胜第二次世界大战、冷战时代的战略平衡, 还是中国国家战略地位提升, 理论物理学在满足国家重大战略需求方面发挥了不可替代的作用. 爱因斯坦、奥本海默、费米、彭桓武、于敏、周光召等理论物理学家也因此彪炳史册. 与战略武器发展息息相关, 第二次世界大战后开启了物理学大科学工程的新时代, 基于大型加速器的重大科学发现反过来为理论物理学提供广阔的用武之地, 如标准模型的建立. 国防安全方面等国家重大需求往往会提出自由探索不易提出的基础科学问题, 在对理论物理提出新挑战的同时, 也为理论物理研究提供了源头创新的平台. 因此, 理论物理也要针对国民经济发展和国防安全方面等国家重大需求, 凝练和发掘自己能够发挥关键作用的科学问题, 在实践应用和理论原始创新方面取得重大突破. 为了全方位支持我国理论物理事业长足发展, 1993 年国家自然科学基金委员会设立 "理论物理专款", 并成立学术领导小组 (首届组长是我国著名理论物理学家彭桓武先生). 多年来, 这个学术领导小组凝聚了我国理论物理学家集体智慧, 不断探索符合理论物理特点和发展规律的资助模式, 培养理论物理优秀创新人才做出杰出的研究成果, 对国民经济和科技战略决策提供指导和咨询. 为了更全面地支持我国的理论物理事业, "理论物理专款" 持续资助我们编辑出版这套《21 世纪理论物理及其交叉学科前沿丛书》, 目的是要系统全面介绍现代理论物理及其交叉领域的基本内容及其学科前沿发展, 以及中国理论物理学家科学贡献和所取得的主要进展. 希望这套丛书能帮助大学生、研究生、博士后、青年教师和研究人员全面了解理论物理学研究进展, 培养对物理学研究的兴趣, 迅速进入理论物理前沿研究领域, 同时吸引更多的年轻人献身理论物理学事业, 为我国的科学研究在国际上占有一席之地作出自己的贡献.

孙昌璞

中国科学院院士, 发展中国家科学院院士

国家自然科学基金委员会"理论物理专款"学术领导小组组长

本书前言

广义相对论是关于时间、空间与物质及其运动相互依赖关系的理论, 特别是在描述大尺度时空范围内的物理过程中已成为不可或缺的理论工具. 广义相对论是现代物理学的重要基石之一, 是现代宇宙学的基础, 在相对论天体物理等领域也有广泛应用.

本书是由段一士教授多年来在兰州大学为理论物理专业的本科生和研究生开设的广义相对论课程的讲义整理而成. 期间, 段一士教授受教育部和中国科学院研究生院邀请, 分别在北京和兰州举办广义相对论讲习班, 还受美国密苏里大学和斯坦福大学邀请, 讲授引力规范理论. 由于原稿是广义相对论课程的讲义, 因此内容以公式为主, 阐述的文字较少, 整理成书的过程中, 在不改变讲义原有的简明扼要风格的前提下, 添加了少量的文字叙述.

本书简要介绍广义相对论和引力规范理论的基础内容. 第 1 章主要介绍广义相对论的数学基础——黎曼几何. 第 2 章主要介绍爱因斯坦方程、测地线方程和牛顿近似, 并由爱因斯坦-希尔伯特作用量变分推导爱因斯坦方程. 第 3 章介绍引力场中心球对称解和广义相对论的引力效应. 第 4 章介绍致密星与黑洞. 第 5 章介绍引力场方程的中心球对称通解. 第 6—9 章是引力规范理论的基础内容, 是本书的特色. 第 6 章主要介绍引力规范理论的基础, 基于标架表述介绍 $SO(N)$ 规范理论与黎曼几何. 第 7 章介绍广义协变 Dirac 方程, 这是引力规范理论的重要部分. 第 8 章介绍广义相对论中的广义协变守恒定律. 第 9 章以广义协变守恒定律为基础讨论引力辐射理论, 并给出双星引力辐射的计算.

本书的讲义在兰州大学使用多年, 并得到学生的普遍好评. 本书在出版过程中, 得到了国家自然科学基金理论物理专款和兰州大学物理科学与技术学院的资助, 在此表示感谢! 感谢科学出版社钱俊编辑的大力支持和宝贵意见.

谬误之处, 敬请读者指正.

本书编委会
2019 年 5 月

目　　录

引　言

　　爱因斯坦 (Albert Einstein)1905 年建立了狭义相对论, 同年还提出光量子概念解释了光电效应, 完成了关于布朗运动的研究论文, 对量子论和统计力学的发展都做出了重要贡献. 爱因斯坦是 20 世纪最伟大的物理学家, 他在 1915 年创建的广义相对论, 是关于时间、空间与物质及其运动相互依赖关系的学说, 是建立在广义协变性原理、等效原理和黎曼几何基础上的引力理论和宏观物质运动理论.

　　广义相对论就其创造性和深刻性来说都是非凡的和令人惊奇的, 这一理论不仅对牛顿力学的核心内容, 即牛顿动力学和万有引力定律给予了统一和深刻的解释, 还预言了许多牛顿力学所不能解释的新物理效应, 并为实验所证实.

　　广义相对论是现代物理学的重要基石之一, 是现代宇宙学的基础. 其预言的黑洞和引力波最近为观测所直接证实.

　　从理论物理的体系来说, 广义相对论是一种流形上的非阿贝尔规范理论, 由于这一极其重要的特征, 从而有可能建立包括引力、电磁、弱和强相互作用的超大统一场理论.

　　近年来的发展有: 额外维理论, 包括高维 Kaluza-Klein 理论、大额外维理论、卷曲额外维理论等; 超弦/M 理论, 是目前公认的把引力量子化并将其与电磁、弱、强相互作用统一的理想候选者; 圈量子引力, 是一种背景无关的量子引力理论; 其他各种修改引力理论.

　　广义相对论并不是理论的终结, 人们正在爱因斯坦理论的基础上, 对物理学中宏观和微观领域进行新的探索.

第 1 章　黎 曼 几 何

1.1　张　　量

1.1.1　坐标变换

流形是二维曲面概念的推广, 它的重要特点是局部与欧氏空间同胚, 并以此局部欧氏空间的坐标来定义流形上的坐标. 设 n 维流形上 p 点的坐标为

$$x = x(x^1, x^2, \cdots, x^n), \tag{1.1}$$

在另一坐标系中 p 点的坐标为

$$x' = x'(x'^1, x'^2, \cdots, x'^n), \tag{1.2}$$

它们之间存在关系

$$x'^{\mu} = \bar{x}^{\mu}(x^1, x^2, \cdots, x^n), \ (\mu = 0, 1, 2, \cdots, n) \tag{1.3}$$

称为坐标变换, 由流形的定义可知它是一个可微函数.

定义变换矩阵:

$$A = [A_{\nu}^{\mu}], \qquad A_{\nu}^{\mu} = \frac{\partial \bar{x}^{\mu}}{\partial x^{\nu}}, \tag{1.4}$$

$\det A \equiv J\left(\frac{\bar{x}}{x}\right)$, 称为雅可比行列式 (Jacobian). 由于

$$\mathrm{d}\bar{x}^{\mu} = \frac{\partial \bar{x}^{\mu}}{\partial x^{\nu}}\mathrm{d}x^{\nu} \ \text{即} \ \mathrm{d}\bar{x}^{\mu} = A_{\nu}^{\mu}\mathrm{d}x^{\nu}, \tag{1.5}$$

由线性方程理论知, 如果雅可比行列式不为零 $\det A \neq 0$, 即 $J\left(\frac{\bar{x}}{x}\right) \neq 0$, 则 $\mathrm{d}x^{\mu}$ 可用 $\mathrm{d}\bar{x}^{\mu}$ 线性表示. 这时存在逆变换

$$x^{\mu} = x^{\mu}(x'^1, x'^2, \cdots, x'^n), \qquad x'^{\mu} = \bar{x}^{\mu}. \tag{1.6}$$

同理可定义

$$\bar{A}_{\mu}^{\nu} = \frac{\partial x^{\nu}}{\partial \bar{x}^{\mu}}, \tag{1.7}$$

因为 $\dfrac{\partial x^\mu}{\partial x^\nu} = \delta^\mu_\nu$, 且 $\dfrac{\partial x^\mu}{\partial x^\nu} = \dfrac{\partial x^\mu}{\partial \bar{x}^\lambda}\dfrac{\partial \bar{x}^\lambda}{\partial x^\nu} = \bar{A}^\mu_\lambda A^\lambda_\nu$, 由此可知矩阵 $\bar{A} = [\bar{A}^\mu_\nu]$ 为 A 的逆矩阵

$$\bar{A} = A^{-1}, \qquad A^{-1}A = AA^{-1} = I. \tag{1.8}$$

1.1.2　标量

如果函数 $\phi(x)$ 满足如下变换规律:

$$\phi'(x') = \phi(x), \tag{1.9}$$

则称为流形上的标量 (scalar), 其中 $x = (x^1, x^2, \cdots, x^n)$.

1.1.3　协变矢量

如果一个单一下指标的量 $\phi_\mu(x)$ 满足下列变换规律:

$$\phi'_\mu(x') = \bar{A}^\nu_\mu \phi_\nu(x), \tag{1.10}$$

则称为协变矢量 (covariant vector).

协变矢量的简单示例如下: 令 $\phi_\mu(x) = \dfrac{\partial \phi(x)}{\partial x^\mu}$, 其中 $\phi(x)$ 为标量, 则

$$\phi'_\mu(x') = \frac{\partial \phi'(x')}{\partial \bar{x}^\mu} = \frac{\partial \phi(x)}{\partial \bar{x}^\mu} = \frac{\partial \phi(x)}{\partial x^\nu}\frac{\partial x^\nu}{\partial \bar{x}^\mu}, \tag{1.11}$$

故 $\phi'_\mu(x') = \bar{A}^\nu_\mu \phi_\nu(x)$, 即 $\phi_\mu = \partial_\mu \phi(x)$ 为协变矢量.

1.1.4　逆变矢量

如果一个单一上指标的量 $\phi^\mu(x)$ 满足如下变换规律:

$$\phi'^\mu(x') = A^\mu_\nu \phi^\nu(x), \tag{1.12}$$

则称为逆变矢量 (contravariant vector). 示例如下: 因 $x'^\mu = \bar{x}^\mu(x^1, x^2, \cdots, x^n)$, 则 $\mathrm{d}\bar{x}^\mu = \dfrac{\partial \bar{x}^\mu}{\partial x^\nu}\mathrm{d}x^\nu$, 即 $\mathrm{d}\bar{x}^\mu = A^\mu_\nu \mathrm{d}x^\nu$. 设 C 为流形上的曲线, 其方程为 $x^\mu = x^\mu(s)$, s 为从某点起的弧长. 在另一个坐标系中 C 的方程为 $\bar{x}^\mu = \bar{x}^\mu(s')$. 若规定 $\mathrm{d}s' = \mathrm{d}s$, 则

$$\frac{\mathrm{d}\bar{x}^\mu}{\mathrm{d}s'} = A^\mu_\nu \frac{\mathrm{d}x^\nu}{\mathrm{d}s}\mu = 1, 2, \cdots, n. \tag{1.13}$$

定义 $u^\mu(x) = \dfrac{\mathrm{d}x^\mu}{\mathrm{d}s}$ 为 C 上某点的切矢量, 则 $u'^\mu(x') = A^\mu_\gamma u^\gamma(x)$, 故 $u^\mu(x)$ 为逆变矢量.

小结:

$$\phi'_\mu(x') = \bar{A}^\nu_\mu \phi_\nu(x), \quad \text{协变矢量} \tag{1.14}$$

$$\phi'^\mu(x') = A^\mu_\nu \phi^\nu(x). \quad \text{逆变矢量} \tag{1.15}$$

1.1.5 张量

如果流形上二指标量满足如下变换规律, 则称为二阶张量. 二阶张量有三种:

$$\phi_{\mu\nu}(x) \text{——二阶协变张量}$$

$$\phi^{\mu\nu}(x) \text{——二阶逆变张量}$$

$$\phi^\mu_\nu(x) \text{——二阶混合张量}$$

它们的变换规律分别为

$$\phi'_{\mu\nu}(x') = \bar{A}^\alpha_\mu \bar{A}^\beta_\nu \phi_{\alpha\beta}(x), \tag{1.16}$$

$$\phi'^{\mu\nu}(x') = A^\mu_\alpha A^\nu_\beta \phi^{\alpha\beta}(x), \tag{1.17}$$

$$\phi'^\mu_\nu(x') = A^\mu_\alpha \bar{A}^\beta_\nu \phi^\alpha_\beta(x). \tag{1.18}$$

很容易推广到高阶张量 $\phi^{\mu_1\cdots\mu_k}_{\nu_1\cdots\nu_\ell}$, 则

$$\phi'^{\mu_1\cdots\mu_k}_{\nu_1\cdots\nu_\ell}(x') = A^{\mu_1}_{\alpha_1}\cdots A^{\mu_k}_{\alpha_k} \bar{A}^{\beta_1}_{\nu_1}\cdots \bar{A}^{\beta_\ell}_{\nu_\ell} \phi^{\alpha_1\cdots\alpha_k}_{\beta_1\cdots\beta_\ell}(x). \tag{1.19}$$

可以证明 $\phi_{\mu\nu}(x)\phi^{\mu\nu}(x)$ 和 $\phi^\mu_\nu(x)\phi^\nu_\mu(x)$ 是标量.

1.2 协变微商

1.2.1 逆变矢量的协变微商

逆变矢量 $\phi^\lambda(x)$ 的变换规律为

$$\phi'^\lambda(x') = A^\lambda_\gamma \phi^\gamma(x), \tag{1.20}$$

由于 A^λ_γ 是 x 的函数, ϕ^λ 的普通偏微商 $\dfrac{\partial \phi^\lambda}{\partial x^\mu}$ 不再是张量, 即 $\partial_\mu \phi^\lambda$ 不是张量. 但可引入协变微商 (covariant derivative) 算符 ∇_μ, 定义

$$\nabla_\mu \phi^\lambda = \partial_\mu \phi^\lambda + \Gamma^\lambda_{\mu\nu} \phi^\nu \tag{1.21}$$

满足混合张量 ϕ_μ^λ 的变换规律

$$\nabla'_\mu \phi'^\lambda = \bar{A}_\mu^\alpha A_\gamma^\lambda \nabla_\alpha \phi^\gamma, \tag{1.22}$$

其中, $\Gamma_{\mu\nu}^\lambda$ 称为流形上的联络 (connection). 可以证明, 如果联络 $\Gamma_{\mu\nu}^\lambda$ 满足下列变换规律

$$\Gamma'^\lambda_{\mu\nu} = \bar{A}_\mu^\alpha \bar{A}_\nu^\beta A_\gamma^\lambda \Gamma_{\alpha\beta}^\gamma + \bar{A}_\mu^\alpha A_\beta^\lambda \frac{\partial \bar{A}_\nu^\beta}{\partial x^\alpha}, \tag{1.23}$$

则 $\nabla_\mu \phi^\lambda$ 具有混合二阶张量的特征. 由上式知, 联络不是张量.

1.2.2　协变矢量的协变微商

协变矢量 $\phi_\nu(x)$ 的协变微商 $\nabla_\mu \phi_\nu(x)$ 变换规律为

$$\nabla'_\mu \phi'_\nu(x') = \bar{A}_\mu^\lambda \bar{A}_\nu^\sigma \nabla_\lambda \phi_\sigma(x). \tag{1.24}$$

可证明 $\nabla_\mu \phi_\nu$ 应具有如下形式:

$$\nabla_\mu \phi_\nu = \partial_\mu \phi_\nu - \Gamma_{\mu\nu}^\lambda \phi_\lambda, \tag{1.25}$$

其中, $\Gamma_{\mu\nu}^\lambda$ 为方程 (1.21) 引入的联络.

同样很容易推广二阶 (协变、逆变、混合) 的协变微商

$$\nabla_\mu \phi_{\alpha\beta} = \partial_\mu \phi_{\alpha\beta} - \Gamma_{\mu\alpha}^\nu \phi_{\nu\beta} - \Gamma_{\mu\beta}^\nu \phi_{\alpha\nu}, \tag{1.26}$$

$$\nabla_\mu \phi^{\alpha\beta} = \partial_\mu \phi^{\alpha\beta} + \Gamma_{\mu\nu}^\alpha \phi^{\nu\beta} + \Gamma_{\mu\nu}^\beta \phi^{\alpha\nu}, \tag{1.27}$$

$$\nabla_\mu \phi_\beta^\alpha = \partial_\mu \phi_\beta^\alpha + \Gamma_{\mu\nu}^\alpha \phi_\beta^\nu - \Gamma_{\mu\beta}^\nu \phi_\nu^\alpha. \tag{1.28}$$

1.3　曲率张量与挠率

1.3.1　曲率与挠率的引入

设 ϕ^λ 为逆变矢量, 现研究 ϕ^λ 的二次协变微商

$$\left(\nabla_\mu \nabla_\nu - \nabla_\nu \nabla_\mu\right)\phi^\lambda, \tag{1.29}$$

并以此定义曲率张量 (curvature tensor) 和挠率 (torsion). 令

$$\phi_\mu^\lambda = \partial_\mu \phi^\lambda + \Gamma_{\mu\nu}^\lambda \phi^\nu, \tag{1.30}$$

$$\phi_\nu^\lambda = \partial_\nu \phi^\lambda + \Gamma_{\nu\mu}^\lambda \phi^\mu, \tag{1.31}$$

$$\nabla_\mu \nabla_\nu \phi^\lambda = \nabla_\mu \phi_\nu^\lambda = \partial_\mu \phi_\nu^\lambda + \Gamma_{\mu\alpha}^\lambda \phi_\nu^\alpha - \Gamma_{\mu\nu}^\beta \phi_\beta^\lambda, \tag{1.32}$$

$$\nabla_\nu \nabla_\mu \phi^\lambda = \nabla_\nu \phi_\mu^\lambda = \partial_\nu \phi_\mu^\lambda + \Gamma_{\nu\alpha}^\lambda \phi_\mu^\alpha - \Gamma_{\nu\mu}^\beta \phi_\beta^\lambda, \tag{1.33}$$

由此可得

$$\left(\nabla_{\mu}\nabla_{\nu} - \nabla_{\nu}\nabla_{\mu}\right)\phi^{\lambda} = R^{\lambda}_{\sigma\mu\nu}\phi^{\sigma} - T^{\sigma}_{\mu\nu}\nabla_{\sigma}\phi^{\lambda}, \tag{1.34}$$

其中

$$R^{\lambda}_{\sigma\mu\nu} = \partial_{\mu}\Gamma^{\lambda}_{\nu\sigma} - \partial_{\nu}\Gamma^{\lambda}_{\mu\sigma} + \Gamma^{\lambda}_{\mu\alpha}\Gamma^{\alpha}_{\nu\sigma} - \Gamma^{\lambda}_{\nu\alpha}\Gamma^{\alpha}_{\mu\sigma}, \tag{1.35}$$

$$T^{\sigma}_{\mu\nu} = \Gamma^{\sigma}_{\mu\nu} - \Gamma^{\sigma}_{\nu\mu}. \tag{1.36}$$

$R^{\lambda}_{\sigma\mu\nu}$ 称为曲率张量, $T^{\sigma}_{\mu\nu}$ 称为挠率张量. 由式 (1.35) 和式 (1.36) 容易看出

$$R^{\lambda}_{\sigma\mu\nu} = -R^{\lambda}_{\sigma\nu\mu}, \tag{1.37}$$

$$T^{\sigma}_{\mu\nu} = -T^{\sigma}_{\nu\mu}. \tag{1.38}$$

1.3.2 以曲率和挠率为基础的流形分类

(1) Riemann-Cartan 流形.

$$R^{\lambda}_{\sigma\mu\nu} \neq 0, \qquad T^{\sigma}_{\mu\nu} \neq 0.$$

(2) Riemann 流形.

$$R^{\lambda}_{\sigma\mu\nu} \neq 0, \qquad T^{\sigma}_{\mu\nu} = 0.$$

(3) Weizenböck 流形.

$$R^{\lambda}_{\sigma\mu\nu} = 0, \qquad T^{\sigma}_{\mu\nu} \neq 0.$$

1.4 黎曼流形、度规和黎曼联络

满足下列条件的流形称为黎曼流形:

(1) 无挠率 $T^{\sigma}_{\mu\nu} = 0$,

$$\Gamma^{\lambda}_{\mu\nu} = \Gamma^{\lambda}_{\nu\mu}. \tag{1.39}$$

(2) 存在决定线元的对称张量 $g_{\mu\nu}$, 且 $g_{\mu\nu}$ 的行列式 $g = \det(g_{\mu\nu}) = |g_{\mu\nu}| \neq 0$,

$$\mathrm{d}s^2 = eg_{\mu\nu}\mathrm{d}x^{\mu}\mathrm{d}x^{\nu}, \qquad e = \pm 1 \quad 保证 \quad \mathrm{d}s^2 \geqslant 0. \tag{1.40}$$

$g_{\mu\nu}$ 称为度规张量 (metric tensor)[①], 由于 $g \neq 0$, 故存在逆矩阵 $g^{\mu\nu}$, 且

$$g^{\mu\nu}g_{\nu\lambda} = \delta^{\mu}_{\lambda}. \tag{1.41}$$

[①] 本章采用正定度规, 本书其他章节采用号差为 $+2$ 的洛伦兹度规 $(-1, 1, 1, 1)$.

(3) $g_{\mu\nu}$ 的协变微商为零

$$\nabla_\lambda g_{\mu\nu} = 0. \tag{1.42}$$

可用度规来升降指标

$$\phi^\lambda = g^{\lambda\mu}\phi_\mu, \tag{1.43}$$

$$\phi_\lambda = g_{\lambda\mu}\phi^\mu. \tag{1.44}$$

定义 ϕ^λ 的模平方为

$$\phi^2 = e g_{\mu\nu}\phi^\mu\phi^\nu, \tag{1.45}$$

其中

$$\phi = \|\phi^\lambda\|, \tag{1.46}$$

$e = \pm 1$ 保证 $\phi^2 \geqslant 0$.

由 $\nabla_\lambda g_{\mu\nu} = 0$ 和 $\Gamma^\lambda_{\mu\nu} = \Gamma^\lambda_{\nu\mu}$, 求得的联络 $\Gamma^\lambda_{\mu\nu}$ 称为黎曼联络, 也称为克氏符号 (Christoffel symbol). 下面推导克氏符号的表达式. 由

$$\nabla_\lambda g_{\mu\nu} = \partial_\lambda g_{\mu\nu} - \Gamma^\sigma_{\lambda\mu}g_{\sigma\nu} - \Gamma^\sigma_{\lambda\nu}g_{\mu\sigma} = 0, \tag{1.47}$$

知

$$\partial_\lambda g_{\mu\nu} = \Gamma^\sigma_{\lambda\mu}g_{\sigma\nu} + \Gamma^\sigma_{\lambda\nu}g_{\mu\sigma}. \tag{1.48}$$

定义

$$\Gamma_{\nu,\lambda\mu} = g_{\sigma\nu}\Gamma^\sigma_{\lambda\mu}, \tag{1.49}$$

有

$$\Gamma_{\nu,\lambda\mu} = \Gamma_{\nu,\mu\lambda}. \tag{1.50}$$

将上式代入式 (1.48), 则

$$\partial_\lambda g_{\mu\nu} = \Gamma_{\nu,\lambda\mu} + \Gamma_{\mu,\lambda\nu}. \tag{1.51}$$

λ 与 μ 对换

$$\partial_\mu g_{\lambda\nu} = \Gamma_{\nu,\mu\lambda} + \Gamma_{\lambda,\mu\nu} = \Gamma_{\nu,\lambda\mu} + \Gamma_{\lambda,\mu\nu}, \tag{1.52}$$

μ 与 ν 对换

$$\partial_\nu g_{\lambda\mu} = \Gamma_{\mu,\nu\lambda} + \Gamma_{\lambda,\nu\mu} = \Gamma_{\mu,\lambda\nu} + \Gamma_{\lambda,\mu\nu}. \tag{1.53}$$

由式 (1.52) + 式 (1.53) − 式 (1.51) 可得

$$\Gamma_{\lambda,\mu\nu} = \frac{1}{2}\left(\partial_\mu g_{\lambda\nu} + \partial_\nu g_{\lambda\mu} - \partial_\lambda g_{\mu\nu}\right). \tag{1.54}$$

因

$$\Gamma_{\lambda,\mu\nu} = g_{\lambda\sigma}\Gamma^{\sigma}_{\mu\nu}, \tag{1.55}$$

利用 $g^{\sigma\lambda}g_{\lambda\tau} = \delta^{\sigma}_{\tau}$, 可有

$$\Gamma^{\sigma}_{\mu\nu} = g^{\sigma\lambda}\Gamma_{\lambda,\mu\nu}, \tag{1.56}$$

因此

$$\Gamma^{\sigma}_{\mu\nu} = \frac{1}{2}g^{\sigma\lambda}\left(\partial_{\mu}g_{\lambda\nu} + \partial_{\nu}g_{\lambda\mu} - \partial_{\lambda}g_{\mu\nu}\right). \tag{1.57}$$

下面推导 ϕ^{λ} 的协变散度. 可以证明

$$\Gamma^{\lambda}_{\mu\lambda} = \frac{\partial(\ln\sqrt{g})}{\partial x^{\mu}}. \tag{1.58}$$

由式 (1.57)

$$\Gamma^{\lambda}_{\mu\nu} = \frac{1}{2}g^{\lambda\sigma}\left(\partial_{\mu}g_{\sigma\nu} + \partial_{\nu}g_{\sigma\mu} - \partial_{\sigma}g_{\mu\nu}\right), \tag{1.59}$$

可知

$$\Gamma^{\lambda}_{\mu\lambda} = \frac{1}{2}g^{\lambda\sigma}\left(\partial_{\mu}g_{\sigma\lambda} + \partial_{\lambda}g_{\sigma\mu} - \partial_{\sigma}g_{\mu\lambda}\right). \tag{1.60}$$

此外, 可证明

$$g^{\lambda\sigma}\partial_{\lambda}g_{\sigma\mu} = g^{\sigma\lambda}\partial_{\sigma}g_{\lambda\mu} = g^{\lambda\sigma}\partial_{\sigma}g_{\lambda\mu}, \tag{1.61}$$

故式 (1.60) 化为

$$\Gamma^{\lambda}_{\mu\lambda} = \frac{1}{2}g^{\lambda\sigma}\partial_{\mu}g_{\sigma\lambda}. \tag{1.62}$$

矩阵元 $g_{\lambda\nu}$ 的余因子为

$$G^{\lambda\nu} = \frac{1}{n}gg^{\lambda\nu}, \quad g = |g_{\mu\nu}| \tag{1.63}$$

即

$$G^{\lambda\nu}g_{\nu\sigma} = \frac{1}{n}gg^{\lambda\nu}g_{\nu\sigma} = \frac{1}{n}g\delta^{\lambda}_{\sigma}. \tag{1.64}$$

由行列式微分公式 (见附录一)

$$\frac{\partial g}{\partial x^{\mu}} = nG^{\lambda\nu}\frac{\partial g_{\lambda\nu}}{\partial x^{\mu}} = gg^{\lambda\nu}\frac{\partial g_{\lambda\nu}}{\partial x^{\mu}}, \tag{1.65}$$

则因

$$\frac{1}{g}\frac{\partial g}{\partial x^{\mu}} = \frac{\partial(\ln g)}{\partial x^{\mu}}, \tag{1.66}$$

故

$$\frac{\partial(\ln g)}{\partial x^{\mu}} = g^{\lambda\nu}\frac{\partial g_{\lambda\nu}}{\partial x^{\mu}}. \tag{1.67}$$

将上式代入式 (1.62), 可得

$$\Gamma_{\mu\lambda}^{\lambda} = \frac{1}{2}\frac{\partial\left(\ln g\right)}{\partial x^{\mu}} = \frac{\partial\left(\ln\sqrt{g}\right)}{\partial x^{\mu}}. \tag{1.68}$$

由于

$$\nabla_{\mu}\phi^{\lambda} = \partial_{\mu}\phi^{\lambda} + \Gamma_{\mu\nu}^{\lambda}\phi^{\nu}, \tag{1.69}$$

ϕ^{λ} 的协变散度

$$\nabla_{\lambda}\phi^{\lambda} = \partial_{\lambda}\phi^{\lambda} + \Gamma_{\lambda\nu}^{\lambda}\phi^{\nu}. \tag{1.70}$$

故

$$\nabla_{\lambda}\phi^{\lambda} = \partial_{\lambda}\phi^{\lambda} + \partial_{\lambda}\left(\ln\sqrt{g}\right)\phi^{\lambda} = \partial_{\lambda}\phi^{\lambda} + \left(\frac{1}{\sqrt{g}}\partial_{\lambda}\sqrt{g}\right)\phi^{\lambda}, \tag{1.71}$$

因此可得

$$\nabla_{\lambda}\phi^{\lambda} = \frac{1}{\sqrt{g}}\partial_{\lambda}\left(\sqrt{g}\phi^{\lambda}\right). \tag{1.72}$$

1.5　黎曼曲率张量

当曲率张量

$$R^{\lambda}{}_{\sigma\mu\nu} = \partial_{\mu}\Gamma_{\nu\sigma}^{\lambda} - \partial_{\nu}\Gamma_{\mu\sigma}^{\lambda} + \Gamma_{\mu\alpha}^{\lambda}\Gamma_{\nu\sigma}^{\alpha} - \Gamma_{\nu\alpha}^{\lambda}\Gamma_{\mu\sigma}^{\alpha} \tag{1.73}$$

中的联络为黎曼联络 (克氏符号)$\Gamma_{\mu\nu}^{\lambda}$, 即 $R^{\lambda}{}_{\sigma\mu\nu}$ 能完全用 $g_{\mu\nu}$ 表征时, 称为黎曼曲率张量. $R^{\lambda}{}_{\sigma\mu\nu}$ 显然对 μ, ν 有反对称性

$$R^{\lambda}{}_{\sigma\mu\nu} = -R^{\lambda}{}_{\sigma\nu\mu}. \tag{1.74}$$

此外, 还可定义全部协变指标的黎曼曲率张量

$$R_{\tau\sigma\mu\nu} = g_{\tau\lambda}R^{\lambda}{}_{\sigma\mu\nu}. \tag{1.75}$$

将克氏符号代入可得

$$R_{\lambda\sigma\mu\nu} = \frac{1}{2}\left(\partial_{\sigma}\partial_{\nu}g_{\lambda\mu} + \partial_{\lambda}\partial_{\mu}g_{\sigma\nu} - \partial_{\sigma}\partial_{\mu}g_{\lambda\nu} - \partial_{\lambda}\partial_{\nu}g_{\sigma\mu}\right)$$
$$+ g_{\alpha\beta}\left(\Gamma_{\lambda\mu}^{\alpha}\Gamma_{\sigma\nu}^{\beta} - \Gamma_{\lambda\nu}^{\alpha}\Gamma_{\sigma\mu}^{\beta}\right). \tag{1.76}$$

容易看出

$$R_{\lambda\sigma\mu\nu} = R_{\mu\nu\lambda\sigma}, \tag{1.77}$$

$$R_{\lambda\sigma\mu\nu} = -R_{\lambda\sigma\nu\mu}, \tag{1.78}$$

$$R_{\lambda\sigma\mu\nu} = -R_{\sigma\lambda\mu\nu}, \tag{1.79}$$

并可证明

$$R_{\lambda\sigma\mu\nu} + R_{\lambda\mu\nu\sigma} + R_{\lambda\nu\sigma\mu} = 0. \tag{1.80}$$

上式乘以 $g^{\rho\lambda}$ 可得循环恒等式

$$R^{\rho}_{\ \sigma\mu\nu} + R^{\rho}_{\ \mu\nu\sigma} + R^{\rho}_{\ \nu\sigma\mu} = 0. \tag{1.81}$$

还可证明比安基恒等式 (Bianchi identity)

$$\nabla_{\lambda} R^{\rho}_{\ \sigma\mu\nu} + \nabla_{\mu} R^{\rho}_{\ \sigma\nu\lambda} + \nabla_{\nu} R^{\rho}_{\ \sigma\lambda\mu} = 0. \tag{1.82}$$

1.6　里奇张量、标曲率和爱因斯坦张量

里奇张量 (Ricci tensor) 的定义为

$$R_{\sigma\nu} = R^{\lambda}_{\ \sigma\lambda\nu}, \tag{1.83}$$

为二阶张量. 由

$$R_{\lambda\sigma\mu\nu} + R_{\lambda\mu\nu\sigma} + R_{\lambda\nu\sigma\mu} = 0, \tag{1.84}$$

两边乘以 $g^{\lambda\mu}$, 并利用 $g^{\lambda\mu}R_{\lambda\mu\nu\sigma} = 0$, 可得

$$g^{\lambda\mu}R_{\lambda\sigma\mu\nu} + g^{\lambda\mu}R_{\lambda\nu\sigma\mu} = 0, \tag{1.85}$$

也即

$$g^{\lambda\mu}R_{\lambda\sigma\mu\nu} - g^{\lambda\mu}R_{\lambda\nu\mu\sigma} = 0. \tag{1.86}$$

并由 $R_{\sigma\nu} = R^{\mu}_{\ \sigma\mu\nu} = g^{\lambda\mu}R_{\lambda\sigma\mu\nu}$ 得 $R_{\sigma\nu} = R_{\nu\sigma}$, 故里奇张量为对称张量.

标曲率 (curvature scalar) 的定义为

$$R = g^{\mu\nu}R_{\mu\nu}. \tag{1.87}$$

在比安基恒等式

$$\nabla_{\lambda} R^{\rho}_{\ \sigma\mu\nu} + \nabla_{\mu} R^{\rho}_{\ \sigma\nu\lambda} + \nabla_{\nu} R^{\rho}_{\ \sigma\lambda\mu} = 0 \tag{1.88}$$

中令 $\rho = \mu$, 则有

$$\nabla_{\lambda} R^{\mu}_{\ \sigma\mu\nu} + \nabla_{\mu} R^{\mu}_{\ \sigma\nu\lambda} + \nabla_{\nu} R^{\mu}_{\ \sigma\lambda\mu} = 0. \tag{1.89}$$

再利用 $R^{\mu}_{\ \sigma\lambda\mu} = -R^{\mu}_{\ \sigma\mu\lambda}$, 可得

$$\nabla_{\nu} R^{\mu}_{\ \sigma\mu\lambda} = \nabla_{\lambda} R^{\mu}_{\ \sigma\mu\nu} + \nabla_{\mu} R^{\mu}_{\ \sigma\nu\lambda}. \tag{1.90}$$

上下指标缩并, 得

$$\nabla_\nu R_{\sigma\lambda} = \nabla_\lambda R_{\sigma\nu} + \nabla_\mu R^\mu_{\sigma\nu\lambda}. \tag{1.91}$$

将上式乘以 $g^{\sigma\lambda}$, 可得

$$\nabla_\nu R = \nabla_\lambda \left(g^{\sigma\lambda} R_{\sigma\nu} \right) + \nabla_\mu \left(g^{\sigma\lambda} R^\mu_{\sigma\nu\lambda} \right). \tag{1.92}$$

定义

$$R^\lambda_\nu = g^{\sigma\lambda} R_{\sigma\nu}, \tag{1.93}$$

且

$$g^{\sigma\lambda} R_{\sigma\lambda} = R, \tag{1.94}$$

式 (1.92) 右边第二项中

$$g^{\sigma\lambda} R^\mu_{\sigma\nu\lambda} = g^{\sigma\lambda} g^{\mu\rho} R_{\rho\sigma\nu\lambda} = g^{\mu\rho} R_{\rho\nu} = R^\mu_\nu, \tag{1.95}$$

故

$$\nabla_\nu R = \nabla_\lambda R^\lambda_\nu + \nabla_\mu R^\mu_\nu. \tag{1.96}$$

即

$$\nabla_\nu R = 2\nabla_\mu R^\mu_\nu, \tag{1.97}$$

$$\nabla_\mu R^\mu_\nu = \frac{1}{2}\nabla_\nu R = \frac{1}{2}\delta^\mu_\nu \nabla_\mu R, \tag{1.98}$$

故有

$$\nabla_\mu \left(R^\mu_\nu - \frac{1}{2}\delta^\mu_\nu R \right) = 0. \tag{1.99}$$

定义混合指标的爱因斯坦张量

$$G^\mu_\nu = R^\mu_\nu - \frac{1}{2}\delta^\mu_\nu R. \tag{1.100}$$

由式 (1.99) 知, 其协变散度为零, 即

$$\nabla_\mu G^\mu_\nu = 0. \tag{1.101}$$

令

$$G_{\mu\nu} = g_{\mu\lambda} G^\lambda_\nu, \tag{1.102}$$

则

$$G_{\mu\nu} = g_{\mu\lambda} \left(R^\lambda_\nu - \frac{1}{2}\delta^\lambda_\nu R \right) = R_{\mu\nu} - \frac{1}{2}g_{\mu\nu} R, \tag{1.103}$$

并且

$$\nabla^\mu G_{\mu\nu} = 0, \tag{1.104}$$

可直接写成

$$\nabla^\mu \left(R_{\mu\nu} - \frac{1}{2} g_{\mu\nu} R \right) = 0. \tag{1.105}$$

可以证明全部逆变指标的爱因斯坦张量协变散度也为零, 即

$$\nabla_\mu G^{\mu\nu} = 0. \tag{1.106}$$

1.7 黎曼曲率张量与拓扑

1.7.1 多面体的欧拉示性数

1750 年欧拉提出了多面体 K 的拓扑不变量概念, 用欧拉示性数表示为

$$\chi(K) = a_0 - a_1 + a_2, \tag{1.107}$$

其中, a_0 为多面体的顶点数, a_1 为棱数, a_2 为面数. 例如,

四面体

$$a_0 = 4, \ a_1 = 6, \ a_2 = 4, \tag{1.108}$$

$$\chi = 4 - 6 + 4 = 2. \tag{1.109}$$

五面体

$$a_0 = 6, \ a_1 = 9, \ a_2 = 5, \tag{1.110}$$

$$\chi = 6 - 9 + 5 = 2. \tag{1.111}$$

1.7.2 二维闭曲面的欧拉示性数

二维闭曲面 Σ 的欧拉示性数 $\chi(\Sigma)$ 由 Gauss-Bonnet 定理决定

$$\chi(\Sigma) = \frac{1}{2\pi} \int_\Sigma K \mathrm{d}S, \quad K = -\frac{R_{1212}}{g}, \tag{1.112}$$

$R_{\lambda\sigma\mu\nu}$ 为 Σ 上的曲率张量, K 称为 Σ 上的高斯曲率. 可计算出二维球面 S^2 和二维环面 T^2 的欧拉示性数分别为

$$\chi(S^2) = 2, \quad \chi(T^2) = 0. \tag{1.113}$$

四面体、五面体与二维球面同胚.

1.7.3   Gauss-Bonnet-Chern 定理

1944 年陈省身提出 Gauss-Bonnet-Chern (GBC) 定理, 即偶数维定向紧致流形的欧拉示性数由其黎曼曲率张量决定.

1.8   微分形式与外积

1.8.1 $\mathrm{d}x^\mu$ 的外积

两个矢量 ϕ^μ 和 ψ^μ 的内积定义为

$$< \phi|\psi > = g_{\mu\nu}\phi^\mu\psi^\nu. \tag{1.114}$$

对同一个矢量有

$$< \phi|\phi > = g_{\mu\nu}\phi^\mu\phi^\nu. \tag{1.115}$$

$\mathrm{d}x^\mu$ 与 $\mathrm{d}x^\nu$ 的外积定义为

$$\mathrm{d}x^\mu \wedge \mathrm{d}x^\nu. \tag{1.116}$$

外积具有反对称性

$$\mathrm{d}x^\mu \wedge \mathrm{d}x^\nu = -\mathrm{d}x^\nu \wedge \mathrm{d}x^\mu, \tag{1.117}$$

它是矢量分析中叉乘的推广. $\mathrm{d}x^{\mu_1}, \mathrm{d}x^{\mu_2}, \cdots, \mathrm{d}x^{\mu_n}$ 的外积定义为

$$\mathrm{d}x^{\mu_1} \wedge \mathrm{d}x^{\mu_2} \wedge \cdots \wedge \mathrm{d}x^{\mu_n}. \tag{1.118}$$

上述定义中相邻两个外积是反对称的, 即

$$\mathrm{d}x^\mu \wedge \mathrm{d}x^{\mu+1} = -\mathrm{d}x^{\mu+1} \wedge \mathrm{d}x^\mu. \tag{1.119}$$

1.8.2   1-形式

一个协变矢量 a_μ 可以定义一个 1-形式 (1-form)

$$a = a_\mu \mathrm{d}x^\mu. \tag{1.120}$$

1-形式 $a = a_\nu \mathrm{d}x^\nu$ 的外微分可定义为

$$\mathrm{d}a = \partial_\mu a_\nu \mathrm{d}x^\mu \wedge \mathrm{d}x^\nu. \tag{1.121}$$

上式可表达为

$$\mathrm{d}a = \frac{1}{2}\left(\partial_\mu a_\nu \mathrm{d}x^\mu \wedge \mathrm{d}x^\nu + \partial_\nu a_\mu \mathrm{d}x^\nu \wedge \mathrm{d}x^\mu\right), \tag{1.122}$$

因 $\mathrm{d}x^\mu \wedge \mathrm{d}x^\nu = -\mathrm{d}x^\nu \wedge \mathrm{d}x^\mu$, 故

$$\begin{aligned}
\mathrm{d}a &= \frac{1}{2}\left(\partial_\mu a_\nu - \partial_\nu a_\mu\right)\mathrm{d}x^\mu \wedge \mathrm{d}x^\nu \\
&= \frac{1}{2}a_{\mu\nu}\mathrm{d}x^\mu \wedge \mathrm{d}x^\nu,
\end{aligned} \tag{1.123}$$

其中

$$a_{\mu\nu} = \partial_\mu a_\nu - \partial_\nu a_\mu, \tag{1.124}$$

称为 a_μ 的旋度张量. 因而有定理: 若 a 为 1-形式, 则 $\mathrm{d}a$ 为 2-形式.

1.8.3　p-形式

p-形式 (p-form) 由全反对称协变张量 $a_{\mu_1\mu_2\cdots\mu_p}$ 定义

$$a = \frac{1}{p!}a_{\mu_1\mu_2\cdots\mu_p}\mathrm{d}x^{\mu_1} \wedge \mathrm{d}x^{\mu_2} \wedge \cdots \wedge \mathrm{d}x^{\mu_p}, \tag{1.125}$$

p-形式的外微分

$$\mathrm{d}a = \frac{1}{p!}\partial_\mu a_{\mu_1\mu_2\cdots\mu_p}\mathrm{d}x^\mu \wedge \mathrm{d}x^{\mu_1} \wedge \mathrm{d}x^{\mu_2} \wedge \cdots \wedge \mathrm{d}x^{\mu_p}, \tag{1.126}$$

为 $(p+1)$-形式.

p-形式的二次外微分为

$$\mathrm{d}\left(\mathrm{d}a\right) = \frac{1}{p!}\partial_\mu\partial_\nu a_{\mu_1\mu_2\cdots\mu_p}\mathrm{d}x^\mu \wedge \mathrm{d}x^\nu \wedge \mathrm{d}x^{\mu_1} \wedge \mathrm{d}x^{\mu_2} \wedge \cdots \wedge \mathrm{d}x^{\mu_p}. \tag{1.127}$$

由于 $\partial_\mu\partial_\nu = \partial_\nu\partial_\mu$, 而 $\mathrm{d}x^\mu \wedge \mathrm{d}x^\nu = -\mathrm{d}x^\nu \wedge \mathrm{d}x^\mu$, 故

$$\mathrm{d}\left(\mathrm{d}a\right) = 0. \tag{1.128}$$

1.8.4　广义协变斯托克斯定理

因

$$\begin{aligned}
\nabla_\mu a_\nu &= \partial_\mu a_\nu - \Gamma^\lambda_{\mu\nu}a_\lambda, \\
\nabla_\nu a_\mu &= \partial_\nu a_\mu - \Gamma^\lambda_{\nu\mu}a_\lambda,
\end{aligned} \tag{1.129}$$

又因

$$\Gamma^\lambda_{\mu\nu} = \Gamma^\lambda_{\nu\mu}, \tag{1.130}$$

故

$$\nabla_\mu a_\nu - \nabla_\nu a_\mu = \partial_\mu a_\nu - \partial_\nu a_\mu, \tag{1.131}$$

即一个矢量的旋度一定是个协变旋度. 若 $\Gamma^{\lambda}_{\mu\nu} \neq \Gamma^{\lambda}_{\nu\mu}$, 则协变旋度多了一挠率项, 此结论对 Riemann-Cartan 流形就不成立了.

斯托克斯定理为

$$\oint_{\partial \Sigma} a_{\mu} \mathrm{d}x^{\mu} = \frac{1}{2} \int_{\Sigma} \left(\partial_{\mu} a_{\nu} - \partial_{\nu} a_{\mu}\right) \mathrm{d}x^{\mu} \wedge \mathrm{d}x^{\nu}. \tag{1.132}$$

定义 1-形式

$$a = a_{\mu} \mathrm{d}x^{\mu}, \tag{1.133}$$

则斯托克斯定理可写成

$$\oint_{\partial \Sigma} a = \int_{\Sigma} \mathrm{d}a. \tag{1.134}$$

斯托克斯定理还可有下列协变形式:

$$\oint_{\partial \Sigma} a_{\mu} \mathrm{d}x^{\mu} = \frac{1}{2} \int_{\Sigma} \left(\nabla_{\mu} a_{\nu} - \nabla_{\nu} a_{\mu}\right) \mathrm{d}x^{\mu} \wedge \mathrm{d}x^{\nu}, \tag{1.135}$$

故斯托克斯定理在任何坐标系皆成立.

1.9 不变体积元和广义高斯积分定理

1.9.1 具有协变性的单位反对称张量

由 $g_{\mu\nu}$ 的行列式公式

$$\epsilon^{\mu_1 \mu_2 \cdots \mu_n} g_{\mu_1 \nu_1} g_{\mu_2 \nu_2} \cdots g_{\mu_n \nu_n} = g \epsilon_{\nu_1 \nu_2 \cdots \nu_n} \tag{1.136}$$

知, $\epsilon^{\mu_1 \mu_2 \cdots \mu_n}$ 和 $\epsilon_{\nu_1 \nu_2 \cdots \nu_n}$ 均与 n 阶张量升降指标的规律不一样, 因此它们都不是张量. 但可以将上式写成

$$\frac{\epsilon^{\mu_1 \mu_2 \cdots \mu_n}}{\sqrt{g}} g_{\mu_1 \nu_1} g_{\mu_2 \nu_2} \cdots g_{\mu_n \nu_n} = \sqrt{g} \epsilon_{\nu_1 \nu_2 \cdots \nu_n}, \tag{1.137}$$

说明 $\dfrac{\epsilon^{\mu_1 \mu_2 \cdots \mu_n}}{\sqrt{g}}$ 是 n 阶单位逆变张量, $\sqrt{g} \epsilon_{\nu_1 \nu_2 \cdots \nu_n}$ 是 n 阶单位协变张量, 称为 Levi-Civita 张量.

对二维曲面, 可用曲率张量 $R_{\lambda\sigma\mu\nu}$ 与单位反对称张量 $\dfrac{\epsilon^{\mu\nu}}{\sqrt{g}}$ 构造不变量

$$\frac{1}{4} \frac{\epsilon^{\lambda\sigma}}{\sqrt{g}} \frac{\epsilon^{\mu\nu}}{\sqrt{g}} R_{\lambda\sigma\mu\nu}. \tag{1.138}$$

由

$$\frac{1}{4}\frac{\epsilon^{\lambda\sigma}}{\sqrt{g}}\frac{\epsilon^{\mu\nu}}{\sqrt{g}}R_{\lambda\sigma\mu\nu} = \frac{R_{1212}}{g},\tag{1.139}$$

故高斯曲率

$$K = -\frac{R_{1212}}{g},\tag{1.140}$$

是不变量. 因此可将 K 写成

$$K = -\frac{1}{4}\frac{\epsilon^{\lambda\sigma}}{\sqrt{g}}\frac{\epsilon^{\mu\nu}}{\sqrt{g}}R_{\lambda\sigma\mu\nu}.\tag{1.141}$$

由此可将二维曲面的欧拉示性数公式写为

$$\chi(\Sigma) = \frac{1}{2\pi}\int_{\Sigma} -\frac{1}{4}\frac{\epsilon^{\lambda\sigma}}{\sqrt{g}}\frac{\epsilon^{\mu\nu}}{\sqrt{g}}R_{\lambda\sigma\mu\nu}\mathrm{d}S.\tag{1.142}$$

上式便于推广到 $n = 2k$ 维流形上的 GBC 定理.

1.9.2 不变体积元

由

$$\mathrm{d}x'^{\mu} = A^{\mu}_{\nu}\mathrm{d}x^{\nu},\tag{1.143}$$

知 $\mathrm{d}x^{\mu}$ 具有逆变矢量的特征. 定义

$$\mathrm{d}^n x = \mathrm{d}x^1 \wedge \mathrm{d}x^2 \wedge \cdots \wedge \mathrm{d}x^n,\tag{1.144}$$

它对坐标变换不是不变量, 但可用 $\sqrt{g}\epsilon_{\mu_1\mu_2\cdots\mu_n}$ 和 $\mathrm{d}x^{\mu_1} \wedge \mathrm{d}x^{\mu_2} \wedge \cdots \wedge \mathrm{d}x^{\mu_n}$ 构造 n 维流形上的不变体积元

$$\frac{1}{n!}\sqrt{g}\epsilon_{\mu_1\mu_2\cdots\mu_n}\mathrm{d}x^{\mu_1} \wedge \mathrm{d}x^{\mu_2} \wedge \cdots \wedge \mathrm{d}x^{\mu_n}.\tag{1.145}$$

它可写成

$$\sqrt{g}\mathrm{d}x^1 \wedge \mathrm{d}x^2 \wedge \cdots \wedge \mathrm{d}x^n,\tag{1.146}$$

故 n 维不变体积元应为

$$\sqrt{g}\mathrm{d}^n x = \sqrt{g}\mathrm{d}x^1 \wedge \mathrm{d}x^2 \wedge \cdots \wedge \mathrm{d}x^n.\tag{1.147}$$

1.9.3 广义协变高斯积分定理

设矢量 j^μ 的普通散度为 $\partial_\mu j^\mu$, 则 n 维欧式空间 M 上的高斯定理为

$$\int_M \partial_\mu j^\mu \mathrm{d}^n x = \int_{\partial M} j^\mu \mathrm{d}S_\mu, \tag{1.148}$$

其中 $\mathrm{d}S_\mu$ 为 $(n-1)$ 维面元.

设 J^μ 为黎曼流形上的逆变矢量, 其协变散度为

$$\nabla_\mu J^\mu = \frac{1}{\sqrt{g}} \partial_\mu \left(\sqrt{g} J^\mu\right). \tag{1.149}$$

将式 (1.148) 中 j^μ 替换为 $\sqrt{g} J^\mu$, 故有广义协变高斯定理

$$\int_M \left(\nabla_\mu J^\mu\right) \sqrt{g} \mathrm{d}^n x = \int_{\partial M} \sqrt{g} J^\mu \mathrm{d}S_\mu, \tag{1.150}$$

其中 $\sqrt{g}\mathrm{d}S_\mu$ 为协变面元.

第 2 章　爱因斯坦引力场方程

2.1　广义相对论的基本原理

2.1.1　基本原理

广义相对论是关于时间空间性质与物质及其运动相互依赖关系的学说, 是建立在以下两个基本原理基础上的引力理论和时空理论. 爱因斯坦引力场方程是广义相对论的核心.

1. 广义协变性原理 (广义相对性原理)

物理规律具有广义协变性, 即在任意坐标系物理规律都具有相同的形式, 也即物理规律对一切参考系都是平权的. 上述原理称为广义协变性原理, 也称为广义相对性原理.

2. 等效原理

物质运动规律满足惯性质量与引力质量相等的等效原理.

由牛顿第二定律, $\boldsymbol{F} = m\boldsymbol{a}$, 引入的质量 m 称为惯性质量, 记为 m_i. 在牛顿万有引力公式 $\boldsymbol{F} = -\dfrac{GmM}{r^3}\boldsymbol{r}$ 中的质量 m 称为引力质量, 记为 m_g. 根据牛顿第二定律, 对于在引力场中自由下落的质点, 有

$$m_i\boldsymbol{a} = m_g\boldsymbol{g}, \tag{2.1}$$

其中, $\boldsymbol{g}$ 为从万有引力定律算得的重力加速度, $\boldsymbol{a}$ 为质点下落的加速度. 由实验证实

$$m_i = m_g, \tag{2.2}$$

因而有

$$\boldsymbol{a} = \boldsymbol{g}. \tag{2.3}$$

即根据等效原理, 我们可以得到结论, 在引力场中, 自由下落的质点的加速度与质量无关.

此外, 等效原理还有其他等价表述, 如引力场与惯性力场的动力学效应是局部不可分辨的.

2.1.2 广义相对论中的黎曼时空度规

狭义相对论中时空是平直的, 其线元可写为

$$ds^2 = -c^2 dt^2 + \left[\left(dx^1 \right)^2 + \left(dx^2 \right)^2 + \left(dx^3 \right)^2 \right], \tag{2.4}$$

或者写为

$$ds^2 = -c^2 dt^2 \left\{ 1 - \frac{1}{c^2} \left[\left(\frac{dx^1}{dt} \right)^2 + \left(\frac{dx^2}{dt} \right)^2 + \left(\frac{dx^3}{dt} \right)^2 \right] \right\}. \tag{2.5}$$

一般引入平直时空度规 $\eta_{\mu\nu}$ 来定义线元

$$ds^2 = \eta_{\mu\nu} dx^\mu dx^\nu, \quad \mu, \nu = 0, 1, 2, 3, \quad x^0 = ct, \tag{2.6}$$

其中

$$[\eta_{\mu\nu}] = \begin{bmatrix} -1 & 0 & 0 & 0 \\ 0 & 1 & 0 & 0 \\ 0 & 0 & 1 & 0 \\ 0 & 0 & 0 & 1 \end{bmatrix}, \quad \det(\eta_{\mu\nu}) = -1. \tag{2.7}$$

在广义相对论中定义黎曼时空度规

$$ds^2 = g_{\mu\nu} dx^\mu dx^\nu. \tag{2.8}$$

由于黎曼流形与欧氏空间是局部同胚的, 因此在无穷小局部时空范围内可通过如下坐标变换

$$\eta_{\mu\nu} = \frac{\partial \bar{x}^\lambda}{\partial x^\mu} \frac{\partial \bar{x}^\sigma}{\partial x^\nu} g_{\lambda\sigma} \tag{2.9}$$

将 $g_{\mu\nu}$ 变为 $\eta_{\mu\nu}$. 将上式代入 $\eta_{\mu\nu}$ 的行列式

$$\eta = \frac{1}{n!} \epsilon^{\mu_1\mu_2\cdots\mu_n} \epsilon^{\nu_1\nu_2\cdots\nu_n} \eta_{\mu_1\nu_1} \eta_{\mu_2\nu_2} \cdots \eta_{\mu_n\nu_n}, \tag{2.10}$$

可得

$$\begin{aligned} \eta &= \frac{1}{n!} \epsilon^{\mu_1\mu_2\cdots\mu_n} \epsilon^{\nu_1\nu_2\cdots\nu_n} \left(\frac{\partial \bar{x}^{\lambda_1}}{\partial x^{\mu_1}} \cdots \frac{\partial \bar{x}^{\lambda_n}}{\partial x^{\mu_n}} \right) \left(\frac{\partial \bar{x}^{\sigma_1}}{\partial x^{\nu_1}} \cdots \frac{\partial \bar{x}^{\sigma_n}}{\partial x^{\nu_n}} \right) g_{\lambda_1\sigma_1} \cdots g_{\lambda_n\sigma_n} \\ &= \frac{1}{n!} \left[J \left(\frac{\bar{x}}{x} \right) \right]^2 \epsilon^{\lambda_1\lambda_2\cdots\lambda_n} \epsilon^{\sigma_1\sigma_2\cdots\sigma_n} g_{\lambda_1\sigma_1} \cdots g_{\lambda_n\sigma_n} \\ &= \left[J \left(\frac{\bar{x}}{x} \right) \right]^2 g. \end{aligned} \tag{2.11}$$

由于

$$\left[J\left(\frac{\bar{x}}{x}\right) \right]^2 > 0 \quad \text{且} \quad \eta < 0, \tag{2.12}$$

故对广义相对论中的黎曼时空有

$$g < 0. \tag{2.13}$$

2.2 短 程 线

2.2.1 短程线方程

设一质点在黎曼时空中曲线 C 上运动, C 的曲线方程为

$$x^\mu = x^\mu(\sigma), \tag{2.14}$$

σ 为曲线的参数. 定义曲线的切矢

$$u^\mu = \frac{\mathrm{d}x^\mu}{\mathrm{d}\sigma} = \dot{x}^\mu, \tag{2.15}$$

由于

$$\mathrm{d}s^2 = g_{\mu\nu}\mathrm{d}x^\mu\mathrm{d}x^\nu < 0, \tag{2.16}$$

则对给定的曲线 C 上的两点 σ_1 和 σ_2 之间的弧长可表示为

$$\ell = \int_{\sigma_1}^{\sigma_2} \sqrt{-g_{\mu\nu}\dot{x}^\mu\dot{x}^\nu}\mathrm{d}\sigma. \tag{2.17}$$

现在问给定度规 $g_{\mu\nu}$ 的流形上, 怎样的曲线使 ℓ 取极值? 这样的曲线称为黎曼流形上的短程线.

令

$$F(x,\dot{x}) = \sqrt{-g_{\mu\nu}\dot{x}^\mu\dot{x}^\nu}, \tag{2.18}$$

则

$$\ell = \int_{\sigma_1}^{\sigma_2} F(x,\dot{x})\mathrm{d}\sigma. \tag{2.19}$$

由变分法理论可知, 在能使 ℓ 为极值的曲线 $x^\mu = x^\mu(\sigma)$ 上, $F(x,\dot{x})$ 应该满足欧拉方程

$$\frac{\partial F}{\partial x^\mu} - \frac{\mathrm{d}}{\mathrm{d}\sigma}\frac{\partial F}{\partial \dot{x}^\mu} = 0. \tag{2.20}$$

由于

$$\frac{\partial F}{\partial x^{\mu}} = -\frac{1}{2}\frac{1}{\sqrt{-g_{\alpha\beta}\dot{x}^{\alpha}\dot{x}^{\beta}}}\partial_{\mu}g_{\alpha\beta}\dot{x}^{\alpha}\dot{x}^{\beta},\tag{2.21}$$

$$\frac{\partial F}{\partial \dot{x}^{\mu}} = -\frac{1}{2}\frac{1}{\sqrt{-g_{\alpha\beta}\dot{x}^{\alpha}\dot{x}^{\beta}}}\left(g_{\mu\beta}\dot{x}^{\beta} + g_{\alpha\mu}\dot{x}^{\alpha}\right),\tag{2.22}$$

$$\frac{\mathrm{d}}{\mathrm{d}\sigma}\frac{\partial F}{\partial \dot{x}^{\mu}} = -\frac{1}{2}\frac{1}{\frac{\mathrm{d}s}{\mathrm{d}\sigma}}\left(\partial_{\nu}g_{\mu\beta}\frac{\mathrm{d}x^{\nu}}{\mathrm{d}\sigma}\frac{\mathrm{d}x^{\beta}}{\mathrm{d}\sigma} + \partial_{\nu}g_{\alpha\mu}\frac{\mathrm{d}x^{\nu}}{\mathrm{d}\sigma}\frac{\mathrm{d}x^{\alpha}}{\mathrm{d}\sigma} + 2g_{\alpha\mu}\frac{\mathrm{d}^{2}x^{\alpha}}{\mathrm{d}\sigma^{2}}\right)$$

$$+\frac{1}{2}\left(g_{\mu\beta}\frac{\mathrm{d}x^{\beta}}{\mathrm{d}\sigma} + g_{\alpha\mu}\frac{\mathrm{d}x^{\alpha}}{\mathrm{d}\sigma}\right)\frac{\frac{\mathrm{d}^{2}s}{\mathrm{d}\sigma^{2}}}{\left(\frac{\mathrm{d}s}{\mathrm{d}\sigma}\right)^{2}},\tag{2.23}$$

$$\frac{\mathrm{d}s}{\mathrm{d}\sigma} = \sqrt{-g_{\alpha\beta}\dot{x}^{\alpha}\dot{x}^{\beta}},\tag{2.24}$$

将式 (2.21) 和式 (2.23) 代入欧拉方程, 并用如下克氏符号公式

$$\Gamma_{\mu\nu}^{\lambda} = \frac{1}{2}g^{\lambda\sigma}\left(\partial_{\mu}g_{\sigma\nu} + \partial_{\nu}g_{\sigma\mu} - \partial_{\sigma}g_{\mu\nu}\right),\tag{2.25}$$

可得

$$\frac{\mathrm{d}^{2}x^{\lambda}}{\mathrm{d}\sigma^{2}} + \Gamma_{\mu\nu}^{\lambda}\frac{\mathrm{d}x^{\mu}}{\mathrm{d}\sigma}\frac{\mathrm{d}x^{\nu}}{\mathrm{d}\sigma} - \frac{\mathrm{d}x^{\lambda}}{\mathrm{d}\sigma}\frac{\frac{\mathrm{d}^{2}s}{\mathrm{d}\sigma^{2}}}{\frac{\mathrm{d}s}{\mathrm{d}\sigma}} = 0.\tag{2.26}$$

如在上式中令 $\sigma = s$, 则

$$\frac{\mathrm{d}s}{\mathrm{d}\sigma} = 1, \quad \frac{\mathrm{d}^{2}s}{\mathrm{d}\sigma^{2}} = 0,\tag{2.27}$$

由此得到典型的短程线方程

$$\frac{\mathrm{d}^{2}x^{\lambda}}{\mathrm{d}s^{2}} + \Gamma_{\mu\nu}^{\lambda}\frac{\mathrm{d}x^{\mu}}{\mathrm{d}s}\frac{\mathrm{d}x^{\nu}}{\mathrm{d}s} = 0.\tag{2.28}$$

解此方程需给定初始条件

$$x^{\mu}(0) = a^{\mu}, \quad \dot{x}^{\mu}(0) = b^{\mu}.\tag{2.29}$$

2.2.2 矢量场的平行移动

在欧氏空间中, 单位矢量场 $v^{\lambda} = v^{\lambda}(x)$ 在邻近两点 x 和 $x + \mathrm{d}x$ 平行的定义为

$$v^{\lambda}(x + \mathrm{d}x) = v^{\lambda}(x),\tag{2.30}$$

即

$$\mathrm{d}v^\lambda(x) = 0. \tag{2.31}$$

而一矢量 v^λ 沿曲线 $C: x^\mu = x^\mu(s)$ 平行移动的条件为

$$\frac{\partial v^\lambda}{\partial x^\mu}\frac{\mathrm{d}x^\mu}{\mathrm{d}s} = 0, \tag{2.32}$$

即

$$\left(\partial_\mu v^\lambda\right) u^\mu = 0, \quad u^\mu = \frac{\mathrm{d}x^\mu}{\mathrm{d}s} \text{为曲线的切矢}. \tag{2.33}$$

考虑二维球面, 在北极点的切矢按上述欧氏空间平移法则平移到赤道时必与球面垂直, 即 v^λ 已不再属于球面, 因此对于一个流形上的矢量, 上述平行移动的条件不再适用. 因此, 平行移动的条件应修改.

在黎曼几何中, 定义新的矢量平移条件 (就是把普通偏微商变为协变微商):

$$\left(\nabla_\mu v^\lambda\right)\frac{\mathrm{d}x^\mu}{\mathrm{d}s} = 0, \tag{2.34}$$

即

$$(\nabla_\mu v^\lambda)u^\mu = 0. \tag{2.35}$$

协变微商定义了平移, 也即黎曼联络定义了平移, 其中

$$\nabla_\mu v^\lambda = \partial_\mu v^\lambda + \Gamma^\lambda_{\mu\nu} v^\nu. \tag{2.36}$$

一曲线的切矢 $u^\lambda = \dfrac{\mathrm{d}x^\lambda}{\mathrm{d}s}$ 沿该曲线平行移动的条件为

$$\left(\nabla_\mu u^\lambda\right) u^\mu = 0. \tag{2.37}$$

由于

$$\nabla_\mu u^\lambda = \partial_\mu u^\lambda + \Gamma^\lambda_{\mu\nu} u^\nu, \tag{2.38}$$

故得

$$\left(\partial_\mu u^\lambda\right) u^\mu + \Gamma^\lambda_{\mu\nu} u^\nu u^\mu = 0, \tag{2.39}$$

上式左端第一项

$$\left(\partial_\mu u^\lambda\right) u^\mu = \frac{\partial u^\lambda}{\partial x^\mu}\frac{\mathrm{d}x^\mu}{\mathrm{d}s} = \frac{\mathrm{d}u^\lambda}{\mathrm{d}s}, \tag{2.40}$$

故

$$\frac{\mathrm{d}u^\lambda}{\mathrm{d}s} + \Gamma^\lambda_{\mu\nu} u^\nu u^\mu = 0. \tag{2.41}$$

若一曲线在不同点的切矢皆为平行的, 则此曲线在黎曼几何中称为测地线 (geodesic), 其切矢满足上述测地线方程 (2.41). 又由短程线方程 (2.28) 与测地线方程 (2.41) 一样, 可知测地线就是短程线.

2.3　度规的弱引力场和低速近似 (牛顿近似) 与牛顿第二定律

2.3.1　弱引力场近似

在弱引力场情况下可将度规 $g_{\mu\nu}$ 分解为

$$g_{\mu\nu} = \eta_{\mu\nu} + h_{\mu\nu}, \tag{2.42}$$

其中, $\eta_{\mu\nu}$ 为平直时空的度规, $h_{\mu\nu}$ 为 $g_{\mu\nu}$ 对平直时空的偏离, 则线元可表示为

$$\begin{aligned} ds^2 &= \eta_{\mu\nu}dx^\mu dx^\nu + h_{\mu\nu}dx^\mu dx^\nu \\ &= -c^2 dt^2 + \left[\left(dx^1\right)^2 + \left(dx^2\right)^2 + \left(dx^3\right)^2 \right] \\ &\quad + \left[c^2 h_{00}dt^2 + 2ch_{0i}dt dx^i + h_{ij}dx^i dx^j \right]. \end{aligned} \tag{2.43}$$

令

$$v^i = \frac{dx^i}{dt}, \tag{2.44}$$

则

$$ds^2 = -c^2 dt^2 \left(1 - h_{00} - 2h_{0i}\frac{v^i}{c} - h_{ij}\frac{v^i v^j}{c^2} \right) + \left[\left(dx^1\right)^2 + \left(dx^2\right)^2 + \left(dx^3\right)^2 \right]. \tag{2.45}$$

2.3.2　牛顿近似

在弱引力场和低速近似情况下,

$$\frac{v}{c} \ll 1, \quad |h_{\mu\nu}| \ll 1, \tag{2.46}$$

称为牛顿近似, 在此条件下线元可表示为

$$ds^2 = -c^2 dt^2 \left[1 - h_{00} \right] + \left[\left(dx^1\right)^2 + \left(dx^2\right)^2 + \left(dx^3\right)^2 \right]. \tag{2.47}$$

与

$$ds^2 = g_{\mu\nu}dx^\mu dx^\nu = g_{ij}dx^i dx^j + g_{i0}dx^i dx^0 + g_{0i}dx^0 dx^i + g_{00}dx^0 dx^0 \tag{2.48}$$

比较, 可得牛顿近似下的度规各分量

$$g_{ij} = \delta_{ij}, \quad g_{i0} = g_{0i} = 0, \quad g_{00} = -\left[1 - h_{00}\right], \tag{2.49}$$

$$g^{ij} = \delta^{ij}, \quad g^{i0} = g^{0i} = 0, \quad g^{00} = -\frac{1}{1-h_{00}}, \tag{2.50}$$

即

$$[g_{\mu\nu}] = \begin{bmatrix} -(1-h_{00}) & 0 & 0 & 0 \\ 0 & 1 & 0 & 0 \\ 0 & 0 & 1 & 0 \\ 0 & 0 & 0 & 1 \end{bmatrix}, \quad [g_{\mu\nu}]^{-1} = \begin{bmatrix} -\dfrac{1}{1-h_{00}} & 0 & 0 & 0 \\ 0 & 1 & 0 & 0 \\ 0 & 0 & 1 & 0 \\ 0 & 0 & 0 & 1 \end{bmatrix}. \tag{2.51}$$

但当 h_{00} 很小时, 可有 $-\dfrac{1}{1-h_{00}} = -(1+h_{00})$, 故 $g^{00} = -(1+h_{00})$. 由度规可计算在此情况下的黎曼联络

$$\Gamma^{\lambda}_{\mu\nu} = \frac{1}{2} g^{\lambda\sigma} \left(\partial_{\mu} g_{\sigma\nu} + \partial_{\nu} g_{\sigma\mu} - \partial_{\sigma} g_{\mu\nu} \right). \tag{2.52}$$

1. $\lambda = i \ (i, j = 1, 2, 3)$ 的情况

由黎曼联络公式 (2.52), 又因 $g^{i0} = 0$, 故可得

$$\begin{aligned} \Gamma^{i}_{\mu\nu} &= \frac{1}{2} g^{i\sigma} \left(\partial_{\mu} g_{\sigma\nu} + \partial_{\nu} g_{\sigma\mu} - \partial_{\sigma} g_{\mu\nu} \right) \\ &= \frac{1}{2} g^{ij} \left(\partial_{\mu} g_{j\nu} + \partial_{\nu} g_{j\mu} - \partial_{j} g_{\mu\nu} \right), \end{aligned}$$

当 $\mu, \nu = l, m$ 时

$$\Gamma^{i}_{lm} = \frac{1}{2} g^{ij} \left(\partial_{l} g_{jm} + \partial_{m} g_{jl} - \partial_{j} g_{lm} \right),$$

因

$$g^{ij} = \delta^{ij}, \quad g_{ij} = \delta_{ij},$$

故

$$\Gamma^{i}_{lm} = 0. \tag{2.53}$$

同理

$$\Gamma^{i}_{0m} = \frac{1}{2} g^{ij} \left(\partial_{0} g_{jm} + \partial_{m} g_{j0} - \partial_{j} g_{0m} \right),$$

可证

$$\Gamma^{i}_{0m} = 0, \quad \Gamma^{i}_{l0} = 0. \tag{2.54}$$

当 $l, m = 0$ 时,

$$\Gamma^{i}_{00} = \frac{1}{2} g^{ij} \left(\partial_{0} g_{j0} + \partial_{0} g_{j0} - \partial_{j} g_{00} \right) = -\frac{1}{2} \delta^{ij} \left(\partial_{j} g_{00} \right) = -\frac{1}{2} \partial_{i} g_{00},$$

由 $\partial_{i} g_{00} = \partial_{i} h_{00}$, 可得

$$\Gamma^{i}_{00} = -\frac{1}{2} \partial_{i} h_{00}. \tag{2.55}$$

2. $\lambda = 0$ 的情况

$$\Gamma^0_{\mu\nu} = \frac{1}{2} g^{0\sigma} \left(\partial_\mu g_{\sigma\nu} + \partial_\nu g_{\sigma\mu} - \partial_\sigma g_{\mu\nu} \right) = \frac{1}{2} g^{00} \left(\partial_\mu g_{0\nu} + \partial_\nu g_{0\mu} - \partial_0 g_{\mu\nu} \right), \quad (2.56)$$

g_{00} 不随时间改变, 可知

$$\Gamma^0_{00} = 0, \quad (2.57)$$

并可看出

$$\Gamma^0_{ij} = 0, \quad (2.58)$$

$$\Gamma^0_{0j} = \frac{1}{2} g^{00} \left(\partial_0 g_{0j} + \partial_j g_{00} - \partial_0 g_{0j} \right) = \frac{1}{2} g^{00} \partial_j g_{00},$$

故

$$\Gamma^0_{0j} = -\frac{1}{2} \left(1 + h_{00} \right) \partial_j h_{00}.$$

保留一阶小量 (当 $|h_{00}| \ll 1$ 时)

$$\Gamma^0_{0i} = \Gamma^0_{i0} = -\frac{1}{2} \partial_i h_{00}. \quad (2.59)$$

下面计算 $\dfrac{\mathrm{d}x^\mu}{\mathrm{d}s}$. 当 $\mathrm{d}s$ 在质点运动的轨迹上时

$$\mathrm{d}s^2 = -c^2 \mathrm{d}t^2 \left(1 - h_{00} \right) + \left[\left(\mathrm{d}x^1 \right)^2 + \left(\mathrm{d}x^2 \right)^2 + \left(\mathrm{d}x^3 \right)^2 \right]$$
$$= -c^2 \mathrm{d}t^2 \left\{ \left(1 - h_{00} \right) - \frac{1}{c^2} \left[\left(\frac{\mathrm{d}x^1}{\mathrm{d}t} \right)^2 + \left(\frac{\mathrm{d}x^2}{\mathrm{d}t} \right)^2 + \left(\frac{\mathrm{d}x^3}{\mathrm{d}t} \right)^2 \right] \right\}, \quad (2.60)$$

在牛顿近似下

$$\mathrm{d}s^2 = -c^2 \mathrm{d}t^2 \left(1 - h_{00} \right). \quad (2.61)$$

故

$$\frac{\mathrm{d}x^0}{\mathrm{d}s} = \frac{1}{\sqrt{1 - h_{00}}}, \quad \frac{\mathrm{d}x^i}{\mathrm{d}s} = \frac{1}{c} \frac{\mathrm{d}x^i}{\mathrm{d}t} \frac{1}{\sqrt{1 - h_{00}}}. \quad (2.62)$$

下面计算 $\dfrac{\mathrm{d}^2 x^\mu}{\mathrm{d}s^2}$. 我们同样考虑当 $\mathrm{d}s$ 在质点运动的轨迹上时, 先讨论 $\mu = 0$ 的情况, 由切矢 (2.62) 中 0 分量表达式可得

$$\frac{\mathrm{d}^2 x^0}{\mathrm{d}s^2} = \frac{\mathrm{d}}{\mathrm{d}s} \left(\frac{1}{\sqrt{1 - h_{00}}} \right)$$
$$= -\frac{1}{2} \left(1 - h_{00} \right)^{-\frac{3}{2}} \frac{\mathrm{d}}{\mathrm{d}s} \left(1 - h_{00} \right)$$
$$= \frac{1}{2} \left(1 - h_{00} \right)^{-\frac{3}{2}} \frac{\mathrm{d}h_{00}}{\mathrm{d}s}. \quad (2.63)$$

因 $\dfrac{\partial h_{00}}{\partial x^0} = 0$, 故

$$\frac{\mathrm{d}h_{00}}{\mathrm{d}s} = \frac{\partial h_{00}}{\partial x^i}\frac{\mathrm{d}x^i}{\mathrm{d}s} = \frac{1}{c}\frac{\mathrm{d}x^i}{\mathrm{d}t}\frac{1}{\sqrt{1-h_{00}}}\partial_i h_{00}, \tag{2.64}$$

代回式 (2.63), 则可得

$$\frac{\mathrm{d}^2 x^0}{\mathrm{d}s^2} = \frac{1}{2}(1-h_{00})^{-2}\,\partial_i h_{00}\frac{1}{c}\frac{\mathrm{d}x^i}{\mathrm{d}t}. \tag{2.65}$$

故当 $\dfrac{1}{c}\dfrac{\mathrm{d}x^i}{\mathrm{d}t} \ll 1$ 或 $\dfrac{v}{c} \ll 1$ 时

$$\frac{\mathrm{d}^2 x^0}{\mathrm{d}s^2} = 0. \tag{2.66}$$

$\mu = i$ 的情况, 同样由式 (2.62) 中 i 分量表达式可得

$$\begin{aligned}
\frac{\mathrm{d}^2 x^i}{\mathrm{d}s^2} &= \frac{1}{c}\frac{\mathrm{d}}{\mathrm{d}s}\left(\frac{\mathrm{d}x^i}{\mathrm{d}t}\frac{1}{\sqrt{1-h_{00}}}\right)\\
&= \frac{1}{c}\frac{\partial}{\partial t}\left(\frac{\mathrm{d}x^i}{\mathrm{d}t}\frac{1}{\sqrt{1-h_{00}}}\right)\frac{\mathrm{d}t}{\mathrm{d}s} + \frac{1}{c}\frac{\partial}{\partial x^j}\left(\frac{\mathrm{d}x^i}{\mathrm{d}t}\frac{1}{\sqrt{1-h_{00}}}\right)\frac{\mathrm{d}x^j}{\mathrm{d}s}\\
&= \frac{1}{c}\frac{\partial}{\partial t}\left(\frac{\mathrm{d}x^i}{\mathrm{d}t}\frac{1}{\sqrt{1-h_{00}}}\right)\frac{\mathrm{d}t}{\mathrm{d}s} + \frac{1}{c}\frac{\partial}{\partial x^j}\left(\frac{1}{\sqrt{1-h_{00}}}\right)\frac{\mathrm{d}x^i}{\mathrm{d}t}\frac{\mathrm{d}x^j}{\mathrm{d}s}.
\end{aligned} \tag{2.67}$$

利用

$$\frac{\mathrm{d}t}{\mathrm{d}s} = \frac{1}{c}\frac{1}{\sqrt{1-h_{00}}}, \qquad \frac{\mathrm{d}x^i}{\mathrm{d}s} = \frac{1}{c}\frac{\mathrm{d}x^i}{\mathrm{d}t}\frac{1}{\sqrt{1-h_{00}}}. \tag{2.68}$$

当 $\dfrac{1}{c}\dfrac{\mathrm{d}x^i}{\mathrm{d}t} \ll 1$ 时, 保留一阶小量, 可得

$$\frac{\mathrm{d}^2 x^i}{\mathrm{d}s^2} = \frac{1}{c}\frac{\partial}{\partial t}\left(\frac{\mathrm{d}x^i}{\mathrm{d}t}\frac{1}{\sqrt{1-h_{00}}}\right)\frac{1}{c}\frac{1}{\sqrt{1-h_{00}}}. \tag{2.69}$$

即

$$\frac{\mathrm{d}^2 x^i}{\mathrm{d}s^2} = \frac{1}{c^2}\frac{\mathrm{d}^2 x^i}{\mathrm{d}t^2}\frac{1}{1-h_{00}}. \tag{2.70}$$

2.3.3　牛顿近似下的短程线方程

粒子运动的短程线方程为

$$\frac{\mathrm{d}^2 x^\lambda}{\mathrm{d}s^2} + \varGamma^\lambda_{\mu\nu}\frac{\mathrm{d}x^\mu}{\mathrm{d}s}\frac{\mathrm{d}x^\nu}{\mathrm{d}s} = 0, \tag{2.71}$$

在牛顿近似下

$$\frac{\mathrm{d}^2 x^i}{\mathrm{d}s^2} = \frac{1}{c^2}\frac{1}{1-h_{00}}\frac{\mathrm{d}^2 x^i}{\mathrm{d}t^2} \quad (i = 1, 2, 3), \tag{2.72}$$

$$\frac{\mathrm{d}x^0}{\mathrm{d}s} = \frac{1}{\sqrt{1-h_{00}}}, \tag{2.73}$$

$$\frac{\mathrm{d}^2 x^0}{\mathrm{d}s^2} \longrightarrow 0. \tag{2.74}$$

$$\frac{\mathrm{d}x^i}{\mathrm{d}s} = \frac{1}{c\sqrt{1-h_{00}}}\frac{\mathrm{d}x^i}{\mathrm{d}t} \approx \frac{1}{c}\frac{\mathrm{d}x^i}{\mathrm{d}t} \ll 1, \quad \frac{\mathrm{d}x^i}{\mathrm{d}s} \longrightarrow 0. \tag{2.75}$$

则牛顿近似下短程线方程仅有

$$\frac{\mathrm{d}^2 x^i}{\mathrm{d}s^2} + \Gamma^i_{00}\frac{\mathrm{d}x^0}{\mathrm{d}s}\frac{\mathrm{d}x^0}{\mathrm{d}s} = 0, \tag{2.76}$$

即

$$\frac{1}{c^2}\frac{1}{1-h_{00}}\frac{\mathrm{d}^2 x^i}{\mathrm{d}t^2} + \Gamma^i_{00}\frac{1}{1-h_{00}} = 0, \tag{2.77}$$

故

$$\frac{\mathrm{d}^2 x^i}{\mathrm{d}t^2} + c^2\Gamma^i_{00} = 0. \tag{2.78}$$

又因

$$\Gamma^i_{00} = -\frac{1}{2}\partial_i h_{00}, \tag{2.79}$$

故

$$\frac{\mathrm{d}^2 x^i}{\mathrm{d}t^2} = \frac{1}{2}c^2\partial_i h_{00}, \quad h_{00} \text{ 为空间坐标的函数} \tag{2.80}$$

令

$$\frac{1}{2}c^2 h_{00} = -\phi, \tag{2.81}$$

即

$$h_{00} = -\frac{2\phi}{c^2}, \tag{2.82}$$

也即

$$g_{00} = -\left(1 + \frac{2\phi}{c^2}\right). \tag{2.83}$$

因此在牛顿近似下短程线方程最终化为

$$\frac{\mathrm{d}^2 x^i}{\mathrm{d}t^2} = -\partial_i\phi. \tag{2.84}$$

由于 g_{00} 和 h_{00} 是描述引力场的, 则 ϕ 应是描述引力场的函数. 显然, 当 ϕ 是牛顿引力势时, 上式恰好是质点在引力场中运动的牛顿第二定律. 因此, 广义相对论包含了牛顿第二定律, 且式 (2.83) 揭示了度规与引力势之间的关系.

2.4 爱因斯坦引力场方程

2.4.1 广义相对论的基本假设

广义相对论是建立在以下三条基本假设基础上的引力理论:

(1) 有引力场存在的时空为四维黎曼流形, 即度规张量 $g_{\mu\nu}$ 是描述引力场的函数, $g_{\mu\nu}$ 共有 10 个分量;

(2) 产生引力场的物质源 (除引力场以外的, 因为引力场也是物质, 哲学上所有客观存在都是物质) 为物质的能量-动量张量 $T^{\mu\nu}$, 它是黎曼流形上的二阶对称张量;

(3) 爱因斯坦引力场方程为

$$R^{\mu\nu} - \frac{1}{2}g^{\mu\nu}R = \frac{8\pi G}{c^4}T^{\mu\nu}, \tag{2.85}$$

方程左边为反映时空几何的爱因斯坦张量 $R^{\mu\nu} - \frac{1}{2}g^{\mu\nu}R$, 方程右边为引力源物质的能量-动量张量 $T^{\mu\nu}$, G 为万有引力常数. 此方程是 $g_{\mu\nu}$ 的二阶非线性偏微分方程. 爱因斯坦引力场方程是广义相对论的核心内容.

将爱因斯坦引力场方程乘以 $g_{\nu\lambda}$, 由 $g_{\nu\lambda}R^{\mu\lambda} = R^{\mu}_{\nu}$, $g_{\nu\lambda}T^{\mu\lambda} = T^{\mu}_{\nu}$, 和 $g_{\nu\lambda}g^{\mu\lambda} = \delta^{\mu}_{\nu}$, 可得

$$R^{\mu}_{\nu} - \frac{1}{2}\delta^{\mu}_{\nu}R = \frac{8\pi G}{c^4}T^{\mu}_{\nu}. \tag{2.86}$$

令 $\mu = \nu$, 则可得

$$R = -\frac{8\pi G}{c^4}T, \tag{2.87}$$

其中 $T = T^{\mu}_{\mu}$. 由此可将爱因斯坦方程改写为

$$R^{\mu}_{\nu} = \frac{8\pi G}{c^4}\left(T^{\mu}_{\nu} - \frac{1}{2}\delta^{\mu}_{\nu}T\right). \tag{2.88}$$

此外, 由比安基等式知

$$\nabla_{\mu}G^{\mu\nu} = \nabla_{\mu}\left(R^{\mu\nu} - \frac{1}{2}g^{\mu\nu}R\right) = 0, \tag{2.89}$$

故 $T^{\mu\nu}$ 的协变散度为零

$$\nabla_{\mu}T^{\mu\nu} = 0. \tag{2.90}$$

2.4.2　能量-动量张量协变散度为零的内涵

$\nabla_\mu T^{\mu\nu} = 0$ 与能量-动量守恒定律有关, 除此之外它还隐含物质运动方程. $T^{\mu\nu}$ 既是产生引力场的物质源, 同时也可以是引力场中运动质点的能量–动量张量, 即

$$T^{\mu\nu} = \rho c^2 u^\mu u^\nu, \tag{2.91}$$

其中, $\rho = m\delta^3(x - x(s))$, $u^\mu = \dfrac{\mathrm{d}x^\mu}{\mathrm{d}s}$. 将上式代入公式 (2.90), 可得

$$c^2 \nabla_\mu (j^\mu) u^\nu + j^\mu c^2 \nabla_\mu (u^\nu) = 0, \tag{2.92}$$

其中, $j^\mu = \rho u^\mu$ 为质点的物质密度流. 若 j^μ 为守恒流

$$\nabla_\mu j^\mu = 0, \tag{2.93}$$

则有

$$u^\mu \nabla_\mu u^\nu = 0, \tag{2.94}$$

即

$$u^\mu \partial_\mu u^\lambda + \Gamma^\lambda_{\mu\nu} u^\mu u^\nu = 0. \tag{2.95}$$

又因

$$u^\mu \partial_\mu u^\lambda = \frac{\mathrm{d}x^\mu}{\mathrm{d}s} \frac{\partial u^\lambda}{\partial x^\mu} = \frac{\mathrm{d}u^\lambda}{\mathrm{d}s}, \tag{2.96}$$

故可得

$$\frac{\mathrm{d}u^\lambda}{\mathrm{d}s} + \Gamma^\lambda_{\mu\nu} u^\mu u^\nu = 0. \tag{2.97}$$

将 $u^\lambda = \dfrac{\mathrm{d}x^\lambda}{\mathrm{d}s}$ 代入上式得

$$\frac{\mathrm{d}^2 x^\lambda}{\mathrm{d}s^2} + \Gamma^\lambda_{\mu\nu} \frac{\mathrm{d}x^\mu}{\mathrm{d}s} \frac{\mathrm{d}x^\nu}{\mathrm{d}s} = 0. \tag{2.98}$$

此即短程线方程, 因此质点运动规律由短程线方程描述. 从这个观点看, 2.3 节内容 (无自旋自由质点在弯曲时空中沿测地线运动) 也不是假设, 它包含在爱因斯坦引力场方程之内.

2.4.3　牛顿近似下的静态引力场方程

下面由静态爱因斯坦引力场方程出发, 考虑牛顿近似, 推导 Poisson 方程和牛顿万有引力势. 首先考虑引力源的能量-动量张量

$$T^{\mu\nu} = \rho c^2 u^\mu u^\nu, \tag{2.99}$$

其中, ρ 为引力源质量密度. 对静止源, 其四速度 $u^{\mu} = \dfrac{\mathrm{d}x^{\mu}}{\mathrm{d}s}$ 的空间分量为零, 即 $u^i = 0, i = 1, 2, 3$. 故能量-动量张量 $T^{\mu\nu}$ 中不为零的分量仅有

$$T^{00} = \rho c^2 u^0 u^0 = \rho c^2 \frac{\mathrm{d}x^0}{\mathrm{d}s}\frac{\mathrm{d}x^0}{\mathrm{d}s}, \tag{2.100}$$

即

$$T^{00} = \rho c^4 \left(\frac{\mathrm{d}t}{\mathrm{d}s}\right)^2. \tag{2.101}$$

由于

$$\mathrm{d}s^2 = g_{\mu\nu}\mathrm{d}x^{\mu}\mathrm{d}x^{\nu}, \tag{2.102}$$

故有

$$g_{\mu\nu}u^{\mu}u^{\nu} = -1, \tag{2.103}$$

并且, 当 $u^i = 0$ 时, 有

$$g_{00}\frac{\mathrm{d}x^0}{\mathrm{d}s}\frac{\mathrm{d}x^0}{\mathrm{d}s} = -1. \tag{2.104}$$

又由于 $x^0 = ct$, 故

$$g_{00}c^2\left(\frac{\mathrm{d}t}{\mathrm{d}s}\right)^2 = -1, \tag{2.105}$$

则有

$$\left(\frac{\mathrm{d}t}{\mathrm{d}s}\right)^2 = -\frac{1}{c^2}\frac{1}{g_{00}}. \tag{2.106}$$

将其代入

$$T^{00} = \rho c^4 \left(\frac{\mathrm{d}t}{\mathrm{d}s}\right)^2, \tag{2.107}$$

得

$$T^{00} = -\rho c^2 \frac{1}{g_{00}}. \tag{2.108}$$

又由

$$T^{\mu}_{\nu} = g_{\nu\lambda}T^{\lambda\mu}, \tag{2.109}$$

且 $T^{i0} = T^{0i} = 0$, 故

$$T^0_0 = g_{0\lambda}T^{\lambda 0} = g_{00}T^{00}, \tag{2.110}$$

可得

$$T^0_0 = -\rho c^2. \tag{2.111}$$

对前面的 $T^{\mu\nu} = \rho c^2 u^\mu u^\nu$, 有 $T = g_{\mu\nu} T^{\mu\nu} = -\rho c^2$, 又由式 (2.88) 可知

$$R_0^0 = \frac{8\pi G}{c^4} \left(T_0^0 - \frac{1}{2} T \right),\tag{2.112}$$

故可得到

$$R_0^0 = -\frac{4\pi G}{c^2} \rho.\tag{2.113}$$

其次, 由 Ricci 张量的表达式

$$R_{\mu\nu} = \partial_\lambda \Gamma^\lambda_{\nu\mu} - \partial_\nu \Gamma^\lambda_{\lambda\mu} + \Gamma^\lambda_{\lambda\alpha} \Gamma^\alpha_{\nu\mu} - \Gamma^\lambda_{\nu\alpha} \Gamma^\alpha_{\lambda\mu},\tag{2.114}$$

计算 R_{00} 分量. 在牛顿近似下度规分量为

$$g_{00} = -\left(1 + \frac{2\phi}{c^2} \right), \quad g_{ij} = \delta_{ij}, \quad g_{i0} = g_{0i} = 0,\tag{2.115}$$

$$g^{00} = -\left(1 - \frac{2\phi}{c^2} \right), \quad g^{ij} = \delta^{ij}, \quad g^{i0} = g^{0i} = 0,\tag{2.116}$$

联络 $\Gamma^\lambda_{\mu\nu}$ 不为零的分量仅有

$$\Gamma^i_{00} = \frac{1}{c^2} \partial_i \phi, \quad \Gamma^0_{0i} = \frac{1}{c^2} \partial_i \phi.\tag{2.117}$$

由此可得在牛顿近似下, Ricci 张量的 R_0^0 分量为

$$R_0^0 = g^{00} R_{00} = -\frac{1}{c^2} \Delta\phi, \quad \Delta = \partial_i \partial_i.\tag{2.118}$$

由式 (2.113) 和式 (2.118) 可得 ϕ 应满足 Poisson 方程:

$$\Delta\phi = 4\pi G\rho.\tag{2.119}$$

对静止的点源

$$\rho = M\delta^3\left(\boldsymbol{r}\right),\tag{2.120}$$

故

$$\Delta\phi = 4\pi GM\delta^3\left(\boldsymbol{r}\right).\tag{2.121}$$

由格林函数知

$$\Delta\frac{1}{r} = -4\pi\delta^3\left(\boldsymbol{r}\right),\tag{2.122}$$

因此, 得到

$$\phi = -\frac{GM}{r}.\tag{2.123}$$

故爱因斯坦建立的广义相对论包含了牛顿第二定律 (测地线) 和引力公式, 且度规是决定引力场的函数

$$g_{00} = -\left(1 + \frac{2\phi}{c^2} \right) = -\left(1 - \frac{2GM}{rc^2} \right).\tag{2.124}$$

2.5 爱因斯坦引力理论的作用量

本节由作用量变分推导爱因斯坦引力场方程.

2.5.1 Palatini 公式

首先证明联络 $\Gamma^\rho_{\mu\nu}$ 对 $g_{\mu\nu}$ 的变分 $\delta\Gamma^\rho_{\mu\nu}$ 是一个张量. 由联络在坐标变换下的变换关系

$$\Gamma'^{\rho}_{\mu\nu} = \bar{A}^\lambda_\mu \bar{A}^\tau_\nu A^\rho_\sigma \Gamma^\sigma_{\lambda\tau} + \bar{A}^\lambda_\mu A^\rho_\sigma \frac{\partial \bar{A}^\sigma_\nu}{\partial x^\lambda}, \tag{2.125}$$

及变换矩阵 $\bar{A}$ 和 A 与 $g_{\mu\nu}$ 无关, 上式两边对度规变分可得

$$\delta\Gamma'^{\rho}_{\mu\nu} = \bar{A}^\lambda_\mu \bar{A}^\tau_\nu A^\rho_\sigma \delta\Gamma^\sigma_{\lambda\tau}, \tag{2.126}$$

即 $\delta\Gamma^\rho_{\mu\nu}$ 是按张量变化的, 它是三阶混合张量. 下面考虑

$$R_{\mu\nu} = \partial_\lambda \Gamma^\lambda_{\mu\nu} - \partial_\nu \Gamma^\lambda_{\lambda\mu} + \Gamma^\lambda_{\lambda\rho} \Gamma^\rho_{\mu\nu} - \Gamma^\lambda_{\nu\rho} \Gamma^\rho_{\mu\lambda} \tag{2.127}$$

对度规 $g_{\mu\nu}$ 的变分

$$\delta R_{\mu\nu} = \partial_\lambda \left(\delta\Gamma^\lambda_{\mu\nu} \right) - \partial_\nu \left(\delta\Gamma^\lambda_{\lambda\mu} \right) + \left(\delta\Gamma^\lambda_{\lambda\rho} \right) \Gamma^\rho_{\mu\nu} + \Gamma^\lambda_{\lambda\rho} \left(\delta\Gamma^\rho_{\mu\nu} \right) - \left(\delta\Gamma^\lambda_{\nu\rho} \right) \Gamma^\rho_{\mu\lambda} - \Gamma^\lambda_{\nu\rho} \left(\delta\Gamma^\rho_{\mu\lambda} \right). \tag{2.128}$$

由

$$\begin{cases} \nabla_\nu \left(\delta\Gamma^\lambda_{\lambda\mu} \right) = \partial_\nu \left(\delta\Gamma^\lambda_{\lambda\mu} \right) - \Gamma^\rho_{\nu\mu} \delta\Gamma^\lambda_{\lambda\rho}, \\ \nabla_\lambda \left(\delta\Gamma^\lambda_{\mu\nu} \right) = \partial_\lambda \left(\delta\Gamma^\lambda_{\mu\nu} \right) + \Gamma^\lambda_{\lambda\rho} \delta\Gamma^\rho_{\mu\nu} - \Gamma^\rho_{\lambda\mu} \delta\Gamma^\lambda_{\rho\nu} - \Gamma^\rho_{\lambda\nu} \delta\Gamma^\lambda_{\mu\rho}, \end{cases} \tag{2.129}$$

可将 $R_{\mu\nu}$ 的变分表示为

$$\delta R_{\mu\nu} = \nabla_\lambda \left(\delta\Gamma^\lambda_{\mu\nu} \right) - \nabla_\nu \left(\delta\Gamma^\lambda_{\lambda\mu} \right). \tag{2.130}$$

上式称为 Palatini 公式 I. 由此可知

$$\begin{aligned} g^{\mu\nu} \delta R_{\mu\nu} &= \nabla_\lambda \left(g^{\mu\nu} \delta\Gamma^\lambda_{\mu\nu} \right) - \nabla_\nu \left(g^{\mu\nu} \delta\Gamma^\lambda_{\lambda\mu} \right) \\ &= \nabla_\mu \left(g^{\lambda\nu} \delta\Gamma^\mu_{\lambda\nu} \right) - \nabla_\mu \left(g^{\nu\mu} \delta\Gamma^\lambda_{\lambda\nu} \right), \end{aligned} \tag{2.131}$$

故

$$g^{\mu\nu} \delta R_{\mu\nu} = \nabla_\mu \left[g^{\lambda\nu} \left(\delta\Gamma^\mu_{\lambda\nu} \right) - g^{\mu\nu} \left(\delta\Gamma^\lambda_{\lambda\nu} \right) \right]. \tag{2.132}$$

令

$$\phi^\mu = g^{\lambda\nu} \left(\delta\Gamma^\mu_{\lambda\nu} \right) - g^{\mu\nu} \left(\delta\Gamma^\lambda_{\lambda\nu} \right), \tag{2.133}$$

则

$$g^{\mu\nu}\delta R_{\mu\nu} = \nabla_{\mu}\phi^{\mu} = \frac{1}{\sqrt{-g}}\partial_{\mu}\left(\sqrt{-g}\phi^{\mu}\right). \tag{2.134}$$

因此

$$\sqrt{-g}g^{\mu\nu}\delta R_{\mu\nu} = \partial_{\mu}\left(\sqrt{-g}\phi^{\mu}\right), \tag{2.135}$$

称为 Palatini 公式 II, 即 $\sqrt{-g}g^{\mu\nu}\delta R_{\mu\nu}$ 可表示为 $\sqrt{-g}\phi^{\mu}$ 的散度.

2.5.2　引力场作用量的变分与爱因斯坦张量

下面推导 $R\sqrt{-g}$ 对度规 $g_{\mu\nu}$ 的变分. 由于 $R\sqrt{-g} = g^{\mu\nu}R_{\mu\nu}\sqrt{-g}$, 则

$$\delta\left(R\sqrt{-g}\right) = \left(\delta g^{\mu\nu}\right)R_{\mu\nu}\sqrt{-g} + g^{\mu\nu}\left(\delta R_{\mu\nu}\right)\sqrt{-g} + g^{\mu\nu}R_{\mu\nu}\left(\delta\sqrt{-g}\right). \tag{2.136}$$

利用

$$\sqrt{-g}g^{\mu\nu}\left(\delta R_{\mu\nu}\right) = \partial_{\mu}\left(\sqrt{-g}\phi^{\mu}\right), \tag{2.137}$$

$$\delta g = \left(\delta g_{\mu\nu}\right)g^{\mu\nu}g = -g_{\mu\nu}\left(\delta g^{\mu\nu}\right)g, \tag{2.138}$$

$$\delta\sqrt{-g} = -\frac{1}{2}\frac{1}{\sqrt{-g}}\delta g = \frac{1}{2}\frac{1}{\sqrt{-g}}g_{\mu\nu}\left(\delta g^{\mu\nu}\right)g = -\frac{1}{2}\sqrt{-g}g_{\mu\nu}\left(\delta g^{\mu\nu}\right), \tag{2.139}$$

可得

$$g^{\mu\nu}R_{\mu\nu}\left(\delta\sqrt{-g}\right) = -g^{\mu\nu}R_{\mu\nu}\frac{1}{2}\sqrt{-g}g_{\mu\nu}\left(\delta g^{\mu\nu}\right) = -\frac{1}{2}R\sqrt{-g}g_{\mu\nu}\left(\delta g^{\mu\nu}\right), \tag{2.140}$$

故

$$\delta\left(R\sqrt{-g}\right) = \left(R_{\mu\nu} - \frac{1}{2}g_{\mu\nu}R\right)\sqrt{-g}\delta g^{\mu\nu} + \partial_{\mu}\left(\sqrt{-g}\phi^{\mu}\right). \tag{2.141}$$

下面计算标曲率对不变体元积分的变分

$$\delta\int_{M}R\sqrt{-g}\mathrm{d}^4x = \int_{M}\left(R_{\mu\nu} - \frac{1}{2}g_{\mu\nu}R\right)\sqrt{-g}\delta g^{\mu\nu}\mathrm{d}^4x + \int_{M}\partial_{\mu}\left(\sqrt{-g}\phi^{\mu}\right)\mathrm{d}^4x, \tag{2.142}$$

上式右边第二项为散度项, 可化为无穷远超曲面上 $\sqrt{-g}\phi^{\mu}$ 的积分, 在无穷远处 $g_{\mu\nu} \to \eta_{\mu\nu}$, 而 ϕ^{μ} 与 $g^{\mu\nu}$ 的变分有关, 此项在变分法理论中应为零, 故

$$\delta\int_{M}R\sqrt{-g}\mathrm{d}^4x = \int_{M}(R_{\mu\nu} - \frac{1}{2}g_{\mu\nu}R)\sqrt{-g}\delta g^{\mu\nu}\mathrm{d}^4x. \tag{2.143}$$

这说明 $R\sqrt{-g}$ 变分可得到爱因斯坦张量, 这是它的本质. 因此, 引力场的作用量可表示为

$$I_g = \frac{c^3}{16\pi G}\int_{M}R\sqrt{-g}\mathrm{d}^4x, \tag{2.144}$$

系数 $\dfrac{c^3}{G}$ 是为了使 I_g 具有作用量的量纲, $\dfrac{1}{16\pi}$ 是为了与牛顿力学一致. 标曲率的量纲为 $[R]=[L]^{-2}$, 万有引力常数的量纲为 $[G]=[M]^{-1}[L]^3[T]^{-2}$, 由此可计算 I_g 的量纲

$$I_g = [c]^3[G]^{-1}[R][\mathrm{d}^4 x] = [L]^3[T]^{-3}[M][L]^{-3}[T]^2[L]^{-2}[L]^4 = [M][L]^2[T]^{-1},$$
$$(2.145)$$

恰好是作用量的量纲. 引力场的作用量也可写为

$$I_g = \int_M L_g \sqrt{-g} d^4 x \qquad (2.146)$$

其中引力场的拉氏量 L_g 为

$$L_g = \frac{c^3}{16\pi G} R. \qquad (2.147)$$

由式 (2.143) 可知

$$\delta I_g = \frac{c^3}{16\pi G} \int_M \left(R_{\mu\nu} - \frac{1}{2} g_{\mu\nu} R \right) \sqrt{-g}\delta g^{\mu\nu} \mathrm{d}^4 x. \qquad (2.148)$$

2.5.3 爱因斯坦引力理论的作用量

设引力场和引力源物质的作用量分别为 I_g 和 I_m, 总作用量 $I = I_g + I_m$, 其中

$$I_g = \int_M L_g \sqrt{-g}\mathrm{d}^4 x, \quad L_g = \frac{c^3}{16\pi G} R, \qquad (2.149)$$

$$I_m = \frac{1}{c} \int_M L_m \sqrt{-g}\mathrm{d}^4 x. \qquad (2.150)$$

其中, L_m 为引力源物质的拉格朗日函数. 我们假定 L_m 不含 $g^{\mu\nu}$ 的微商, 则

$$\delta I_m = \frac{1}{c} \int_M \frac{\partial \left(L_m \sqrt{-g} \right)}{\partial g^{\mu\nu}} \delta g^{\mu\nu} \mathrm{d}^4 x. \qquad (2.151)$$

定义

$$T_{\mu\nu} = -\frac{2}{\sqrt{-g}} \frac{\partial \left(L_m \sqrt{-g} \right)}{\partial g^{\mu\nu}}, \qquad (2.152)$$

则

$$\delta I_m = -\frac{1}{2c} \int_M T_{\mu\nu} \delta g^{\mu\nu} \sqrt{-g}\mathrm{d}^4 x. \qquad (2.153)$$

由

$$\begin{aligned} \delta I &= \delta I_g + \delta I_m \\ &= \frac{c^3}{16\pi G} \int_M \left(R_{\mu\nu} - \frac{1}{2} g_{\mu\nu} R \right) \sqrt{-g} \delta g^{\mu\nu} \mathrm{d}^4 x - \frac{1}{2c} \int_M T_{\mu\nu} \delta g^{\mu\nu} \sqrt{-g} \mathrm{d}^4 x, \end{aligned}$$

$$(2.154)$$

及最小作用量原理 $\delta I = 0$, 可得爱因斯坦引力场方程

$$R_{\mu\nu} - \frac{1}{2} g_{\mu\nu} R = \frac{8\pi G}{c^4} T_{\mu\nu}. \tag{2.155}$$

2.6　广义相对论中的坐标条件

爱因斯坦引力场方程共有 10 个方程, $g_{\mu\nu}$ 有 10 个分量, 由爱因斯坦引力场方程 ($g_{\mu\nu}$ 的偏微分方程) 似乎可以完全解出这些分量, 但事实上却不是这样. 由于存在四个恒等式:

$$\nabla_\mu (R^{\mu\nu} - \frac{1}{2} g^{\mu\nu} R) = 0, \tag{2.156}$$

故决定 $g_{\mu\nu}$ 的 10 个方程仅有 6 个是独立的, 因此还需引入 4 个附加条件, 这就是说附加 4 个关于 $g_{\mu\nu}$ 的条件, 再加上 6 个独立的爱因斯坦引力场方程就形成了完备的方程组, 使其具有唯一的 $g_{\mu\nu}$ 解. 一般附加条件不应是广义协变的. 这 4 个附加条件实际上是对坐标选择的任意性施加了某种限制, 故 4 个附加条件在广义相对论中称为坐标条件 (即没有坐标的任意性了). 坐标条件可有两种形式.

(1) 度规满足如下四个方程

$$f_\sigma \left(g^{\mu\nu}, \partial_\lambda g^{\mu\nu} \right) = 0, \quad \sigma = 1, 2, 3, 4 \tag{2.157}$$

(2) 直接给定度规中四个分量的具体形式.

苏联物理学家 Fock 提出以

$$\partial_\mu \left(\sqrt{-g} g^{\mu\nu} \right) = 0 \tag{2.158}$$

为坐标条件, 称为谐和坐标条件, 并认为对惯性系此坐标条件是唯一的.

我们在 1962 年证明了 Fock 谐和坐标条件是惯性系条件, 但不是唯一的, 解决了 Landau 和 Fock 过去长期的争论.

第 3 章　引力场方程的中心球对称解与引力效应

3.1　引力场方程的中心球对称解

中心球对称的物质分布将会产生中心球对称的引力场, 本节考虑爱因斯坦场方程最简单的解, 即中心球对称解.

3.1.1　中心球对称的度规与线元

半径为 $r = a$ 的二维球面 S^2 上的线元 $\mathrm{d}s^2$ 用球坐标可表示为

$$\mathrm{d}s^2 = r^2(\mathrm{d}\theta^2 + \sin^2\theta\mathrm{d}\phi^2), \quad r = a, \tag{3.1}$$

r^2 因子保证了 $\mathrm{d}s$ 具有长度的量纲. 三维欧氏空间用球坐标

$$x^1 = r, \ x^2 = \theta, \ x^3 = \phi, \tag{3.2}$$

表示的线元

$$\mathrm{d}s^2 = \mathrm{d}r^2 + r^2(\mathrm{d}\theta^2 + \sin^2\theta\mathrm{d}\phi^2), \tag{3.3}$$

当 $\mathrm{d}r = 0$ 时, $\mathrm{d}s^2$ 为球面上的线元, 且在 r 相同的地方 $\mathrm{d}s$ 具有相同的形式, 这种表示称为三维欧氏空间中心球对称线元.

在四维赝欧时空中, 用赝欧球坐标 $x^0 = ct,\ x^1 = r, x^2 = \theta, x^3 = \phi$ 可将线元表示为

$$\mathrm{d}s^2 = -c^2\mathrm{d}t^2 + \left[\mathrm{d}r^2 + r^2\left(\mathrm{d}\theta^2 + \sin^2\theta\mathrm{d}\phi^2\right)\right], \tag{3.4}$$

它是四维平直时空的线元 (仅是后面用球坐标表示而已), 它的特征是线元的空间部分 $\mathrm{d}\ell^2 = \mathrm{d}r^2 + r^2(\mathrm{d}\theta^2 + \sin^2\theta\mathrm{d}\phi^2)$, 为中心球对称的线元. 当 $\mathrm{d}t = 0, \mathrm{d}r = 0$ 时

$$\mathrm{d}s^2 = r^2(\mathrm{d}\theta^2 + \sin^2\theta\mathrm{d}\phi^2) \tag{3.5}$$

为球面线元. 上述 $\mathrm{d}s^2$ 的表述称为四维赝欧时空的中心球对称表示. $\mathrm{d}s^2$ 对所有 r 相同处具有相同的形式.

中心球对称黎曼时空要求线元 $\mathrm{d}s^2$ 对径向坐标 r 相等的点具有相同的形式, 并且在 $\mathrm{d}t = 0, \mathrm{d}r = 0$ 时 $\mathrm{d}s^2$ 是球面线元. 一般还要求在无穷远处 $\mathrm{d}s^2$ 变成赝欧

时空中心球对称线元 (3.4). 对四维黎曼时空中线元 $\mathrm{d}s^2$ 的中心球对称的一般形式可表示为

$$\mathrm{d}s^2 = A\mathrm{d}r^2 + Br^2(\mathrm{d}\theta^2 + \sin^2\theta\mathrm{d}\phi^2) + C\mathrm{d}r\mathrm{d}t + D\mathrm{d}t^2, \tag{3.6}$$

A, B, C, D 仅为 r 和 t 的函数, 它是保持中心球对称定义的线元, 此线元仅允许下列两种变换

$$r' = \bar{r}(r,t), \quad t' = \bar{t}(r,t), \tag{3.7}$$

可以通过上述两个变换使 $B = 1$, $C = 0$, 则

$$\mathrm{d}s^2 = A\mathrm{d}t^2 + D\mathrm{d}r^2 + r^2(\mathrm{d}\theta^2 + \sin^2\theta\mathrm{d}\phi^2). \tag{3.8}$$

令

$$A = -c^2\mathrm{e}^\nu, \quad D = \mathrm{e}^\lambda, \tag{3.9}$$

其中 ν, λ 是 r 和 t 的函数. 则线元为

$$\mathrm{d}s^2 = -c^2\mathrm{e}^\nu\mathrm{d}t^2 + \mathrm{e}^\lambda\mathrm{d}r^2 + r^2(\mathrm{d}\theta^2 + \sin^2\theta\mathrm{d}\phi^2). \tag{3.10}$$

当 $r \to \infty$ 时, $\nu = \lambda = 0$, $\mathrm{d}s^2$ 可变成平直时空中心球对称线元

$$\mathrm{d}s^2 = -c^2\mathrm{d}t^2 + \left[\mathrm{d}r^2 + r^2\left(\mathrm{d}\theta^2 + \sin^2\theta\mathrm{d}\phi^2\right)\right]. \tag{3.11}$$

由上式与 $\mathrm{d}s^2 = g_{\mu\nu}\mathrm{d}x^\mu\mathrm{d}x^\nu$ 对比知度规的分量为

$$g_{00} = -\mathrm{e}^\nu, \quad g_{11} = \mathrm{e}^\lambda, \quad g_{22} = r^2, \quad g_{33} = r^2\sin^2\theta; \quad g_{\mu\nu} = 0, \text{ 当 } \mu \neq \nu \text{时}. \tag{3.12}$$

度规的逆为

$$\begin{cases} g^{00} = -\mathrm{e}^{-\nu}, \quad g^{11} = \mathrm{e}^{-\lambda}, \quad g^{22} = \dfrac{1}{r^2}, \\ g^{33} = \dfrac{1}{r^2\sin^2\theta}; \quad g^{\mu\nu} = 0, \text{ 当 } \mu \neq \nu \text{ 时}. \end{cases} \tag{3.13}$$

并且

$$\begin{cases} g = -r^4\sin^2\theta\mathrm{e}^{\nu+\lambda}, \\ \sqrt{-g} = r^2\sin\theta\mathrm{e}^{\frac{\nu+\lambda}{2}}. \end{cases} \tag{3.14}$$

3.1.2 黎曼联络 $\Gamma_{\mu\nu}^{\lambda}$

由

$$\Gamma_{\mu\nu}^{\lambda} = \frac{1}{2}g^{\lambda\sigma}\left(\partial_{\mu}g_{\sigma\nu} + \partial_{\nu}g_{\sigma\mu} - \partial_{\sigma}g_{\mu\nu}\right), \tag{3.15}$$

将中心球对称度规代入上式可得

$$
\begin{cases}
\Gamma_{11}^{1} = \dfrac{\lambda'}{2}, & \Gamma_{01}^{0} = \Gamma_{10}^{0} = \dfrac{\nu'}{2}, \quad \Gamma_{33}^{2} = -\sin\theta\cos\theta, \\[2mm]
\Gamma_{11}^{0} = \dfrac{\dot{\lambda}}{2c}\mathrm{e}^{\lambda-\nu}, & \Gamma_{22}^{1} = -r\mathrm{e}^{-\lambda}, \quad \Gamma_{00}^{1} = \dfrac{\nu'}{2}\mathrm{e}^{\nu-\lambda}, \\[2mm]
\Gamma_{12}^{2} = \Gamma_{21}^{2} = \Gamma_{13}^{3} = \Gamma_{31}^{3} = \dfrac{1}{r}, \quad \Gamma_{32}^{3} = \Gamma_{23}^{3} = \cot\theta, \quad \Gamma_{00}^{0} = \dfrac{\dot{\nu}}{2c}, \\[2mm]
\Gamma_{10}^{1} = \Gamma_{01}^{1} = \dfrac{\dot{\lambda}}{2c}, & \Gamma_{33}^{1} = -r\mathrm{e}^{-\lambda}\sin^{2}\theta.
\end{cases} \tag{3.16}
$$

且

$$\Gamma_{\lambda1}^{\lambda} = \frac{2}{r} + \frac{1}{2}(\nu' + \lambda'), \quad \Gamma_{\lambda2}^{\lambda} = \cot\theta, \quad \Gamma_{\lambda3}^{\lambda} = 0, \quad \Gamma_{\lambda0}^{\lambda} = \frac{1}{2c}(\dot{\nu} + \dot{\lambda}), \tag{3.17}$$

其中 $\lambda' = \dfrac{\partial\lambda}{\partial r}, \quad \nu' = \dfrac{\partial\nu}{\partial r}, \quad \dot{\lambda} = \dfrac{\partial\lambda}{\partial t}, \quad \dot{\nu} = \dfrac{\partial\nu}{\partial t}.$

3.1.3 爱因斯坦张量

由中心球对称情况的 $\Gamma_{\mu\nu}^{\lambda}$ 可计算爱因斯坦张量

$$G_{\nu}^{\mu} = R_{\nu}^{\mu} - \frac{1}{2}\delta_{\nu}^{\mu}R. \tag{3.18}$$

其非零分量为

$$
\begin{cases}
G_{1}^{1} = \mathrm{e}^{-\lambda}\left(\dfrac{1}{r}\nu' + \dfrac{1}{r^{2}}\right) - \dfrac{1}{r^{2}}, \\[2mm]
G_{2}^{2} = G_{3}^{3} \\[2mm]
\qquad = \dfrac{1}{2}\mathrm{e}^{-\lambda}\left[\nu'' + \dfrac{1}{2}(\nu')^{2} - \dfrac{1}{2}\nu'\lambda' + \dfrac{1}{r}(\nu' - \lambda')\right] - \dfrac{\mathrm{e}^{-\nu}}{2c^{2}}\left[\ddot{\lambda} + \dfrac{1}{2}\left(\dot{\lambda}\right)^{2} - \dfrac{1}{2}\dot{\lambda}\dot{\nu}\right], \\[2mm]
G_{0}^{0} = \mathrm{e}^{-\lambda}\left(\dfrac{1}{r^{2}} - \dfrac{1}{r}\lambda'\right) - \dfrac{1}{r^{2}}, \\[2mm]
G_{0}^{1} = \dfrac{1}{cr}\mathrm{e}^{-\lambda}\dot{\lambda}.
\end{cases}
$$

$$\tag{3.19}$$

3.1.4　中心球对称爱因斯坦场方程

在引力物质源外, 能量-动量张量为零, 中心球对称爱因斯坦方程为

$$\mathrm{e}^{-\lambda}\left(\frac{1}{r}\nu' + \frac{1}{r^2}\right) - \frac{1}{r^2} = 0, \tag{3.20}$$

$$\frac{\mathrm{e}^{-\lambda}}{2}\left[\nu'' + \frac{(\nu')^2}{2} - \frac{\nu'\lambda'}{2} + \frac{\nu'-\lambda'}{r}\right] - \frac{\mathrm{e}^{-\nu}}{2c^2}\left[\ddot{\lambda} + \frac{(\dot{\lambda})^2}{2} - \frac{\dot{\lambda}\dot{\nu}}{2}\right] = 0, \tag{3.21}$$

$$\mathrm{e}^{-\lambda}\left(\frac{1}{r^2} - \frac{1}{r}\lambda'\right) - \frac{1}{r^2} = 0, \tag{3.22}$$

$$\frac{1}{cr}\mathrm{e}^{-\lambda}\dot{\lambda} = 0. \tag{3.23}$$

3.1.5　引力场方程的中心球对称解

由方程 (3.23) 可得

$$\dot{\lambda} = 0, \tag{3.24}$$

由此知 λ 与时间无关, 即

$$\lambda = \lambda(r), \tag{3.25}$$

从而式 (3.21) 化为

$$\nu'' + \frac{1}{2}(\nu')^2 - \frac{1}{2}\nu'\lambda' + \frac{1}{r}(\nu'-\lambda') = 0. \tag{3.26}$$

由式 (3.20) 和式 (3.22) 可得

$$\nu' = \frac{\mathrm{e}^\lambda - 1}{r}, \tag{3.27}$$

$$\lambda' = \frac{1 - \mathrm{e}^\lambda}{r}, \tag{3.28}$$

故

$$\lambda' + \nu' = 0, \tag{3.29}$$

即

$$\lambda + \nu = f(t). \tag{3.30}$$

又由于 λ 不是 t 的函数, 故

$$\frac{\partial \nu}{\partial t} = \frac{\partial f(t)}{\partial t}, \tag{3.31}$$

即

$$\frac{\partial}{\partial t}\left[\nu - f(t)\right] = 0, \tag{3.32}$$

因而有

$$\nu - f(t) = \bar{\nu}(r), \tag{3.33}$$

则式 (3.30) 化为

$$\lambda + \bar{\nu}(r) = 0. \tag{3.34}$$

作时间尺度变化

$$\bar{t} = \psi(t), \tag{3.35}$$

则

$$(\mathrm{d}\bar{t})^2 = \left(\frac{\mathrm{d}\psi}{\mathrm{d}t}\right)^2 (\mathrm{d}t)^2. \tag{3.36}$$

如果 $\psi(t)$ 满足

$$\left(\frac{\mathrm{d}\psi}{\mathrm{d}t}\right)^2 = \mathrm{e}^{f(t)}, \tag{3.37}$$

则

$$(\mathrm{d}\bar{t})^2 = \mathrm{e}^{f(t)}(\mathrm{d}t)^2, \tag{3.38}$$

即

$$(\mathrm{d}t)^2 = \mathrm{e}^{-f(t)}\left(\mathrm{d}\bar{t}\right)^2, \tag{3.39}$$

因此

$$\mathrm{e}^\nu(\mathrm{d}t)^2 = \mathrm{e}^{\nu - f(t)}(\mathrm{d}\bar{t})^2 = \mathrm{e}^{\bar{\nu}}(\mathrm{d}\bar{t})^2. \tag{3.40}$$

故将 $\mathrm{d}s^2$ 中 ν 替换为 $\bar{\nu}$, 即通过时间尺度变换可使

$$\lambda + \nu = 0, \tag{3.41}$$

而不改变 $\mathrm{d}s^2$ 的形式, 这样保证了 λ 和 ν 仅为 r 的函数, 而与 t 无关 (Birkhoff 定理). 且由 $\nu + \lambda = 0$ 可知

$$\mathrm{e}^{-\lambda} = \mathrm{e}^\nu. \tag{3.42}$$

由方程 (3.28), 即

$$\frac{\mathrm{d}\lambda}{\mathrm{d}r} = \frac{1 - \mathrm{e}^\lambda}{r}, \tag{3.43}$$

可解得

$$\mathrm{e}^{-\lambda} = 1 + \frac{\alpha}{r}, \tag{3.44}$$

其中, α 为积分常数. 故

$$e^{-\lambda} = e^{\nu} = 1 + \frac{\alpha}{r}. \tag{3.45}$$

由此得线元

$$ds^2 = -\left(1 + \frac{\alpha}{r}\right)c^2 dt^2 + \frac{dr^2}{1 + \frac{\alpha}{r}} + r^2(d\theta^2 + \sin^2\theta d\phi^2) \tag{3.46}$$

可证明方程 (3.27)、(3.29) 与 (3.26) 是自洽的. 方程 (3.20)、(3.21)、(3.22)、(3.23) 不完全独立, 这是比安基恒等式的结果.

下面确定积分常数 α. 与第 2 章牛顿近似的结果,

$$g_{00} = -(1 - \frac{2GM}{rc^2}) \tag{3.47}$$

相比, 得

$$\alpha = -\frac{2GM}{c^2}. \tag{3.48}$$

因此中心球对称爱因斯坦方程的真空解为

$$ds^2 = -c^2\left(1 - \frac{2GM}{c^2 r}\right)dt^2 + \frac{dr^2}{1 - \frac{2GM}{c^2 r}} + r^2\left(d\theta^2 + \sin^2\theta d\phi^2\right). \tag{3.49}$$

1916 年 Schwarzschild 首先求得上述解, 称为 Schwarzschild 度规. $\frac{2GM}{c^2}$ 具有长度量纲, 定义

$$r_{\mathrm{S}} = \frac{2GM}{c^2}, \tag{3.50}$$

称为 Schwarzschild 半径. 对太阳

$$M_\odot = 1.991 \times 10^{33}\mathrm{g}, \quad r_\odot = 695700\mathrm{km}, \tag{3.51}$$

其 Schwarzschild 半径为

$$r_{\mathrm{S}} = \frac{2GM_\odot}{c^2} = 2.9532\mathrm{km}. \tag{3.52}$$

它与太阳半径的比值

$$\frac{r_{\mathrm{S}}}{r_\odot} = \frac{2GM_\odot}{c^2 r_\odot} = 4.245 \times 10^{-6} \tag{3.53}$$

是一小量.

3.2 行星轨道进动

3.2.1 牛顿力学中万有引力作用下行星的运动

本节首先回顾牛顿力学中行星的运动. 在万有引力作用下行星的运动方程为

$$\frac{\mathrm{d}^2 \boldsymbol{r}}{\mathrm{d}t^2} = -\frac{GM}{r^3}\boldsymbol{r}.$$ (3.54)

在球坐标系中, 通常选择轨道面为

$$\theta = \frac{\pi}{2}.$$ (3.55)

1. 面积速度不变 (角动量守恒)

由角动量守恒

$$r^2 \frac{\mathrm{d}\phi}{\mathrm{d}t} = h,$$ (3.56)

可得面积速度不变

$$\frac{\mathrm{d}A}{\mathrm{d}t} = \frac{1}{2}r^2 \frac{\mathrm{d}\phi}{\mathrm{d}t} = \frac{1}{2}h,$$ (3.57)

面积速度为常数 $\dfrac{h}{2}$.

2. Binet 方程

由行星运动方程 (3.54) 的径向分量方程做变量代换

$$u = \frac{1}{r},$$ (3.58)

可推出 Binet 方程

$$\frac{\mathrm{d}^2 u}{\mathrm{d}\phi^2} + u = \frac{GM}{h^2}.$$ (3.59)

3. 轨道方程

Binet 方程的解为

$$u = \frac{1}{p}\left(1 + e\cos\phi\right),$$ (3.60)

或

$$r = \frac{p}{1 + e\cos\phi}, \quad p = \frac{h^2}{GM}.$$ (3.61)

当 $0 < e < 1$ 时, 轨道是椭圆, 其半长轴为

$$a = \frac{p}{1 - e^2}.$$ (3.62)

4. 周期

由开普勒第三定律知, 轨道的周期与半长轴有如下关系:

$$T = \frac{2\pi}{\sqrt{GM}} a^{\frac{3}{2}}. \tag{3.63}$$

3.2.2　Schwarzschild 度规下的测地线方程

下面求广义相对论中行星的运动. 首先推导 Schwarzschild 度规下的测地线方程. Schwarzschild 解为中心球对称线元

$$ds^2 = -c^2 e^\nu dt^2 + e^\lambda dr^2 + r^2 \left(d\theta^2 + \sin^2\theta d\phi^2 \right), \tag{3.64}$$

其中 $e^\nu = e^{-\lambda} = 1 - \dfrac{2GM}{c^2 r}$. 在此度规情况下, 测地线方程为

$$\frac{d^2 x^\sigma}{ds^2} + \Gamma^\sigma_{\mu\nu} \frac{dx^\mu}{ds} \frac{dx^\nu}{ds} = 0 \tag{3.65}$$

可化为

$$\frac{d^2 r}{ds^2} + \frac{1}{2}\lambda' \left(\frac{dr}{ds}\right)^2 - r e^{-\lambda} \left(\frac{d\theta}{ds}\right)^2 - r\sin^2\theta e^{-\lambda} \left(\frac{d\phi}{ds}\right)^2 + \frac{1}{2} e^{\nu-\lambda} \nu' \left(c\frac{dt}{ds}\right)^2 = 0, \tag{3.66}$$

$$\frac{d^2\theta}{ds^2} + \frac{2}{r}\frac{dr}{ds}\frac{d\theta}{ds} - \sin\theta\cos\theta \left(\frac{d\phi}{ds}\right)^2 = 0, \tag{3.67}$$

$$\frac{d^2\phi}{ds^2} + \frac{2}{r}\frac{dr}{ds}\frac{d\phi}{ds} + 2\cot\theta \frac{d\theta}{ds}\frac{d\phi}{ds} = 0, \tag{3.68}$$

$$\frac{d^2 t}{ds^2} + \nu'\frac{dr}{ds}\frac{dt}{ds} = 0. \tag{3.69}$$

取轨道平面 $\theta = \dfrac{\pi}{2}$, 且 $\lambda = -\nu$, 得

$$\frac{d^2 r}{ds^2} - \frac{1}{2}\nu' \left(\frac{dr}{ds}\right)^2 - r e^\nu \left(\frac{d\phi}{ds}\right)^2 + \frac{1}{2} e^{2\nu} \nu' c^2 \left(\frac{dt}{ds}\right)^2 = 0, \tag{3.70}$$

$$\frac{d^2\phi}{ds^2} + \frac{2}{r}\frac{dr}{ds}\frac{d\phi}{ds} = 0, \tag{3.71}$$

$$\frac{d^2 t}{ds^2} + \nu'\frac{dr}{ds}\frac{dt}{ds} = 0. \tag{3.72}$$

3.2.3 面积速度不变

本小节讨论方程 (3.71) 的物理意义. 由方程 (3.71) 可得

$$r^2 \frac{\mathrm{d}^2\phi}{\mathrm{d}s^2} + 2r \frac{\mathrm{d}r}{\mathrm{d}s} \frac{\mathrm{d}\phi}{\mathrm{d}s} = 0, \tag{3.73}$$

知

$$r^2 \frac{\mathrm{d}^2\phi}{\mathrm{d}s^2} + \frac{\mathrm{d}r^2}{\mathrm{d}s} \frac{\mathrm{d}\phi}{\mathrm{d}s} = 0, \tag{3.74}$$

即

$$\frac{\mathrm{d}}{\mathrm{d}s} \left(r^2 \frac{\mathrm{d}\phi}{\mathrm{d}s} \right) = 0, \tag{3.75}$$

故 $r^2 \dfrac{\mathrm{d}\phi}{\mathrm{d}s} = $ 常数. 令 $\mathrm{d}s = c\mathrm{d}\tau$, 其中 τ 称为固有时 (proper time), 则

$$r^2 \frac{\mathrm{d}\phi}{\mathrm{d}\tau} = h, \tag{3.76}$$

其中 h 为常数. 3.76 式即固有时表述下的面积速度不变, 这是方程 (3.71) 的物理意义. 测地线方程

$$\frac{\mathrm{d}^2 x^\lambda}{\mathrm{d}s^2} + \Gamma^\lambda_{\mu\nu} \frac{\mathrm{d}x^\mu}{\mathrm{d}s} \frac{\mathrm{d}x^\nu}{\mathrm{d}s} = 0, \tag{3.77}$$

与牛顿力学的差别为 $\mathrm{d}s$ 不是时间, $\mathrm{d}s$ 的量纲不是时间 T 而是长度 L, 但是将 $\mathrm{d}s$ 写成

$$\mathrm{d}s = c\mathrm{d}\tau, \tag{3.78}$$

则 $\mathrm{d}\tau$ 具有时间的量纲 T, τ 称为固有时. 则短程线方程可写成

$$\frac{\mathrm{d}^2 x^\lambda}{\mathrm{d}\tau^2} + \Gamma^\lambda_{\mu\nu} \frac{\mathrm{d}x^\mu}{\mathrm{d}\tau} \frac{\mathrm{d}x^\nu}{\mathrm{d}\tau} = 0. \tag{3.79}$$

运动轨迹为 τ 的函数

$$x^\mu = x^\mu(\tau), \tag{3.80}$$

即 τ 为描述粒子运动真正的固有时. 上述面积速度对固有时是不变的.

3.2.4 广义相对论中的行星轨道方程

在轨道平面 $\theta = \dfrac{\pi}{2}$ 上, 方程 (3.70) 为

$$\frac{\mathrm{d}^2 r}{\mathrm{d}s^2} - \frac{1}{2}\nu' \left(\frac{\mathrm{d}r}{\mathrm{d}s} \right)^2 - r\mathrm{e}^\nu \left(\frac{\mathrm{d}\phi}{\mathrm{d}s} \right)^2 + \frac{1}{2}\mathrm{e}^{2\nu}\nu' c^2 \left(\frac{\mathrm{d}t}{\mathrm{d}s} \right)^2 = 0. \tag{3.81}$$

对类时线元 ($ds^2 < 0$), 由 $ds^2 = -e^\nu c^2 dt^2 + r^2 d\phi^2 + e^{-\nu} dr^2$, 两边除以 ds^2, 乘以 e^ν, 得

$$e^\nu = e^{2\nu} c^2 \left(\frac{dt}{ds}\right)^2 - e^\nu r^2 \left(\frac{d\phi}{ds}\right)^2 - \left(\frac{dr}{ds}\right)^2. \tag{3.82}$$

将 $\left(\dfrac{dr}{ds}\right)^2$ 移项后有

$$\left(\frac{dr}{ds}\right)^2 = e^{2\nu} c^2 \left(\frac{dt}{ds}\right)^2 - e^\nu r^2 \left(\frac{d\phi}{ds}\right)^2 - e^\nu, \tag{3.83}$$

将其代入方程 (3.81), 得

$$\frac{d^2 r}{ds^2} + \frac{1}{2} \nu' e^\nu r^2 \left(\frac{d\phi}{ds}\right)^2 + \frac{1}{2} \nu' e^\nu - r e^\nu \left(\frac{d\phi}{ds}\right)^2 = 0. \tag{3.84}$$

上式为广义相对论中的行星轨道方程.

令 $r = \dfrac{1}{u}$, 则由 $r^2 \dfrac{d\phi}{ds} = \dfrac{h}{c}$ 有

$$\frac{d\phi}{ds} = \frac{h}{c} u^2. \tag{3.85}$$

因

$$\frac{dr}{ds} = \frac{dr}{d\phi} \frac{d\phi}{ds} = \left(-\frac{1}{u^2} \frac{du}{d\phi}\right) \frac{d\phi}{ds} = \left(-\frac{1}{u^2} \frac{du}{d\phi}\right) \frac{h}{c} u^2 = -\frac{h}{c} \frac{du}{d\phi}, \tag{3.86}$$

即

$$\frac{dr}{ds} = -\frac{h}{c} \frac{du}{d\phi}, \tag{3.87}$$

则

$$\frac{d^2 r}{ds^2} = -\frac{h}{c} \frac{d^2 u}{d\phi^2} \frac{d\phi}{ds} = \left(-\frac{h}{c} \frac{d^2 u}{d\phi^2}\right) \left(\frac{h}{c} u^2\right), \tag{3.88}$$

故

$$\frac{d^2 r}{ds^2} = -\left(\frac{h}{c}\right)^2 u^2 \frac{d^2 u}{d\phi^2}. \tag{3.89}$$

此外, 由于

$$e^\nu = 1 - \frac{2GM}{c^2 r} = 1 - \frac{2GM}{c^2} u, \tag{3.90}$$

$$(e^\nu)' = \frac{1}{r^2} \cdot \frac{2GM}{c^2} = \frac{2GM}{c^2} u^2, \tag{3.91}$$

又因 $(e^\nu)' = e^\nu \nu'$, 故

$$\nu' e^\nu = \frac{2GM}{c^2} u^2. \tag{3.92}$$

将式 (3.85)、式 (3.89)、式 (3.90)、式 (3.92) 代入式 (3.84), 可得

$$\frac{\mathrm{d}^2 u}{\mathrm{d}\phi^2} + u = \frac{3GM}{c^2} u^2 + \frac{GM}{h^2}. \tag{3.93}$$

这是 Schwarzschild 解情况下的行星轨道方程, 可称为广义相对论中的 Binet 方程.

3.2.5 行星轨道方程的解

设 u_0 满足 Binet 方程

$$\frac{\mathrm{d}^2 u_0}{\mathrm{d}\phi^2} + u_0 = \frac{GM}{h^2}, \tag{3.94}$$

解为

$$u_0 = \frac{1}{p} \left(1 + e \cos \phi \right). \tag{3.95}$$

令

$$\alpha = \frac{3GM}{c^2}, \quad \alpha \text{是一个小量}, \tag{3.96}$$

则

$$\frac{\mathrm{d}^2 u}{\mathrm{d}\phi^2} + u = \alpha u^2 + \frac{GM}{h^2}. \tag{3.97}$$

设其解为

$$u = u_0 + \alpha u_1, \tag{3.98}$$

代回原方程, 得

$$\frac{\mathrm{d}^2 u_0}{\mathrm{d}\phi^2} + u_0 + \alpha \frac{\mathrm{d}^2 u_1}{\mathrm{d}\phi^2} + \alpha u_1 = \alpha \left(u_0 + \alpha u_1 \right)^2 + \frac{GM}{h^2}. \tag{3.99}$$

由于 u_0 满足 Binet 方程, 故 u_1 的方程为

$$\alpha \frac{\mathrm{d}^2 u_1}{\mathrm{d}\phi^2} + \alpha u_1 = \alpha \left(u_0 + \alpha u_1 \right)^2. \tag{3.100}$$

忽略方程右边括号内含 α 的一级小量, 则有

$$\frac{\mathrm{d}^2 u_1}{\mathrm{d}\phi^2} + u_1 = u_0^2. \tag{3.101}$$

将 $u_0 = \dfrac{1}{p} \left(1 + e \cos \phi \right)$ 代入上式, 则有

$$\frac{\mathrm{d}^2 u_1}{\mathrm{d}\phi^2} + u_1 = \frac{\left(1 + e \cos \phi \right)^2}{p^2} = \frac{1 + 2e \cos \phi + e^2 \cos^2 \phi}{p^2}. \tag{3.102}$$

再将 $\cos^2\phi = \dfrac{1+\cos 2\phi}{2}$ 代入, 可得

$$\frac{\mathrm{d}^2 u_1}{\mathrm{d}\phi^2} + u_1 = \frac{1}{p^2}\left[\left(1+\frac{e^2}{2}\right) + 2e\cos\phi + \frac{e^2}{2}\cos 2\phi\right]. \tag{3.103}$$

设此方程具有如下形式的解

$$u_1 = A + B\phi\sin\phi + C\cos 2\phi, \tag{3.104}$$

代入原方程可求得系数

$$A = \frac{1}{p^2}\left(1+\frac{e^2}{2}\right), \quad B = \frac{e}{p^2}, \quad C = -\frac{1}{6}\frac{e^2}{p^2}, \tag{3.105}$$

即

$$u_1 = \frac{1}{p^2}\left(1+\frac{e^2}{2}\right) + \frac{e}{p^2}\phi\sin\phi - \frac{1}{6}\frac{e^2}{p^2}\cos 2\phi. \tag{3.106}$$

由

$$u = u_0 + \alpha u_1, \tag{3.107}$$

可得

$$u = \frac{1}{p}\left[(1+e\cos\phi) + \frac{\alpha}{p}\left(1+\frac{e^2}{2}\right) + \frac{\alpha e}{p}\phi\sin\phi - \frac{1}{6}\frac{\alpha e^2}{p}\cos 2\phi\right]. \tag{3.108}$$

上式中只有 $\phi\sin\phi$ 是累积增加的, 对轨道变迁有长期影响, 而上式右端第二项和第四项无长期影响, 仅对轨道形状有小的修正, 故仅保留对轨道有长期影响的项

$$u = \frac{1}{p}\left[(1+e\cos\phi) + \frac{\alpha e}{p}\phi\sin\phi\right]. \tag{3.109}$$

因 α 是一个小量, 则 $\dfrac{\alpha\phi}{p}$ 也是一个小量, 则近似有

$$\cos\left(\phi - \frac{\alpha}{p}\phi\right) = \cos\phi\cos\frac{\alpha}{p}\phi + \sin\phi\sin\frac{\alpha}{p}\phi \simeq \cos\phi + \frac{\alpha}{p}\phi\sin\phi, \tag{3.110}$$

故

$$u = \frac{1}{p}\left[1 + e\cos\left(\phi\left(1-\frac{\alpha}{p}\right)\right)\right]. \tag{3.111}$$

令

$$\Phi = \phi\left(1-\frac{\alpha}{p}\right), \tag{3.112}$$

则

$$r = \frac{p}{1+e\cos\Phi}. \tag{3.113}$$

3.2.6 行星轨道的进动

当

$$\Phi = \Phi_n = \phi_n \left(1 - \frac{\alpha}{p} \right) = (2n+1)\pi \tag{3.114}$$

时 r 最大, 这时

$$r = \frac{p}{1-e}. \tag{3.115}$$

设

$$\phi_n = (2n+1)\pi \left(1 - \frac{\alpha}{p} \right)^{-1} = (2n+1)\pi \left(1 + \frac{\alpha}{p} \right), \tag{3.116}$$

则

$$\phi_{n+1} = (2n+3)\pi \left(1 + \frac{\alpha}{p} \right). \tag{3.117}$$

故 ϕ 的增量为

$$\phi_{n+1} - \phi_n = 2\pi \left(1 + \frac{\alpha}{p} \right) = 2\pi + 2\pi\frac{\alpha}{p}. \tag{3.118}$$

故行星运动一周期, 轨道的进动角 Δ 应为

$$\Delta = 2\pi\frac{\alpha}{p} = \frac{6\pi GM}{c^2 p}. \tag{3.119}$$

由

$$T^2 = \frac{4\pi^2}{GM}a^3, \qquad GM = 4\pi^2\frac{a^3}{T^2}, \qquad p = a\left(1 - e^2\right), \tag{3.120}$$

可知一周期的进动角可表达为

$$\Delta = \frac{24\pi^3 a^2}{c^2 T^2 \left(1 - e^2\right)}. \tag{3.121}$$

故 100 周的进动角为

$$\Delta = \frac{2400\pi^3 a^2}{c^2 T^2 \left(1 - e^2\right)}. \tag{3.122}$$

一般以地球轨道平均半径 (1 天文单位, 简称 1AU) 作为行星轨道半径单位, 行星周期 T 也是以地球年为单位来计算. 由地球轨道平均半径 1AU $= 1.4959787 \times 10^{11}$m, 1年 (恒星年) $= 365.2564$天, 1天 $= 24 \times 60 \times 60 = 86400$s , 可得行星每世纪的进动角为

$$\Delta_{\rm c} = \frac{3.84175 a^2}{T^3 \left(1 - e^2\right)}. \tag{3.123}$$

对水星的世纪进动角计算得

$$\Delta_c = \frac{3.84175a^2}{T^3\left(1-e^2\right)} = 43.0268''. \tag{3.124}$$

表 3.1 中给出太阳系几个主要行星近日点的世纪进动角, 表中的值已扣附了轨道的纯牛顿扰动.

表 3.1　行星的世纪进动角 Δ_c

	地球	水星	金星	火星
a/AU	1	0.387	0.732	1.524
T/年	1	0.2408	0.6152	1.8881
e	0.017	0.2056	0.007	0.093
Δ_c(理论值)	3.84''	43.03''	8.63''	1.34''
Δ_c(观测值)	$5.0''\pm1.2''$	$42.56''\pm0.94''$	$8.4''\pm4.8''$	

水星进动较大, 每百年

$$\Delta_c = 43.03''$$

天文观测已精确证实. 它是广义相对论预言的引力效应, 并为天文观测所证实.

3.2.7　行星运动中的能量守恒

方程 (3.72) 为

$$\frac{\mathrm{d}^2t}{\mathrm{d}s^2} + \frac{\mathrm{d}\nu}{\mathrm{d}r}\frac{\mathrm{d}r}{\mathrm{d}s}\frac{\mathrm{d}t}{\mathrm{d}s} = 0, \tag{3.125}$$

即

$$\frac{\mathrm{d}^2t}{\mathrm{d}s^2} + \frac{\mathrm{d}\nu}{\mathrm{d}s}\frac{\mathrm{d}t}{\mathrm{d}s} = 0. \tag{3.126}$$

经过如下整理

$$\frac{\frac{\mathrm{d}}{\mathrm{d}s}\left(\frac{\mathrm{d}t}{\mathrm{d}s}\right)}{\frac{\mathrm{d}t}{\mathrm{d}s}} = -\frac{\mathrm{d}\nu}{\mathrm{d}s}, \tag{3.127}$$

$$\frac{\mathrm{d}\left(\frac{\mathrm{d}t}{\mathrm{d}s}\right)}{\frac{\mathrm{d}t}{\mathrm{d}s}} = -\mathrm{d}\nu, \tag{3.128}$$

$$d\left[\ln\left(\frac{dt}{ds}\right)\right] = -d\left(\ln e^{\nu}\right), \tag{3.129}$$

可得其解为

$$e^{-\nu}\frac{ds}{dt} = \frac{1}{K}. \tag{3.130}$$

已知在牛顿近似下

$$ds^2 = -c^2\left(1 - \frac{2GM}{c^2r}\right)dt^2 + \sum_{i=1}^{3}\left(dx^i\right)^2, \tag{3.131}$$

由此得

$$\frac{ds}{dt} = c\sqrt{\left(1 - \frac{2GM}{c^2r}\right) - \frac{v^2}{c^2}} \simeq c\left(1 - \frac{GM}{c^2r} - \frac{v^2}{2c^2}\right), \tag{3.132}$$

$$e^{-\nu} = \frac{1}{1 - \dfrac{2GM}{c^2r}} \simeq 1 + \frac{2GM}{c^2r}, \tag{3.133}$$

$$e^{-\nu}\frac{ds}{dt} \simeq \left(1 + \frac{2GM}{c^2r}\right)c\left(1 - \frac{GM}{c^2r} - \frac{v^2}{2c^2}\right)$$
$$\simeq c\left(1 + \frac{2GM}{c^2r} - \frac{GM}{c^2r} - \frac{v^2}{2c^2}\right). \tag{3.134}$$

故

$$e^{-\nu}\frac{ds}{dt} \simeq c\left(1 + \frac{GM}{c^2r} - \frac{v^2}{2c^2}\right) = \frac{1}{c}\left(c^2 + \frac{GM}{r} - \frac{v^2}{2}\right) = \frac{1}{K}, \tag{3.135}$$

还可等价地表示为

$$me^{-\nu}\frac{ds}{dt} = \frac{1}{c}\left(mc^2 + \frac{GMm}{r} - \frac{mv^2}{2}\right) = \frac{m}{K}, \tag{3.136}$$

其中, m 为运动质点的质量. 因此

$$mc^2 - \left[\frac{1}{2}mv^2 + V(r)\right] = 常量, \tag{3.137}$$

其中

$$V(r) = -\frac{GMm}{r}. \tag{3.138}$$

方程 (3.137) 可化为

$$\frac{1}{2}mv^2 + V(r) = 常量, \tag{3.139}$$

相当于能量守恒 (若不乘以 m, 则是单位质点的能量守恒). 概括而言

$$e^{\nu}\frac{dt}{ds} = K \tag{3.140}$$

代表广义相对论中行星运动的守恒量, 也即能量守恒定律.

3.3　光线在恒星附近的偏折

3.3.1　光在引力场中的传播路径

具有静止质量 m 的粒子的 4-动量矢量为

$$p^\mu = mcu^\mu, \quad u^\mu = \frac{\mathrm{d}x^\mu}{\mathrm{d}s} = \frac{1}{c}\frac{\mathrm{d}x^\mu}{\mathrm{d}\tau}. \tag{3.141}$$

由 $g_{\mu\nu}u^\mu u^\nu = -1$ 知

$$p^2 = g_{\mu\nu}p^\mu p^\nu = -m^2c^2, \tag{3.142}$$

即

$$p^2 + m^2c^2 = 0. \tag{3.143}$$

粒子在弯曲时空中运动, u^μ 在运动轨迹上始终是平行的 (或是平行场), 即

$$u^\mu\nabla_\mu u^\lambda = 0 \text{ 或 } p^\mu\nabla_\mu p^\lambda = 0, \tag{3.144}$$

由此可导出测地线方程.

对光的传播, 因光子静止质量 $m = 0$,

$$p^\mu = mc\frac{\mathrm{d}x^\mu}{\mathrm{d}s} \tag{3.145}$$

不再适用. 此外, 由于对光有 $\mathrm{d}s = 0$, 光的传播路线不能用线元 s 作为参数 ($x^\mu = x^\mu(s)$). 可引入任意参数 λ, 定义光线的切矢

$$K^\mu = \frac{\mathrm{d}x^\mu}{\mathrm{d}\lambda}, \quad x^\mu = x^\mu(\lambda). \tag{3.146}$$

由于 $\mathrm{d}s^2 = 0$, 易知

$$K^2 = g_{\mu\nu}K^\mu K^\nu = 0. \tag{3.147}$$

并进一步假设切矢 K^μ 在光线传播的路线上是平行的, 即

$$\nabla_\mu K^\lambda = 0, \tag{3.148}$$

故

$$K^\mu\nabla_\mu K^\lambda = 0, \tag{3.149}$$

即

$$K^\mu\left(\partial_\mu K^\lambda + \Gamma^\lambda_{\mu\nu}K^\nu\right) = 0. \tag{3.150}$$

由于

$$K^\mu \partial_\mu K^\lambda = \frac{\mathrm{d}x^\mu}{\mathrm{d}\lambda} \frac{\partial K^\lambda}{\partial x^\mu} = \frac{\mathrm{d}K^\lambda}{\mathrm{d}\lambda}, \tag{3.151}$$

故式 (3.150) 可化为

$$\frac{\mathrm{d}K^\lambda}{\mathrm{d}\lambda} + \Gamma^\lambda_{\mu\nu} K^\mu K^\nu = 0. \tag{3.152}$$

把上式代入

$$K^\lambda = \frac{\mathrm{d}x^\lambda}{\mathrm{d}\lambda}, \tag{3.153}$$

得光线传播的路径方程

$$\frac{\mathrm{d}^2 x^\lambda}{\mathrm{d}\lambda^2} + \Gamma^\lambda_{\mu\nu} \frac{\mathrm{d}x^\mu}{\mathrm{d}\lambda} \frac{\mathrm{d}x^\nu}{\mathrm{d}\lambda} = 0, \tag{3.154}$$

这是一种特殊的测地线方程.

3.3.2 Schwarzschild 解情况下的光传播路径方程

要计算光线在恒星附近传播时的偏折, 我们首先需要得到以恒星为中心, 度规为中心球对称情况下的光传播路径的方程. 这只要将第 3.2 节中 Schwarzschild 度规下测地线方程 (3.70)–(3.71) 进行 $s \to \lambda$ 的置换即可, 即

$$\frac{\mathrm{d}^2 r}{\mathrm{d}\lambda^2} - \frac{1}{2}\nu' \left(\frac{\mathrm{d}r}{\mathrm{d}\lambda}\right)^2 - r\mathrm{e}^\nu \left(\frac{\mathrm{d}\phi}{\mathrm{d}\lambda}\right)^2 + \frac{1}{2}\mathrm{e}^{2\nu}\nu' c^2 \left(\frac{\mathrm{d}t}{\mathrm{d}\lambda}\right)^2 = 0, \tag{3.155}$$

$$\frac{\mathrm{d}^2 \phi}{\mathrm{d}\lambda^2} + \frac{2}{r}\frac{\mathrm{d}r}{\mathrm{d}\lambda}\frac{\mathrm{d}\phi}{\mathrm{d}\lambda} = 0, \tag{3.156}$$

$$\mathrm{e}^\nu = 1 - \frac{2GM}{c^2 r}. \tag{3.157}$$

方程 (3.156) 可以写成

$$r^2 \frac{\mathrm{d}^2 \phi}{\mathrm{d}\lambda^2} + 2r\frac{\mathrm{d}r}{\mathrm{d}\lambda}\frac{\mathrm{d}\phi}{\mathrm{d}\lambda} = 0, \tag{3.158}$$

即

$$\mathrm{d}\left(r^2 \frac{\mathrm{d}\phi}{\mathrm{d}\lambda}\right) = 0, \tag{3.159}$$

故

$$r^2 \frac{\mathrm{d}\phi}{\mathrm{d}\lambda} = k, \quad k\text{为常数}. \tag{3.160}$$

对光的传播 $\left(\text{在 } \theta = \dfrac{\pi}{2} \text{ 平面上}\right)$

$$\mathrm{d}s^2 = -\mathrm{e}^\nu c^2 \mathrm{d}t^2 + r^2 \mathrm{d}\phi^2 + \mathrm{e}^{-\nu}(\mathrm{d}r)^2 = 0, \tag{3.161}$$

即

$$e^\nu c^2 \left(\frac{\mathrm{d}t}{\mathrm{d}\lambda}\right)^2 = r^2 \left(\frac{\mathrm{d}\phi}{\mathrm{d}\lambda}\right)^2 + e^{-\nu} \left(\frac{\mathrm{d}r}{\mathrm{d}\lambda}\right)^2 . \tag{3.162}$$

将式 (3.162) 代入式 (3.155) 得

$$\frac{\mathrm{d}^2 r}{\mathrm{d}\lambda^2} - \frac{1}{2}\nu' \left(\frac{\mathrm{d}r}{\mathrm{d}\lambda}\right)^2 - re^\nu \left(\frac{\mathrm{d}\phi}{\mathrm{d}\lambda}\right)^2 + \frac{1}{2}e^\nu \nu' \left[r^2 \left(\frac{\mathrm{d}\phi}{\mathrm{d}\lambda}\right)^2 + e^{-\nu} \left(\frac{\mathrm{d}r}{\mathrm{d}\lambda}\right)^2\right] = 0, \tag{3.163}$$

即

$$\frac{\mathrm{d}^2 r}{\mathrm{d}\lambda^2} - re^\nu \left(\frac{\mathrm{d}\phi}{\mathrm{d}\lambda}\right)^2 + \frac{1}{2}(e^\nu)' r^2 \left(\frac{\mathrm{d}\phi}{\mathrm{d}\lambda}\right)^2 = 0. \tag{3.164}$$

3.3.3　引入 $u=\frac{1}{r}$ 变量的光轨道方程

定义

$$u = \frac{1}{r}, \tag{3.165}$$

则

$$\mathrm{d}u = -\frac{1}{r^2}\mathrm{d}r = -u^2\mathrm{d}r, \tag{3.166}$$

即 $\mathrm{d}r = -\frac{1}{u^2}\mathrm{d}u$, 由此可将式 (3.160) 化为

$$\frac{\mathrm{d}\phi}{\mathrm{d}\lambda} = ku^2, \tag{3.167}$$

且

$$\frac{\mathrm{d}r}{\mathrm{d}\phi} = -\frac{1}{u^2}\frac{\mathrm{d}u}{\mathrm{d}\phi}. \tag{3.168}$$

由上两式可得

$$\frac{\mathrm{d}r}{\mathrm{d}\lambda} = \frac{\mathrm{d}r}{\mathrm{d}\phi}\frac{\mathrm{d}\phi}{\mathrm{d}\lambda} = \left(-\frac{1}{u^2}\frac{\mathrm{d}u}{\mathrm{d}\phi}\right)(ku^2), \tag{3.169}$$

故

$$\frac{\mathrm{d}r}{\mathrm{d}\lambda} = -k\frac{\mathrm{d}u}{\mathrm{d}\phi}. \tag{3.170}$$

进一步

$$\frac{\mathrm{d}^2 r}{\mathrm{d}\lambda^2} = \frac{\mathrm{d}}{\mathrm{d}\phi}\left(\frac{\mathrm{d}r}{\mathrm{d}\lambda}\right)\frac{\mathrm{d}\phi}{\mathrm{d}\lambda} = \left(-k\frac{\mathrm{d}^2 u}{\mathrm{d}\phi^2}\right)(ku^2), \tag{3.171}$$

即

$$\frac{\mathrm{d}^2 r}{\mathrm{d}\lambda^2} = -k^2 u^2 \frac{\mathrm{d}^2 u}{\mathrm{d}\phi^2}. \tag{3.172}$$

此外将

$$\mathrm{e}^{\nu} = 1 - \frac{2GM}{c^2 r}, \tag{3.173}$$

$$(\mathrm{e}^{\nu})' = \frac{2GM}{c^2 r^2} = \frac{2GM}{c^2} u^2, \tag{3.174}$$

代入式 (3.164) 得

$$-k^2 u^2 \frac{\mathrm{d}^2 u}{\mathrm{d}\phi^2} - \frac{1}{u} \left(1 - \frac{2GM}{c^2} u\right) \left(k^2 u^4\right) + \frac{1}{2} \left(\frac{2GM}{c^2} u^2\right) \frac{1}{u^2} \left(k^2 u^4\right) = 0, \tag{3.175}$$

即

$$\frac{\mathrm{d}^2 u}{\mathrm{d}\phi^2} + u \left(1 - \frac{2GM}{c^2} u\right) - \frac{GM}{c^2} u^2 = 0. \tag{3.176}$$

由此可得

$$\frac{\mathrm{d}^2 u}{\mathrm{d}\phi^2} + u = \frac{3GM}{c^2} u^2, \tag{3.177}$$

这是光线在恒星附近的轨道方程.

3.3.4 光轨道方程的解

令小量

$$\frac{3GM}{c^2} = \alpha, \tag{3.178}$$

则光线轨道方程为

$$\frac{\mathrm{d}^2 u}{\mathrm{d}\phi^2} + u = \alpha u^2. \tag{3.179}$$

令 u_0 满足线性方程

$$\frac{\mathrm{d}^2 u_0}{\mathrm{d}\phi^2} + u_0 = 0, \tag{3.180}$$

其解为

$$u_0 = \frac{1}{b} \sin \phi. \tag{3.181}$$

将 u 的原方程的解表示为

$$u = u_0 + \alpha u_1, \tag{3.182}$$

则

$$\frac{\mathrm{d}^2 u}{\mathrm{d}\phi^2} + u = \frac{\mathrm{d}^2 u_0}{\mathrm{d}\phi^2} + u_0 + \alpha \left(\frac{\mathrm{d}^2 u_1}{\mathrm{d}\phi^2} + u_1\right) = \alpha \left(u_0 + \alpha u_1\right)^2. \tag{3.183}$$

取 α 的一阶近似

$$\alpha \left(\frac{\mathrm{d}^2 u_1}{\mathrm{d}\phi^2} + u_1\right) = \alpha u_0^2, \tag{3.184}$$

即
$$\frac{\mathrm{d}^2 u_1}{\mathrm{d}\phi^2} + u_1 = u_0^2. \tag{3.185}$$

将 $u_0 = \frac{1}{b}\sin\phi$ 代入, 上式化为
$$\frac{\mathrm{d}^2 u_1}{\mathrm{d}\phi^2} + u_1 = \frac{1}{b^2}\sin^2\phi. \tag{3.186}$$

令其解为
$$u_1 = A\sin^2\phi + B, \tag{3.187}$$

则
$$\frac{\mathrm{d}u_1}{\mathrm{d}\phi} = 2A\sin\phi\cos\phi = A\sin 2\phi, \tag{3.188}$$

$$\frac{\mathrm{d}^2 u_1}{\mathrm{d}\phi^2} = 2A\cos 2\phi = 2A\left(1 - 2\sin^2\phi\right) = 2A - 4A\sin^2\phi, \tag{3.189}$$

故
$$\frac{\mathrm{d}^2 u_1}{\mathrm{d}\phi^2} + u_1 = 2A + B - 3A\sin^2\phi. \tag{3.190}$$

与 u_1 的方程 $\frac{\mathrm{d}^2 u_1}{\mathrm{d}\phi^2} + u_1 = \frac{1}{b^2}\sin^2\phi$ 比较可知
$$3A = -\frac{1}{b^2}, \quad 2A + B = 0, \tag{3.191}$$

即
$$A = -\frac{1}{3b^2}, \quad B = \frac{2}{3b^2}. \tag{3.192}$$

因此有
$$u_1 = -\frac{1}{3b^2}\left(\sin^2\phi - 2\right), \tag{3.193}$$

$$u = \frac{1}{b}\sin\phi + \frac{\alpha}{3b^2}\left(\cos^2\phi + 1\right). \tag{3.194}$$

因 $\alpha = \frac{3GM}{c^2}$, 故光线在恒星附近的轨道方程为
$$u = \frac{1}{b}\sin\phi + \frac{GM}{c^2 b^2}\left(\cos^2\phi + 1\right). \tag{3.195}$$

3.3.5 光线在恒星附近的偏折

如图 3.1 所示, 光线在经过恒星附近时传播路径会发生偏折, 偏折角可由 (3.195) 式计算.

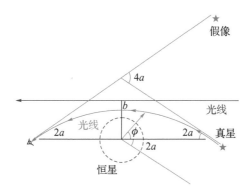

图 3.1 光线的偏折

令 $\dfrac{GM}{c^2 b} = a$, 当 $r \to \infty$ 时, $u = 0$, 即

$$\sin\phi + a\left(2 - \sin^2\phi\right) = 0, \tag{3.196}$$

其解为

$$\sin\phi = \frac{1 \pm \sqrt{1 + 8a^2}}{2a} = \frac{1 \pm (1 + 4a^2)}{2a} = \begin{cases} \dfrac{1 + 2a^2}{a} > 1, & \text{非解} \\ -2a, & \text{解} \end{cases} \tag{3.197}$$

这里已经考虑了 a 为小量. 因此有

$$\sin\phi = -2a. \tag{3.198}$$

故光线偏折角为

$$\delta = 4a = \frac{4GM}{c^2 b}. \tag{3.199}$$

研究光线紧靠太阳而过的偏折角, 这时

$$b = R_\odot, \quad \text{太阳半径}$$

$$M = M_\odot, \quad \text{太阳质量}$$

则偏折角为

$$\delta = \frac{4GM_\odot}{c^2 R_\odot} = 1.75''. \tag{3.200}$$

如用牛顿力学计算, 设光子的质量[①]

$$m = \frac{h\nu}{c^2},\tag{3.201}$$

则计算结果为

$$\delta = \frac{2GM_\odot}{c^2 R_\odot},\tag{3.202}$$

仅为广义相对论结果的一半.

　　实验上通常在日全食时观测靠近太阳的远处恒星光线的偏折, 得到的结果见表 3.2. 20 世纪 60 年代后期至 70 年代, 由于射电天文学的进展, 采用长基线干涉仪在射电波段进行观测, 观测精度大大提高, 精确度数量级达到 $\frac{\lambda}{2\pi d}$. λ 为射电波长, d 为基线长度. 利用 10 月份类星体 3C279 被太阳遮掩, 观测射电波被太阳偏折, 观测结果见表 3.3[②].

表 3.2　利用日蚀观测光线偏折的观测结果

日食日期	观测者	观测值/(″)
1919 年 5 月 29 日	Eddington	1.61 ± 0.40
1922 年 9 月 21 日	Trumpler	1.82 ± 0.20
1947 年 5 月 20 日	Biesbroek	2.01 ± 0.27
1952 年 2 月 25 日	Biesbroek	1.70 ± 0.10
1973 年 6 月 30 日	Texas 大学	1.58 ± 0.16

表 3.3　利用类星体源 3C279 的射电波被太阳偏折的干涉测量, 观测结果

日期	观测者	射电波段 ν/MHz	基线长度 d_0/km	观测值/(″)
1969	G.A.Seielstad 等	9602	1.0662	1.77 ± 0.20
1969	I.I.Shapiro	7840	3899.92	1.80 ± 0.2
1970	R.A.Sramek	2695 与 8085	2.7	1.57 ± 0.08
1970	J.M.Hill	2697 与 4993.8	1.41	1.87 ± 0.3
1972	剑桥	5000	4.57	1.82 ± 0.14
1974	Haystack	8108	845	1.73 ± 0.05
1975	美国国立射电天文台	2703 与 8108	35.6	1.78 ± 0.02

[①] 光子静质量为零, 此处为等效质量.
[②] 表 3.2、表 3.3 引自刘辽、赵峥著《广义相对论》(第二版), 高等教育出版社, 有删减.

光线在太阳附近的偏折是广义相对论的新物理效应, 证明此效应用到 Schwarzschild 度规的全部非零分量:

$$g_{00} = -e^{\nu}, \quad g_{rr} = e^{-\nu}, \quad e^{\nu} = 1 - \frac{2GM}{c^2 r}. \tag{3.203}$$

3.4 雷达回波的延迟

1964 年 I. I. Shaprio 提出行星的雷达回波存在延迟效应, 可用来验证广义相对论. 1968 年以后进行了多次雷达回波延迟实验证实了上述效应的存在.

假设地球、太阳及反射星在雷达信号往返的过程中位置不变. 设 r_1 为地球到太阳的距离, r_2 为反射星到太阳的距离, 如图 3.2 所示. 雷达信号在 $\theta = \frac{\pi}{2}$ 平面内自 (r_1, ϕ_1) 处由地球发射雷达波到 (r_2, ϕ_2) 处反射星, 反射的雷达回波再由反射星传回地球. 由于雷达波 $\mathrm{d}s^2 = 0$, 其传播路线满足方程

$$u = \frac{1}{b}\sin\phi + \frac{GM}{c^2 b^2}\left(\cos^2\phi + 1\right), \tag{3.204}$$

即

$$\frac{1}{r} = \frac{1}{b}\sin\phi + \frac{1}{2}\frac{r_{\mathrm{S}}}{b^2}\left(\cos^2\phi + 1\right), \quad r_{\mathrm{S}} = \frac{2GM}{c^2}. \tag{3.205}$$

上式两边微分, 则有

$$-\frac{1}{r^2}\mathrm{d}r = \frac{1}{b}\left(\cos\phi - \frac{r_{\mathrm{S}}}{b}\sin\phi\cos\phi\right)\mathrm{d}\phi. \tag{3.206}$$

取近似

$$\sin\phi = \frac{b}{r}, \quad \cos\phi = \sqrt{1 - \frac{b^2}{r^2}}, \tag{3.207}$$

故

$$-\frac{1}{r^2}\mathrm{d}r = \left(\frac{1}{b}\sqrt{1 - \frac{b^2}{r^2}} - \frac{r_{\mathrm{S}}}{b^2}\frac{b}{r}\sqrt{1 - \frac{b^2}{r^2}}\right)\mathrm{d}\phi$$

$$= \frac{1}{b}\sqrt{1 - \frac{b^2}{r^2}}\left(1 - \frac{r_{\mathrm{S}}}{r}\right)\mathrm{d}\phi, \tag{3.208}$$

$$-\mathrm{d}r = \frac{1}{b}\left(1 - \frac{r_{\mathrm{S}}}{r}\right)\sqrt{1 - \frac{b^2}{r^2}}r^2\mathrm{d}\phi, \tag{3.209}$$

$$\mathrm{d}r^2 = \frac{1}{b^2}\left(1 - \frac{r_{\mathrm{S}}}{r}\right)^2\left(r^2 - b^2\right)r^2\mathrm{d}\phi^2, \tag{3.210}$$

即

$$r^2\mathrm{d}\phi^2 = \frac{b^2\mathrm{d}r^2}{\left(1 - \frac{r_{\mathrm{S}}}{r}\right)^2\left(r^2 - b^2\right)}. \tag{3.211}$$

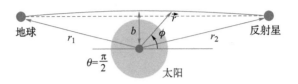

图 3.2　雷达回波延迟

由于无线电波传播路线上 $\mathrm{d}s = 0$, 故在 $\theta = \dfrac{\pi}{2}$ 平面上

$$\mathrm{d}s^2 = -\left(1 - \frac{r_S}{r}\right)c^2\mathrm{d}t^2 + \frac{\mathrm{d}r^2}{1 - \dfrac{r_S}{r}} + r^2\mathrm{d}\phi^2 = 0, \tag{3.212}$$

即

$$c^2\mathrm{d}t^2 = \frac{\mathrm{d}r^2}{\left(1 - \dfrac{r_S}{r}\right)^2} + \frac{r^2\mathrm{d}\phi^2}{1 - \dfrac{r_S}{r}}. \tag{3.213}$$

将式 (3.211) 代入上式, 得

$$\begin{aligned}
c^2\mathrm{d}t^2 &= \frac{\mathrm{d}r^2}{\left(1 - \dfrac{r_S}{r}\right)^2} + \frac{b^2\mathrm{d}r^2}{\left(1 - \dfrac{r_S}{r}\right)^3(r^2 - b^2)} \\
&= \frac{\mathrm{d}r^2}{\left(1 - \dfrac{r_S}{r}\right)^2}\left[1 + \frac{b^2}{\left(1 - \dfrac{r_S}{r}\right)(r^2 - b^2)}\right] \\
&= \frac{\mathrm{d}r^2}{\left(1 - \dfrac{r_S}{r}\right)^2}\left[\frac{\left(1 - \dfrac{r_S}{r}\right)(r^2 - b^2) + b^2}{\left(1 - \dfrac{r_S}{r}\right)(r^2 - b^2)}\right],
\end{aligned} \tag{3.214}$$

由此可得

$$\begin{aligned}
c\mathrm{d}t &= \frac{\mathrm{d}r}{1 - \dfrac{r_S}{r}}\left[\frac{r^2 - b^2 - rr_S + \dfrac{r_S b^2}{r} + b^2}{\left(1 - \dfrac{r_S}{r}\right)(r^2 - b^2)}\right]^{\frac{1}{2}} \\
&= \frac{r\mathrm{d}r\left(1 - \dfrac{r_S}{r} + \dfrac{r_S}{r^3}b^2\right)^{\frac{1}{2}}}{\left(1 - \dfrac{r_S}{r}\right)^{\frac{3}{2}}\sqrt{r^2 - b^2}}.
\end{aligned} \tag{3.215}$$

取 r_S/r 一级小量

$$cdt = \frac{rdr\left(1 - \frac{1}{2}\cdot\frac{r_S}{r} + \frac{1}{2}\cdot\frac{r_S}{r^3}b^2\right)}{\left(1 - \frac{3}{2}\cdot\frac{r_S}{r}\right)\sqrt{r^2 - b^2}}, \tag{3.216}$$

进一步得到

$$\begin{aligned}
cdt &= \frac{rdr}{\sqrt{r^2 - b^2}}\left(1 - \frac{1}{2}\cdot\frac{r_S}{r} + \frac{1}{2}\cdot\frac{r_S}{r^3}b^2 + \frac{3}{2}\cdot\frac{r_S}{r}\right) \\
&= \frac{rdr}{\sqrt{r^2 - b^2}}\left(1 + \frac{r_S}{r} + \frac{1}{2}\cdot\frac{r_S}{r^3}b^2\right),
\end{aligned} \tag{3.217}$$

即

$$cdt = \frac{rdr}{\sqrt{r^2 - b^2}} + r_S\frac{dr}{\sqrt{r^2 - b^2}} + \frac{1}{2}r_Sb^2\frac{dr}{r^2\sqrt{r^2 - b^2}}. \tag{3.218}$$

当 r 在 $r_1 \to b$ 区间, $dr < 0$; 当 r 在 $b \to r_2$ 区间, $dr > 0$. 故 $r_1 \to r_2$ 的积分相当于 $b \to r_1$ 的积分与 $b \to r_2$ 的积分之和. 利用积分公式

$$\int \frac{rdr}{\sqrt{r^2 - b^2}} = \sqrt{r^2 - b^2}, \tag{3.219}$$

$$\int \frac{dr}{\sqrt{r^2 - b^2}} = \ln\left(r + \sqrt{r^2 - b^2}\right), \tag{3.220}$$

$$\int \frac{dr}{r^2\sqrt{r^2 - b^2}} = \frac{1}{b^2 r}\sqrt{r^2 - b^2}. \tag{3.221}$$

定义

$$t(b \to r) = \int_b^r cdt. \tag{3.222}$$

对式 (3.218) 积分得

$$t(b \to r) = \sqrt{r^2 - b^2} + r_S\ln\frac{r + \sqrt{r^2 - b^2}}{b} + \frac{1}{2}\cdot\frac{r_S}{r}\sqrt{r^2 - b^2}, \tag{3.223}$$

故

$$t(r_1 \to r_2) = t(b \to r_1) + t(b \to r_2). \tag{3.224}$$

令 T 为 $r_1 \to r_2$ 的时间

$$\begin{aligned}
cT &= \sqrt{r_1^2 - b^2} + \sqrt{r_2^2 - b^2} + r_S\ln\frac{r_1 + \sqrt{r_1^2 - b^2}}{b} + r_S\ln\frac{r_2 + \sqrt{r_2^2 - b^2}}{b} \\
&\quad + \frac{1}{2}\cdot\frac{r_S}{r_1}\sqrt{r_1^2 - b^2} + \frac{1}{2}\cdot\frac{r_S}{r_2}\sqrt{r_2^2 - b^2},
\end{aligned} \tag{3.225}$$

即

$$T = \frac{1}{c}\left[\sqrt{r_1^2 - b^2} + \sqrt{r_2^2 - b^2} + r_S \ln\left(\frac{r_1 + \sqrt{r_1^2 - b^2}}{b}\right)\left(\frac{r_2 + \sqrt{r_2^2 - b^2}}{b}\right)\right.$$
$$\left. + \frac{r_S}{2}\cdot\left(\frac{1}{r_1}\sqrt{r_1^2 - b^2} + \frac{1}{r_2}\sqrt{r_2^2 - b^2}\right)\right]. \tag{3.226}$$

雷达波往返的总时间为

$$T_{\text{total}} = 2T. \tag{3.227}$$

由于 r_1 和 r_2 远大于 b, 则

$$\sqrt{r^2 - b^2} = r, \quad 当 r = r_1 或 r = r_2 时, \tag{3.228}$$

故

$$T_{\text{total}} = \frac{2}{c}\left[r_1 + r_2 + r_S \ln\frac{4r_1 r_2}{b^2} + r_S\right]. \tag{3.229}$$

无广义相对论引力效应时, 雷达波往返的时间为

$$\frac{2\ell}{c} = \frac{2(r_1 + r_2)}{c}, \tag{3.230}$$

因此存在雷达回波时间延迟

$$\Delta T = \frac{2r_S}{c}\left(1 + \ln\frac{4r_1 r_2}{b^2}\right). \tag{3.231}$$

把 $r_S = \dfrac{2GM}{c^2}$ 代入上式得

$$\Delta T = \frac{4GM}{c^3}\left(1 + \ln\frac{4r_1 r_2}{b^2}\right). \tag{3.232}$$

在太阳引力场中进行试验, 且雷达波往返时传播经太阳边缘, 则

$$M = M_\odot, \quad b = R_\odot,$$
$$\Delta T = \frac{4GM_\odot}{c^3}\left(1 + \ln\frac{4r_1 r_2}{R_\odot^2}\right). \tag{3.233}$$

对水星的回波观测, r_2 为水星到太阳的距离, 即水星为反射星, 理论计算得

$$(\Delta T)_{\text{theory}} = 240\mu s = 240 \times 10^{-6} s. \tag{3.234}$$

1968 年 I. I. Shapiro 对水星测得[①]

$$\frac{(\Delta T)_{\text{experiment}}}{(\Delta T)_{\text{theory}}} = 0.9 \pm 0.02, \tag{3.235}$$

1971 年 I. I. Shapiro 对金星测得[②]

$$\frac{(\Delta T)_{\text{experiment}}}{(\Delta T)_{\text{theory}}} = 1.02 \pm 0.05, \tag{3.236}$$

1977 年 J. D. Anderson 等对人造行星水手 VI 和 VII 测得

$$\frac{(\Delta T)_{\text{experiment}}}{(\Delta T)_{\text{theory}}} = 1.00 \pm 0.04. \tag{3.237}$$

3.5 固有时与引力频移

3.5.1 固有时

固有时间隔的定义为

$$\mathrm{d}\tau = \frac{1}{c}\sqrt{-\mathrm{d}s^2}, \tag{3.238}$$

$\mathrm{d}s^2$ 为线元

$$\mathrm{d}s^2 = g_{\mu\nu}\mathrm{d}x^\mu\mathrm{d}x^\nu. \tag{3.239}$$

$\mathrm{d}s$ 具有长度的量纲, 固有时 $\mathrm{d}\tau$ 具有时间的量纲. 在弯曲时空中质点的运动方程 (测地线方程)

$$\frac{\mathrm{d}^2x^\lambda}{\mathrm{d}s^2} + \Gamma^\lambda_{\mu\nu}\frac{\mathrm{d}x^\mu}{\mathrm{d}s}\frac{\mathrm{d}x^\nu}{\mathrm{d}s} = 0 \tag{3.240}$$

可用固有时来描述

$$\frac{\mathrm{d}^2x^\lambda}{\mathrm{d}\tau^2} + \Gamma^\lambda_{\mu\nu}\frac{\mathrm{d}x^\mu}{\mathrm{d}\tau}\frac{\mathrm{d}x^\nu}{\mathrm{d}\tau} = 0. \tag{3.241}$$

其中, $\dfrac{\mathrm{d}x^\lambda}{\mathrm{d}\tau}$ 和 $\dfrac{\mathrm{d}^2x^\lambda}{\mathrm{d}\tau^2}$ $(\lambda = 1, 2, 3)$ 分别具有速度和加速度的量纲. 当存在引力以外的外力时, 质点的运动方程为

$$\frac{\mathrm{d}^2x^\lambda}{\mathrm{d}\tau^2} + \Gamma^\lambda_{\mu\nu}\frac{\mathrm{d}x^\mu}{\mathrm{d}\tau}\frac{\mathrm{d}x^\nu}{\mathrm{d}\tau} = f^\lambda, \tag{3.242}$$

---

① Shapiro I I, Pettengill G H, Ash M E, et al. Fourth Test of General Relativity: Preliminary Results. Physical Review Letters, 1968, 20(22): 1265.

② Shapiro I I, Ash M E, Ingalls R P, et al. Fourth Test of General Relativity: New Radar Result. Physical Review Letters, 1971, 26(18): 1132.

f^λ 是单位质量的外力

$$f^\lambda = \frac{F^\lambda}{m},$$ (3.243)

F^λ 是外力. 上述质点运动方程的解可表述为

$$x^\mu = x^\mu(\tau).$$ (3.244)

这个轨道称为世界线, 因此 τ 是质点在弯曲时空中客观存在的时间参数, 即固有时是客观存在的.

时钟 (计时器) 是由质点群构成的某种特殊装置, 也可以是某种机械装置, 故时钟在引力场中的计时标准应以固有时为依据. 理论上可以证明描述原子的 Schrödinger 方程的时间参数也是固有时, 因此原子钟的计时标准也是固有时.

固有时的重要特征:

(1) 固有时与坐标选择无关

$$d\tau = \frac{1}{c}ds, \quad 是不变量.$$ (3.245)

(2) 固有时间隔在时空不同点是不同的

$$d\tau = \frac{1}{c}\sqrt{-g_{\mu\nu}\frac{dx^\mu}{dt}\frac{dx^\nu}{dt}}dt, \quad g_{\mu\nu} = g_{\mu\nu}(x).$$ (3.246)

(3) 固有时间隔与经历的路径有关

$$x^\mu = x^\mu(t),$$ (3.247)

$$\tau_{AB} = \frac{1}{c}\int_A^B ds = \frac{1}{c}\int_A^B \sqrt{-g_{\mu\nu}\frac{dx^\mu}{dt}\frac{dx^\nu}{dt}}dt.$$ (3.248)

与 $x^\mu = x^\mu(t)$ 有关, 沿 c_1 和 c_2 两条不同的曲线, 即使初始点 A 与终点 B 相同, τ_{AB} 也不一定相同.

3.5.2   静态引力场中空间同一点两事件间的固有时间隔

静态引力场 $g_{\mu\nu}$ 与 t 无关, 空间同一点

$$dx^1 = dx^2 = dx^3 = 0,$$ (3.249)

故

$$d\tau = \frac{1}{c}\sqrt{-g_{\mu\nu}\frac{dx^\mu}{dt}\frac{dx^\nu}{dt}}dt = \frac{1}{c}\sqrt{-g_{00}\frac{dx^0}{dt}\frac{dx^0}{dt}}dt, \quad x^0 = ct,$$ (3.250)

即

$$\mathrm{d}\tau = \sqrt{-g_{00}}\mathrm{d}t, \quad g_{00} = g_{00}(x^1, x^2, x^3). \tag{3.251}$$

假设在空间某一点发生两个事件, 其坐标时间隔为 t, 由于 g_{00} 与 t 无关, 则这两事件的固有时间隔为

$$\tau = \sqrt{-g_{00}}\, t, \tag{3.252}$$

τ 仅与空间点的位置有关.

如果在空间 p_1 和 p_2 两不同点发生两个坐标时间隔相同的事件, 则不同点 p_1 和 p_2 两事件的固有时间隔

$$\tau_1 = \tau(p_1) = \sqrt{-(g_{00})_1}\, t, \quad \tau_2 = \tau(p_2) = \sqrt{-(g_{00})_2}\, t, \tag{3.253}$$

故

$$\frac{\tau_1}{\tau_2} = \frac{\sqrt{-(g_{00})_1}}{\sqrt{-(g_{00})_2}}. \tag{3.254}$$

由于

$$g_{00} = -\left(1 + \frac{2\phi}{c^2}\right), \tag{3.255}$$

则

$$\frac{\tau_1}{\tau_2} = \frac{\sqrt{1 + \dfrac{2\phi_1}{c^2}}}{\sqrt{1 + \dfrac{2\phi_2}{c^2}}}. \tag{3.256}$$

$\left(\text{在球对称引力源的特殊情况下 } \phi = -\dfrac{GM}{r}\right)$ 在弱引力场近似下

$$\frac{\tau_1}{\tau_2} = \frac{1 + \dfrac{\phi_1}{c^2}}{1 + \dfrac{\phi_2}{c^2}} = 1 + \frac{1}{c^2}\left(\phi_1 - \phi_2\right). \tag{3.257}$$

由于 $\phi < 0$, 即 $\phi = -|\phi|$,

$$\frac{\tau_1}{\tau_2} = 1 - \frac{1}{c^2}\left(|\phi_1| - |\phi_2|\right), \tag{3.258}$$

若 $|\phi_1| > |\phi_2|$, 则

$$\tau_1 < \tau_2. \tag{3.259}$$

故在太阳表面上的钟比地球上的钟走得慢, 地面上的钟比高空的钟走得慢. 广义相对论认为: 时空弯曲的地方时钟比时空平直的地方慢. 即弯曲越厉害, 钟走得越慢.

3.5.3　光波的引力频移

设原子发射一列波, 在坐标时间隔 t 内波数为 n, 这一列波由 p_1 点传播到 p_2 点, 则知

$$n = \tau \nu \tag{3.260}$$

是一个不变量.

设对应 t 在 p_1 处的固有时间隔为 τ_1, 在 p_2 处的固有时间隔为 τ_2, 由于 n 不变, 故

$$n = \tau_1 \nu_1 = \tau_2 \nu_2, \tag{3.261}$$

ν_1 为光源 p_1 处发出光波的固有频率, ν_2 为 p_2 处观测者测得频率. 故

$$\frac{\nu_2}{\nu_1} = \frac{\tau_1}{\tau_2} = 1 + \frac{1}{c^2}\left(\phi_1 - \phi_2\right), \tag{3.262}$$

$$\frac{\nu_2}{\nu_1} = 1 - \frac{1}{c^2}\left(|\phi_1| - |\phi_2|\right), \tag{3.263}$$

$$\frac{\Delta\nu}{\nu_1} = \frac{\nu_2 - \nu_1}{\nu_1} = -\frac{1}{c^2}\left(|\phi_1| - |\phi_2|\right). \tag{3.264}$$

故

若 $|\phi_1| > |\phi_2|$, 则 $\nu_2 < \nu_1$, 即 $\lambda_2 > \lambda_1$, 在 p_2 处观测到红移.

若 $|\phi_1| < |\phi_2|$, 则 $\nu_2 > \nu_1$, 即 $\lambda_2 < \lambda_1$, 在 p_2 处观测到蓝移.

因此光由强引力场传播至弱引力场处, 则在弱引力场处观测到红移现象.

3.5.4　恒星谱线红移的观测

设 p_1 点在恒星上, p_2 点在地球上. 在恒星 p_1 上

$$\phi_1 = -\frac{GM_1}{R_1}, \tag{3.265}$$

在地球 p_2 上

$$\phi_2 = -\frac{GM_2}{R_2}, \tag{3.266}$$

其中, R_1 和 R_2 分别为恒星和地球的半径, M_1 和 M_2 分别为恒星和地球的质量. 则通常有

$$|\phi_1| \gg |\phi_2|, \tag{3.267}$$

$$\frac{\nu_2 - \nu_1}{\nu_1} = -\frac{1}{c^2}\left(|\phi_1| - |\phi_2|\right) \simeq -\frac{1}{c^2}|\phi_1|, \tag{3.268}$$

即

$$\frac{\nu_2 - \nu_1}{\nu_1} = -\frac{GM_1}{c^2 R_1}. \tag{3.269}$$

天文学中定义红移量

$$z = -\frac{\Delta\nu}{\nu_1}, \quad \Delta\nu = \nu_2 - \nu_1, \tag{3.270}$$

则

$$z = \frac{GM_1}{c^2 R_1}. \tag{3.271}$$

对太阳 $M_\odot = 1.983 \times 10^{33}$g, $R_\odot = 6.95 \times 10^{10}$cm, 得理论值

$$z = -\frac{\Delta\nu}{\nu_1} = \frac{GM_\odot}{c^2 R_\odot} = 2.12 \times 10^{-6}. \tag{3.272}$$

1959 年 M. G. Adam 得

$$z = 2 \times 10^{-6}. \tag{3.273}$$

1961 年 J. E. Blamont 和 E. Roddier, 及 1963 年 J. Brault 得[①]

$$z = (2.12 \times 10^{-6}) \times (1.05 \pm 0.05). \tag{3.274}$$

3.5.5 用 Mössbauer 谱仪测地球表面的引力频移

以 Co^{57} 为源发射 14.4kev 的 γ 射线, 发射源置于地面上高 h_1 处, 以 Fe^{57} 在地面上高 h_2 处共振吸收, $h_1 > h_2$, 利用 Mössbauer 谱仪共振吸收. 假设地球半径为 R, 则地面上高 h 处的引力势为

$$\phi = -\frac{GM}{R+h} = -\frac{GM}{R} \cdot \frac{1}{1+\dfrac{h}{R}} = -\frac{GM}{R}\left(1 - \frac{h}{R}\right) = -\frac{GM}{R} + \frac{GMh}{R^2}. \tag{3.275}$$

由此可得

$$\frac{\Delta\nu}{\nu_1} = \frac{\nu_2 - \nu_1}{\nu_1} = \frac{1}{c^2}(\phi_1 - \phi_2) = \frac{1}{c^2}\frac{GM}{R^2}(h_1 - h_2) > 0. \tag{3.276}$$

实际上 $\dfrac{GM}{R^2} = g$ 为地面上的重力加速度, 因此有

$$\frac{\Delta\nu}{\nu_1} = \frac{1}{c^2} gH, \tag{3.277}$$

$$\nu_2 > \nu_1, \quad h_1 > h_2, (H = h_1 - h_2) \tag{3.278}$$

[①] 见刘辽、赵峥著《广义相对论》(第二版), 高等教育出版社, P153 及该处引文.

应观测到 γ 射线的蓝移.

1960 年 R. V. Pound 和 G. A. Rebka 取 $H = 22.6\text{m}$, 得理论值[①]

$$\frac{\Delta\nu}{\nu_1} = 2.46 \times 10^{-15}. \tag{3.279}$$

实验观测值为

$$\frac{\Delta\nu}{\nu_1} = (2.57 \pm 0.26) \times 10^{-15}, \tag{3.280}$$

与理论值符合得很好. 这证明了的确有蓝移.

但是需要注意的是, 引力频移不能验证广义相对论, 这是由于频移公式可由光子在引力场中的能量守恒直接证明.

引力场中的能量守恒定律可表述为

$$h\nu_1 + m_1\phi_1 = h\nu_2 + m_2\phi_2, \quad \phi\text{为引力势}, \tag{3.281}$$

光子质量[②]

$$m_1 = \frac{h\nu_1}{c^2} \quad , \quad m_2 = \frac{h\nu_2}{c^2}. \tag{3.282}$$

则

$$h\nu_1 + \frac{h\nu_1}{c^2}\phi_1 = h\nu_2 + \frac{h\nu_2}{c^2}\phi_2, \tag{3.283}$$

由此可知

$$\nu_1\left(1 + \frac{\phi_1}{c^2}\right) = \nu_2\left(1 + \frac{\phi_2}{c^2}\right), \tag{3.284}$$

可得

$$\frac{\nu_2}{\nu_1} = \frac{1 + \frac{\phi_1}{c^2}}{1 + \frac{\phi_2}{c^2}} = 1 + \frac{1}{c^2}(\phi_1 - \phi_2), \tag{3.285}$$

故

$$\frac{\Delta\nu}{\nu_1} = \frac{1}{c^2}(\phi_1 - \phi_2), \tag{3.286}$$

即以前得到的频移公式. 只有引力场很强时才能验证广义相对论, 因为这时精确公式为式 (3.256) 不能近似为式 (3.257), 即

$$\sqrt{1 + \frac{2\phi}{c^2}} \neq 1 + \frac{\phi}{c^2}. \tag{3.287}$$

但是引力场几乎都是弱的, 除非黑洞.

[①] Apparent Weight of Photons R. V. Pound and G. A. Rebka, Jr. Phys. Rev. Lett. 4, 337 (1960)
[②] 光子静止质量为零, 这里是等效质量.

3.6 绕地球运动的时钟

本节[①]我们考虑两个开始时放在一起且相对于地球静止的标准钟 1 和 2, 并且相互校准. 之后钟 1 留在地面上, 钟 2 绕地球飞行, 飞行高度 h, 相对地面的速度为 v. 当钟 2 绕地球一圈后, 再比较钟 1 和钟 2 的时间. 这相当于比较钟 1 所经过的固有时 τ_1 及钟 2 所经过的固有时 τ_2. 二者的初始和终了的事件点是相同的, 但世界线不同, 所以固有时也应该不一样.

我们用 Schwarzschild 度规来计算 τ_1 及 τ_2 的表达式[②]. 由 Schwarzschild 度规可知, 在后牛顿近似下线元可表示为

$$\mathrm{d}s^2 = -\left(1 - \frac{r_s}{r}\right)c^2\mathrm{d}t^2 + \left(1 + \frac{r_s}{r}\right)\mathrm{d}r^2 + r^2\left(\mathrm{d}\theta^2 + \sin^2\theta\mathrm{d}\phi^2\right), \quad (3.288)$$

其中, $r_s = \dfrac{2GM_\oplus}{c^2}$, $M_\oplus$ 为地球质量. 为简单起见, 假定钟 2 走的是赤道面, 因此 $\theta = \dfrac{\pi}{2}$, $r = R_\oplus + h$, 其中 $R_\oplus$ 为地球半径, 故

$$\mathrm{d}s^2 = -\left(1 - \frac{2GM_\oplus}{c^2}\frac{1}{R_\oplus + h}\right)c^2\mathrm{d}t^2 + (R_\oplus + h)^2\,\mathrm{d}\phi^2, \quad (3.289)$$

则

$$\mathrm{d}\tau^2 = \left[\left(1 - \frac{2GM_\oplus}{c^2}\frac{1}{R_\oplus + h}\right) - (R_\oplus + h)^2\frac{1}{c^2}\left(\frac{\mathrm{d}\phi}{\mathrm{d}t}\right)^2\right]\mathrm{d}t^2, \quad (3.290)$$

而钟 2 的坐标速度是

$$(R_\oplus + h)\frac{\mathrm{d}\phi}{\mathrm{d}\tau} \approx (R_\oplus + h)\omega + v, \quad \omega \text{ 为地球自转角速度}, \quad \frac{\mathrm{d}\phi}{\mathrm{d}\tau} \sim \frac{\mathrm{d}\phi}{\mathrm{d}t}. \quad (3.291)$$

这个公式是近似的, 因为未使用相对论的速度合成公式. 当向东运动时, v 为正号, 当向西运动时, v 为负号, 故有

$$\mathrm{d}\tau^2 = \left\{\left[\left(1 - \frac{2GM_\oplus}{c^2}\right)\frac{1}{R_\oplus + h}\right] - [(R_\oplus + h)\omega + v]^2\frac{1}{c^2}\right\}\mathrm{d}t^2. \quad (3.292)$$

注意到

$$\frac{2GM_\oplus}{c^2 R_\oplus} = \frac{r_s}{R_\oplus} \ll 1, \quad \frac{h}{R_\oplus} \ll 1, \quad \text{当高度为 } 10^4\,\mathrm{m} \text{ 时},$$

$$\frac{v^2}{c^2} \ll 1, \quad \frac{h\omega}{v} \ll 1, \quad \text{当 } v = 300\,\mathrm{m/s} \text{ 时}.$$

[①] 本节内容参考了方励之、R. 鲁菲尼著《相对论天体物理的基本概念》, 上海科学技术出版社, 1981 年第 1 版.

[②] 在该问题中, 地球的自转对度规的影响不大, 因此我们仍然用 Schwarzschild 度规描述地球周围的引力场.

则有

$$\frac{1}{R_\oplus + h} = \frac{1}{R_\oplus \left(1 + \frac{h}{R_\oplus}\right)} = \frac{1}{R_\oplus}\left(1 - \frac{h}{R_\oplus}\right), \tag{3.293}$$

$$\begin{aligned}
\left[(R_\oplus + h)\,\omega + v\right]^2 \frac{1}{c^2} &= \frac{(R_\oplus + h)^2\,\omega^2}{c^2} + \left(\frac{v}{c}\right)^2 + \frac{1}{c^2}2v\,(R_\oplus + h)\,\omega \\
&= \frac{R_\oplus^2 \omega^2}{c^2}\left(1 + 2\frac{h}{R_\oplus}\right) + \left(\frac{v}{c}\right)^2 + \frac{1}{c^2}2v\,(R_\oplus + h)\,\omega.
\end{aligned} \tag{3.294}$$

则固有时间隔与坐标时间隔有如下关系

$$\mathrm{d}\tau^2 = \left[1 - \frac{2GM_\oplus}{c^2 R_\oplus}\left(1 - \frac{h}{R_\oplus}\right) - \frac{R_\oplus^2 \omega^2}{c^2}\left(1 + 2\frac{h}{R_\oplus}\right) + \left(\frac{v}{c}\right)^2 + \frac{1}{c^2}2v\,(R_\oplus + h)\,\omega\right]\mathrm{d}t^2. \tag{3.295}$$

故有

$$\begin{aligned}
\tau_2 &= \int_0^t \left[1 - \frac{GM_\oplus}{c^2 R}\left(1 - \frac{h}{R_\oplus}\right) - \frac{1}{2}\frac{R_\oplus^2 \omega^2}{c^2}\left(1 + 2\frac{h}{R_\oplus}\right) + \frac{1}{2}\left(\frac{v}{c}\right)^2 + \frac{1}{c^2}2v(R_\oplus + h)\omega\right]^{\frac{1}{2}} \mathrm{d}t \\
&= \left[1 - \frac{GM_\oplus}{cR_\oplus} + \frac{gh}{c^2} - \frac{1}{2}\frac{R_\oplus^2 \omega^2}{c^2} - \frac{R_\oplus^2 \omega^2}{c^2}\frac{h}{R_\oplus} + \frac{1}{2c^2}v\,(v + 2\,(R_\oplus + h)\,\omega)\right]^{\frac{1}{2}} t,
\end{aligned} \tag{3.296}$$

其中重力加速度 $g = \dfrac{GM_\oplus}{R_\oplus^2}$. 这里 t 是事件 A(开始对钟) 和事件 B(终了对钟) 的坐标时间之差.

对于钟 1, 有 $r = R_\oplus$, $\mathrm{d}r = 0$, $\mathrm{d}\theta = 0$, $\theta = \dfrac{\pi}{2}$, 并且 1 的坐标速度是 $\omega R_\oplus$, 故有

$$\begin{aligned}
\tau_1 &= \int_0^t \mathrm{d}t\sqrt{1 - \frac{2GM_\oplus}{c^2 R_\oplus} - \frac{R_\oplus^2 \omega^2}{c^2}} \\
&= t\sqrt{1 - \frac{2GM_\oplus}{c^2 R_\oplus} - \frac{R_\oplus^2 \omega^2}{c^2}},
\end{aligned} \tag{3.297}$$

其中, t 仍是事件 A 和 B 的坐标时间之差. 定义量

$$\delta = \frac{\tau_2 - \tau_1}{\tau_1}, \tag{3.298}$$

将 τ_1, τ_2 的表达式代入, 只保留最低阶小量, 则得

$$\delta = \frac{gh}{c^2} - \frac{v}{2c^2}\left(v + 2R_\oplus\omega\right). \tag{3.299}$$

计算数据如取 $h = 10^4\,\mathrm{m}$, $v = 300\,\mathrm{m/s}$, 则有

$$\delta_西 = 2.1 \times 10^{-12},$$
$$\delta_东 = -1.0 \times 10^{-12}. \tag{3.300}$$

1971 年 J. C. Häfele 和 R. E. Keating 将两个铯原子钟分别置于两架飞机上, 让其分别向西及向东飞行, 然后比较二者的读数. 飞行路线不完全与推出 (3.299) 式时所使用的条件一致, 但计算的原理是完全一样的. 测得的数据如下 [1]:

向西飞　$(\tau_2 - \tau_1)_西 = 273 \pm 7$ (实验),　　$(\tau_2 - \tau_1)_西 = 275 \pm 21$ (理论),

向东飞　$(\tau_2 - \tau_1)_东 = -59 \pm 10$ (实验),　　$(\tau_2 - \tau_1)_东 = -40 \pm 23$ (理论),

单位 $10^{-9}\,\mathrm{s}$, 理论预期值的误差来自飞行路线的数据以及推导时所做的近似.

这个结果直接验证了两事件之间的固有时与测量时间的钟所经过的世界线是有关的.

---

[1] J. C. Häfele and R. E. Keating, Science 177, 168(1972).

第 4 章   致密星与黑洞

4.1   恒星演化与黑洞

4.1.1   恒星的演化

组成恒星的物质是靠万有引力聚集在一起的, 恒星内部的热核反应产生大量的热能, 会造成星内粒子的剧烈运动, 从而形成排斥力与引力保持平衡, 使得恒星不发生坍缩. 但当恒星内部热核反应的能量逐步耗尽时, 恒星内部将逐渐冷却, 万有引力终将压倒热核排斥力, 使恒星发生坍缩, 进而形成致密星. 恒星演化理论预言恒星演化到晚期应存在三类天体, 即:

(1) 白矮星 (white dwarfs);

(2) 中子星 (neutron stars);

(3) 黑洞 (black holes).

4.1.2   白矮星

当恒星耗尽核能源后将发生坍缩, 原子壳原子的壳层将被压碎被压碎, 形成原子核在电子海洋中漂浮的状态, 靠电子气体的简并压与星体自身的万有引力平衡形成稳定的星体结构. 这类星体的密度为

$$\rho = 10^4 \sim 10^6 \mathrm{g/cm^3}. \tag{4.1}$$

观测表明, 白矮星就是这星体. 稳定的白矮星的质量上限为

$$M_c = 5.87\mu^{-2}M_\odot, \tag{4.2}$$

其中

$$\mu = \frac{A}{Z}, \quad A \text{ 为质量数}, Z \text{ 为质子数} \tag{4.3}$$

该质量上限称为 Chandrasekhar 上限.

对铁 $\mathrm{Fe_{26}^{56}}$, $\mu = \dfrac{56}{26}$, 对于由铁元素构成的白矮星, 其质量上限为

$$M_c = 1.26M_\odot. \tag{4.4}$$

具有这个质量的白矮星半径和密度是

$$R \simeq 4 \times 10^3 \text{ km}, \tag{4.5}$$

$$\rho \simeq 1 \text{ 吨/cm}^3. \tag{4.6}$$

质量超过 Chandrasekhar 上限的完全简并星, 简并电子气压力不足以抵抗星体的自引力, 星体将进一步坍缩下去, 可能结局有三种, 即

(1) 一直坍缩下去成为黑洞;

(2) 在坍缩过程中温度骤升, 形成超新星爆发 (I 型), 抛出大量的物质后, 剩余星体质量低于 M_c 上限, 成为白矮星;

(3) 在 II 型超新星爆发后形成中子星.

4.1.3 中子星

中子星是由星体内部中子简并压平衡其强大自引力而形成的致密星.

1932 年随着中子的发现, Landau 就提出中子星存在的可能性. 1934 年 Baade 和 Zwicky 也独立地提出了中子星的概念.

当 (核心) 质量密度在 $10^6 \sim 10^9 \text{g/cm}^3$ 时, 电子简并压占主导地位, 形成白矮星. 当质量较大的致密星密度达到

$$\rho \simeq 4.3 \times 10^{11} \text{g/cm}^3, \tag{4.7}$$

就开始发生下列反应, 产生自由中子

$$\text{e}^- + \text{p} \longrightarrow \text{n} + \nu_\text{e}, \quad \text{反 } \beta \text{ 衰变}, \tag{4.8}$$

$$\text{X}_Z^A + \text{e}^- \longrightarrow \text{X}_{Z-1}^{A-1} + \text{n} + \nu_\text{e}, \quad \text{质子减少一个}. \tag{4.9}$$

由于 $m_\text{e} = 0.511\text{MeV}$, $m_\text{n} = 939.566\text{MeV}$, $m_\text{p} = 938.272\text{MeV}$, $m_\text{n} > m_\text{p}$, 则电子需要具有较高的动能, 才能发生上述产生中子的反应.

当密度高到 $\rho \simeq 10^{14} \text{g/cm}^3$ 时, 形成的中子气体所带来的简并压足以抵抗星体的自引力作用, 从而形成稳定的中子星.

密度较大的中子星的核心也可能存在夸克. 图 4.1 给出了一个可能的中子星内部结构.

1974 年 Roades 和 Ruffini 求出中子星质量的上限为[1]

$$M_{\max} = 3.2 M_\odot, \tag{4.10}$$

---

[1] Roades C E Jr, Ruffini R. Phys. Rev. Lett., 1974, 32:324.

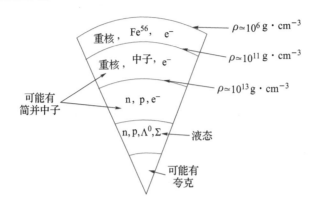

图 4.1   中子星的内部结构

典型的中子星的半径 (数量级)

$$R \sim 10\text{km}. \tag{4.11}$$

质量 $m > M_{\max}$ 的致密星坍缩后将形成黑洞. 在坍缩成黑洞的过程中有可能向外辐射引力波.

中子星还有以下特点:

(1) 中子星一般具有很大的自转角速度. 恒星本身一般都有自转, 坍缩后半径急剧减小, 由于角动量守恒, 形成的中子星自转角速度急剧增加, 一般中子星每秒自转一圈或更多.

(2) 中子星表面有十分强的磁场. 恒星原来就有磁场分布在 $10^8 \sim 10^{10}\text{km}^2$ 的恒星表面上, 中子星的表面 $10^2 \sim 10^3\text{km}^2$, 面积骤减, 磁场强度剧增.

(3) 中子星的磁轴不一定与自转轴的方向一致.

(4) 在强磁场中运动的带电粒子 e^-, p 产生同步辐射, 形成与中子星一起转动的射电波束.

4.1.4   脉冲星

能产生与星体一起转动的射电波束的中子星称为脉冲星 (pulsars, PSR) (图 4.2).

射电波束扫过地球的时候, 地球上观测到射电脉冲 (每秒一次或更短), 如图 4.3 所示, PSR0329 + 54 的射电脉冲是等距的.

1967 年 Hewish 和 Bell 发现第一个脉冲星, 并称其为小绿人 (the little green man). 据说他们起初以为脉冲信号是外星文明发出的联络信息, 后来证实脉冲信号不带任何信息, 脉冲星只是自转的中子星 (1974 年 Hewish 因发现脉冲星获诺

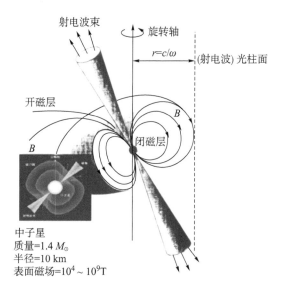

图 4.2 脉冲星

图 4.3 PSR0329+54 的等距射电脉冲

贝尔物理学奖). 到 20 世纪 70 年代已发现 100 多个脉冲星. 1974 年 Hulse 和 Taylor 发现脉冲双星, 其中一个是脉冲星 PSR1913 + 16. 从双星轨道算出其质量

$$M \sim 1.4M_\odot, \tag{4.12}$$

这一质量已经超出了白矮星的 Chandrasekhar 上限, 故论证了脉冲星就是中子星.

此外, 长期观察测得的脉冲星双星轨道周期每年减少 75μs, 论证了恒星轨道运动存在引力辐射.

Hulse 和 Taylor 因发现脉冲双星 PSR1913 + 16 获 1993 年诺贝尔物理学奖.

4.1.5 我国历史上的超新星

天空突然出现一颗原来没有的明亮的星, 称为新星 (nova), 中国古代称之为客星. 新星的寿命只有几天, 也有的为 1 ~ 2 年, 寿命大于半年的称为超新星

(supernova). 我国宋史记载 (几段的综合) [1]:

《宋史·天文志》: "至和元年五月己丑, (客星) 出天关东南, 可数寸, 嘉祐元年三月乃没." 所表达出的信息有:

至和元年—— 公元 1054 年;

客星—— 超新星;

嘉祐元年—— 公元 1056 年 (22 个月);

守天关—— 在金牛座 ζ 星附近.

1968 年发现蟹状星云中有一颗脉冲星, 位置与中国宋代记录的位置在同一点, 此脉冲星为 PSR0531 + 21, 因此蟹状星云是 1054 年宋代记载的超新星逐步爆炸后产生的, 且蟹状星云中有一颗脉冲星, 是爆炸后的余核.

4.2　黑　　洞

质量超过临界质量 $M_{\max} = 3.2M_\odot$ 的致密星冷却后将坍缩成半径为

$$R < r_S = \frac{2GM}{c^2} \tag{4.13}$$

的黑洞.

4.2.1　黑洞的视界

设光由 p_1 点传播到 p_2 点, 在 p_1 和 p_2 点的频率分别为 ν_1 和 ν_2, 则由式 (3.254) 知

$$\frac{\nu_2}{\nu_1} = \frac{\sqrt{-(g_{00})_1}}{\sqrt{-(g_{00})_2}}. \tag{4.14}$$

若恒星的质量为 M, 则距星心 r 处

$$-g_{00} = 1 - \frac{2GM}{rc^2} = 1 - \frac{r_S}{r}, \quad r_S = \frac{2GM}{c^2}. \tag{4.15}$$

当 $M > 3.2M_\odot$, 恒星坍缩后, 可有

$$R < r_S, \tag{4.16}$$

如图 4.4 所示.

---

[1] 1054 年发现的超新星是历史上最有名的, 因为它对现代天文学, 特别是相对论天体物理学所起的作用非常重要. 在中国历史上对 1054 超新星有多处记录, 引用几段有名的记载于下: 《宋史·天文志》记录是: "至和元年五月己丑, (客星) 出天关东南, 可数寸, 岁余稍没." 《宋会要辑稿·瑞异一》记录是: 宋仁宗至和元年 (1054) 七月二十二日, "守将作监致仕杨惟德言: 伏睹客星出见, 其星上微有光彩, 黄色." 同书记宋仁宗嘉祐元年 (1056) 三月, "司天监言: 客星没, 客去之兆也. 初, 至和元年 (1054) 五月晨出东方, 守天关. 昼见如太白, 芒角四出, 色赤白, 凡见二十三日."

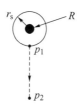

图 4.4　恒星坍缩后形成黑洞

令 p_2 点 $r \gg r_{\mathrm{S}}$, p_1 点 r 接近 r_{S}, 则

$$-(g_{00})_1 = 1 - \frac{r_{\mathrm{S}}}{r_1}, \quad -(g_{00})_2 \simeq 1, \tag{4.17}$$

故

$$\frac{\nu_2}{\nu_1} \simeq \sqrt{1 - \frac{r_{\mathrm{S}}}{r_1}}, \tag{4.18}$$

即

$$\nu_\infty \simeq \nu \sqrt{1 - \frac{r_{\mathrm{S}}}{r_1}}, \quad \nu_\infty = \nu_2, \quad \nu = \nu_1. \tag{4.19}$$

故若星体坍缩为黑洞, 由 $r = r_{\mathrm{S}}$ 处发出的频率为 ν 的光波在远离黑洞处观测到的频率

$$\nu_\infty = 0, \tag{4.20}$$

即观测到的频率为零, 也即观测不到界面 $r = r_{\mathrm{S}}$ 处发出的光波. 因此半径为 r_{S} 的球面称为视界 (horizon). 视界以内在视界外永远观察不到, 这是黑洞名称的来源. 黑洞的定义指视界内的区域, 以 $r_{\mathrm{S}} = \dfrac{2GM}{c^2}$ 为界面的黑洞称为 Schwarzschild 黑洞.

下面进一步研究光由视界面沿径向传至远处的时间. 由

$$\mathrm{d}s^2 = -\left(1 - \frac{2GM}{c^2 r}\right) c^2 \mathrm{d}t^2 + \frac{\mathrm{d}r^2}{1 - \dfrac{2GM}{c^2 r}} = 0, \tag{4.21}$$

知

$$\mathrm{d}t = \frac{1}{c} \frac{\mathrm{d}r}{1 - \dfrac{r_{\mathrm{S}}}{r}}, \tag{4.22}$$

即

$$\mathrm{d}t = \frac{1}{c} \left(1 + \frac{r_{\mathrm{S}}}{r - r_{\mathrm{S}}}\right) \mathrm{d}r. \tag{4.23}$$

设光出发点为 r_1, 观测点为 r_2, 则由 r_1 传至 r_2 的时间

$$\Delta t = t_2 - t_1 = \frac{1}{c} \int_{r_1}^{r_2} \left(1 + \frac{r_S}{r - r_S}\right) \mathrm{d}r = \frac{1}{c} \left[r + r_S \ln(r - r_S)\right] \Big|_{r_1}^{r_2}, \qquad (4.24)$$

即

$$\Delta t = \frac{1}{c} \left[(r_2 - r_1) + r_S \ln \frac{r_2 - r_S}{r_1 - r_S}\right]. \qquad (4.25)$$

若光由黑洞视界面上发出, 即 $r_1 = r_S$, 则

$$\Delta t = +\infty, \qquad (4.26)$$

即光由黑洞视界面发出, 传播至观测处, 时间为无穷长. 也就是说在黑洞视界以外永远观测不到从黑洞视界面或视界内发出的光.

4.2.2 粒子向黑洞中心运动的固有时

对 Schwarzschild 度规, 由 x^0 分量的测地线方程可导得

$$\mathrm{e}^\nu \left(\frac{\mathrm{d}t}{\mathrm{d}s}\right) = k, \ \mathrm{e}^\nu = 1 - \frac{2GM}{c^2 r}, \quad k\text{为积分常数}, \qquad (4.27)$$

故有

$$\frac{\mathrm{d}t}{\mathrm{d}\tau} = \frac{kc}{1 - \dfrac{2GM}{c^2 r}}. \qquad (4.28)$$

r 方向运动, θ 和 ϕ 不变, 线元为

$$\mathrm{d}s^2 = -\left(1 - \frac{2GM}{c^2 r}\right) c^2 \mathrm{d}t^2 + \frac{\mathrm{d}r^2}{1 - \dfrac{2GM}{c^2 r}}, \qquad (4.29)$$

利用 $\mathrm{d}s^2 = -c^2 \mathrm{d}\tau^2$, 可得

$$1 = \left(1 - \frac{2GM}{c^2 r}\right) \left(\frac{\mathrm{d}t}{\mathrm{d}\tau}\right)^2 - \frac{1}{1 - \dfrac{2GM}{c^2 r}} \cdot \frac{1}{c^2} \cdot \left(\frac{\mathrm{d}r}{\mathrm{d}\tau}\right)^2. \qquad (4.30)$$

将式 (4.28) 代入可得

$$\left(\frac{\mathrm{d}r}{\mathrm{d}\tau}\right)^2 = \left[(kc)^2 - \left(1 - \frac{2GM}{c^2 r}\right)\right] c^2. \qquad (4.31)$$

设粒子由点 $r = r_1$ 向黑洞沿径向 r 方向下落, 且 $\dfrac{\mathrm{d}r}{\mathrm{d}\tau} = 0$(初速为零), 则由上式可知

$$(kc)^2 = 1 - \frac{2GM}{c^2 r_1}. \qquad (4.32)$$

将上式代入式 (4.31) 可得

$$\left(\frac{\mathrm{d}r}{\mathrm{d}\tau}\right)^2 = 2GM\left(\frac{1}{r} - \frac{1}{r_1}\right), \tag{4.33}$$

此方程具有下列参数解:

$$\begin{cases} r = \dfrac{r_1}{2}\left(1 + \cos\alpha\right), \\[2mm] \tau = \dfrac{r_1}{2}\sqrt{\dfrac{r_1}{2GM}}\left(\alpha + \sin\alpha\right), \quad \alpha\text{为参数}. \end{cases} \tag{4.34}$$

由上式可知, 当 $\alpha = 0$ 时, $\tau = 0$, $r = r_1$, 此后 τ 随着 α 的增加而增加, r 随着 α 的增加而减小, 这是向中心运动的特征. 当 $r = \dfrac{2GM}{c^2} = r_{\mathrm{S}}$, 即粒子到达视界面时, 由

$$\frac{2GM}{c^2} = \frac{r_1}{2}\left(1 + \cos\alpha\right) \tag{4.35}$$

得

$$\cos\alpha = \frac{4GM}{c^2 r_1} - 1, \tag{4.36}$$

即 α 为略小于 π 的有限值. 故粒子由 $r = r_1$ 到达视界面 $r = r_{\mathrm{S}}$ 的固有时是有限的.

当 $\alpha = \pi$ 时, $r = 0$, 故由 r_1 到达黑洞奇点的固有时也是有限的:

$$\tau = \frac{1}{2}r_1\sqrt{\frac{r_1}{2GM}}\,\pi. \tag{4.37}$$

当 $r_1 = r_{\mathrm{S}} = \dfrac{2GM}{c^2}$ 时, 可得

$$\tau = \frac{r_{\mathrm{S}}\pi}{2c}, \tag{4.38}$$

上式决定粒子由视界面落入中心的固有时. 假设黑洞质量为

$$M = \eta M_\odot, \quad \eta > 3.2. \tag{4.39}$$

太阳质量 $M_\odot$ 对应的 Schwarzschild 半径为

$$\frac{2GM_\odot}{c^2} = 2.9532\mathrm{km}. \tag{4.40}$$

对于黑洞, Schwarzschild 半径为

$$r_{\mathrm{S}} = \eta \times 2.9532\mathrm{km}, \quad c = 2.998 \times 10^5\mathrm{km/s}, \tag{4.41}$$

则可算得

$$\tau = \frac{\pi}{2c} \times \eta \times 2.9532 \text{km} = 1.547 \times \eta \times 10^{-5} \text{s}, \tag{4.42}$$

即粒子由视界面落入黑洞中心的固有时为几十微秒的量级.

此外由

$$\left(\frac{\mathrm{d}r}{\mathrm{d}\tau}\right)^2 = 2GM\left(\frac{1}{r} - \frac{1}{r_1}\right), \quad r \leqslant r_1 \tag{4.43}$$

可知

$$\frac{\mathrm{d}r}{\mathrm{d}\tau} = -\sqrt{2GM}\sqrt{\frac{1}{r} - \frac{1}{r_1}}, \tag{4.44}$$

可以看出, 当 $r \to r_\mathrm{S}$ 时, $\dfrac{\mathrm{d}r}{\mathrm{d}\tau}$ 是有限的. 当 $r_1 \gg r_\mathrm{S}$ 时, 粒子落至视界附近时的速度为

$$\left(\frac{\mathrm{d}r}{\mathrm{d}\tau}\right)_{r \simeq r_\mathrm{S}} \simeq -\sqrt{2GM}\sqrt{\frac{1}{r_\mathrm{S}}} = -\sqrt{\frac{2GM}{r_\mathrm{S}}} = -c, \tag{4.45}$$

即从远处自由下落的粒子是以比光速略小一些的速度穿过视界的.

4.2.3　坐标时表述

由式 (4.28), 知

$$\left(\frac{\mathrm{d}t}{\mathrm{d}\tau}\right)^2 = \frac{(kc)^2}{\left(1 - \dfrac{r_\mathrm{S}}{r}\right)^2}. \tag{4.46}$$

结合式 (4.32), 即

$$(kc)^2 = 1 - \frac{r_\mathrm{S}}{r_1}, \tag{4.47}$$

可得

$$\left(\frac{\mathrm{d}\tau}{\mathrm{d}t}\right)^2 = \frac{\left(1 - \dfrac{r_\mathrm{S}}{r}\right)^2}{1 - \dfrac{r_\mathrm{S}}{r_1}}. \tag{4.48}$$

此外, 由 4.1 节可知

$$\left(\frac{\mathrm{d}r}{\mathrm{d}\tau}\right)^2 = 2GM\left(\frac{1}{r} - \frac{1}{r_1}\right), \tag{4.49}$$

则由

$$\left(\frac{\mathrm{d}r}{\mathrm{d}t}\right)^2 = \left(\frac{\mathrm{d}r}{\mathrm{d}\tau}\right)^2 \left(\frac{\mathrm{d}\tau}{\mathrm{d}t}\right)^2, \tag{4.50}$$

可得

$$\frac{\mathrm{d}r}{\mathrm{d}t} = -c\left(1 - \frac{r_\mathrm{S}}{r}\right)\sqrt{\frac{r_\mathrm{S}}{r}\left(\frac{r_1 - r}{r_1 - r_\mathrm{S}}\right)}. \tag{4.51}$$

由此可看出, 当 $r = r_S$ 时

$$\frac{\mathrm{d}r}{\mathrm{d}t} = 0. \tag{4.52}$$

此外, 解上述 $\dfrac{\mathrm{d}r}{\mathrm{d}t}$ 的方程, 可证明, 由 $r = r_1$ 到达黑洞视界面 $r = r_S$ 的坐标时间 $t = \infty$. 此结果似乎表明粒子 (物体) 永远也不会穿过视界, 但这是以坐标时对粒子运动的描述. 而坐标时代表远处观者的时间, 因此只能说远处的观者永远看不到粒子穿过黑洞的视界 $r = r_S$. 图 4.5 画出分别用坐标时与固有时描述粒子向黑洞视界面运动的不同结果.

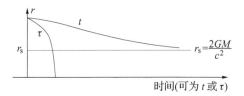

图 4.5   用坐标时与固有时观测粒子向黑洞视界面运动的不同结果

4.2.4 Schwarzschild 度规对应黎曼时空的奇点

由 Schwarzschild 度规

$$\begin{cases} g_{00} = -\left(1 - \dfrac{2GM}{c^2 r}\right), \quad g_{11} = \dfrac{1}{1 - \dfrac{2GM}{c^2 r}}, \\ g_{22} = r^2, \qquad\qquad\quad g_{33} = r^2 \sin\theta, \end{cases} \tag{4.53}$$

可求出黎曼曲率张量的非零分量

$$\begin{cases} R_{0101} = -\dfrac{2GM}{c^2 r^3}, \\ R_{0202} = R_{0303} = \dfrac{GM}{c^2 r^3}, \\ R_{2313} = \dfrac{2GM}{c^2 r^3}, \\ R_{1212} = R_{1313} = -\dfrac{GM}{c^2 r^3}, \end{cases} \tag{4.54}$$

从而可看出真正的奇点还是

$$r = 0.$$

4.2.5 黑洞类型

黑洞的主要参数:

M——质量,

J——自旋角动量,

Q——电荷.

度规仅决定于 M, J, Q.

    (1) $M \neq 0$, $J = 0$, $Q = 0$,   Schwarzschild 度规;

    (2) $M \neq 0$, $J = 0$, $Q \neq 0$,   Reissner-Nordstrom 度规;

    (3) $M \neq 0$, $J \neq 0$, $Q = 0$,   Kerr 度规;

    (4) $M \neq 0$, $J \neq 0$, $Q \neq 0$,   Kerr-Newman 度规.

Kerr-Newman 黑洞视界

$$r_+ = \frac{GM}{c^2} + \left(\frac{G^2 M^2}{c^4} - \frac{G^2 Q^2}{c^8} - a^2 \right)^{\frac{1}{2}}, \quad a = \frac{J}{Mc}, \tag{4.55}$$

其中用下标 "+" 代表外视界.

黑洞无毛定理: 黑洞的特征仅由 M, J, Q 决定.

4.3   Lemaitre 度规和粒子在黑洞内部的运动

4.3.1 Lemaitre 度规

在 Schwarzschild 度规下, 引入新坐标

$$\tau = t + F(r), \tag{4.56}$$

$$\rho = ct + G(r), \tag{4.57}$$

$F(r)$ 和 $G(r)$ 是两个任意径向坐标函数, 并且满足

$$\frac{\mathrm{d}F}{\mathrm{d}r} = \frac{1}{c} \frac{f(r)}{1 - \dfrac{r_S}{r}}, \tag{4.58}$$

$$\frac{\mathrm{d}G}{\mathrm{d}r} = \frac{1}{\left(1 - \dfrac{r_S}{r}\right) f(r)}, \tag{4.59}$$

则

$$-\frac{1 - \dfrac{r_S}{r}}{1 - f^2} \left(c^2 \mathrm{d}\tau^2 - f^2 \mathrm{d}\rho^2 \right) = -\left(1 - \frac{r_S}{r}\right) c^2 \mathrm{d}t^2 + \frac{\mathrm{d}r^2}{1 - \dfrac{r_S}{r}}. \tag{4.60}$$

若令 $f^2 = \dfrac{r_S}{r}$, 则线元

$$ds^2 = -\left(1 - \frac{r_S}{r}\right)c^2 dt^2 + \frac{dr^2}{1 - \dfrac{r_S}{r}} + r^2\left(d\theta^2 + \sin^2\theta d\phi^2\right) \qquad (4.61)$$

变为

$$ds^2 = -c^2 d\tau^2 + f^2 d\rho^2 + r^2\left(d\theta^2 + \sin^2\theta d\phi^2\right). \qquad (4.62)$$

考虑

$$d\left(\rho - c\tau\right) = dG - cdF = \frac{1 - f^2}{\left(1 - \dfrac{r_S}{r}\right)f}dr = \frac{1}{f}dr$$

$$= \sqrt{\frac{r}{r_S}}dr. \qquad (4.63)$$

积分得

$$\rho - c\tau = \frac{2}{3}\frac{1}{\sqrt{r_S}}r^{\frac{3}{2}}, \qquad (4.64)$$

其中假定 $r = 0$ 时 $\rho - c\tau = 0$, 即

$$r = \left[\frac{3}{2}\left(\rho - c\tau\right)\right]^{\frac{2}{3}}r_S^{\frac{1}{3}}. \qquad (4.65)$$

因此有

$$f^2 = \frac{1}{\left[\dfrac{3}{2r_S}\left(\rho - c\tau\right)\right]^{\frac{2}{3}}},$$

$$ds^2 = -c^2 d\tau^2 + \frac{1}{\left[\dfrac{3}{2r_S}\left(\rho - c\tau\right)\right]^{\frac{2}{3}}}d\rho^2 + \left[\frac{3}{2}\left(\rho - c\tau\right)\right]^{\frac{4}{3}}r_S^{\frac{2}{3}}\left(d\theta^2 + \sin^2\theta d\phi^2\right),$$

$$\qquad (4.66)$$

即 Lemaitre 度规. 这时不存在 $r = r_S$ 处的奇异性, 只有 $r = 0$ 处存在本征奇异性, 可用于 $r < r_S$ 的情况. 由式 (4.65) 还可以得到

$$c\tau = \frac{2}{3}\frac{1}{\sqrt{r_S}}\left(\frac{3}{2}\sqrt{r_S}\rho - r^{\frac{3}{2}}\right). \qquad (4.67)$$

取 $r = r_S$, 并取 $\dfrac{3}{2}\sqrt{r_S}\rho = r_1^{\frac{3}{2}}$, 则与前面固有时结果 $c\tau = \dfrac{2}{3}\dfrac{1}{\sqrt{r_S}}\left[r_1^{\frac{3}{2}} - r_S^{\frac{3}{2}}\right]$ 一致, 说明 Lemaitre 度规中坐标 τ 是 Schwarzschild 下落问题的固有时.

4.3.2 质点在黑洞内部的运动

因为

$$\rho - c\tau = \frac{2}{3}\frac{1}{\sqrt{r_S}}r^{\frac{3}{2}}, \tag{4.68}$$

则

$$\frac{1}{c}\frac{\mathrm{d}\rho}{\mathrm{d}\tau} = \sqrt{\frac{r}{r_S}\frac{1}{c}\frac{\mathrm{d}r}{\mathrm{d}\tau} + 1}, \tag{4.69}$$

而 $\mathrm{d}s^2 < 0$ 在真实粒子运动轨迹上

$$\mathrm{d}s^2 = -c^2\mathrm{d}t^2 + f^2\mathrm{d}\rho^2 + r^2\left(\mathrm{d}\theta^2 + \sin^2\theta\mathrm{d}\phi^2\right), \tag{4.70}$$

若粒子运动是径向方向, 则 $\mathrm{d}\theta = \mathrm{d}\phi = 0$.

$$\mathrm{d}s^2 = -c^2\mathrm{d}t^2 + f^2\mathrm{d}\rho^2 = -c^2\mathrm{d}t^2\left[1 - f^2\frac{1}{c^2}\left(\frac{\mathrm{d}\rho}{\mathrm{d}\tau}\right)^2\right]. \tag{4.71}$$

因 $\mathrm{d}s^2 < 0$, 则

$$\begin{cases} \dfrac{r_S}{r}\left(\dfrac{1}{c}\dfrac{\mathrm{d}\rho}{\mathrm{d}\tau}\right)^2 < 1, \\[4mm] \dfrac{1}{c}\left(\dfrac{\mathrm{d}\rho}{\mathrm{d}\tau}\right)^2 < \dfrac{r_S}{r}. \end{cases} \tag{4.72}$$

当 $r \leqslant r_S$ 时

$$\frac{1}{c^2}\left(\frac{\mathrm{d}\rho}{\mathrm{d}\tau}\right)^2 < 1 \Rightarrow -1 < \frac{1}{c}\left(\frac{\mathrm{d}\rho}{\mathrm{d}\tau}\right) < 1. \tag{4.73}$$

则由式 (4.69) 可知: $\dfrac{\mathrm{d}r}{\mathrm{d}\tau} < 0$. 即 $r \leqslant r_S$ 时, 因 $\dfrac{\mathrm{d}r}{\mathrm{d}\tau} < 0$, 粒子运动永远是向 $r = 0$ 中心方向的, 所以 $r = r_S$ 的界面是粒子运动的单向界面 (简称单向膜).

第 5 章　爱因斯坦引力场方程中心球对称的通解

5.1　中心球对称度规

选用球坐标系

$$x^1 = r, \quad x^2 = \theta, \quad x^3 = \phi, \quad x^0 = ct, \tag{5.1}$$

则中心球对称最一般的线元为

$$\mathrm{d}s^2 = A\mathrm{d}r^2 + Br^2(\mathrm{d}\theta^2 + \sin^2\theta\mathrm{d}\phi^2) + C\mathrm{d}r\mathrm{d}t + D\mathrm{d}t^2, \tag{5.2}$$

其中, A、B、C、D 是 r 和 t 的函数. 静态情况下, A、B、C、D 仅为 r 的函数. 为了消去 C[①], 进行下列变换

$$t = t' + a(r), \tag{5.3}$$

$$\mathrm{d}t = \mathrm{d}t' + \frac{\mathrm{d}a}{\mathrm{d}r}\mathrm{d}r, \tag{5.4}$$

$$\mathrm{d}t^2 = \mathrm{d}t'^2 + 2\frac{\mathrm{d}a}{\mathrm{d}r}\mathrm{d}r\mathrm{d}t' + \left(\frac{\mathrm{d}a}{\mathrm{d}r}\right)^2\mathrm{d}r^2, \tag{5.5}$$

则

$$C\mathrm{d}r\mathrm{d}t + D\mathrm{d}t^2 = C\mathrm{d}r\mathrm{d}t' + C\frac{\mathrm{d}a}{\mathrm{d}r}\mathrm{d}r^2 + D\mathrm{d}t'^2 + 2D\frac{\mathrm{d}a}{\mathrm{d}r}\mathrm{d}r\mathrm{d}t' + D\left(\frac{\mathrm{d}a}{\mathrm{d}r}\right)^2\mathrm{d}r^2$$

$$= \left(C + 2D\frac{\mathrm{d}a}{\mathrm{d}r}\right)\mathrm{d}r\mathrm{d}t' + \left[C\frac{\mathrm{d}a}{\mathrm{d}r} + D\left(\frac{\mathrm{d}a}{\mathrm{d}r}\right)^2\right]\mathrm{d}r^2 + D\mathrm{d}t'^2. \tag{5.6}$$

若选择

$$C + 2D\frac{\mathrm{d}a}{\mathrm{d}r} = 0, \tag{5.7}$$

---

① 这一项不违背中心球对称.

即

$$\frac{\mathrm{d}a}{\mathrm{d}r} = -\frac{C}{2D}, \tag{5.8}$$

并将变换后的 t' 写成 t, 则可得

$$\mathrm{d}s^2 = D\mathrm{d}t^2 + E\mathrm{d}r^2 + Br^2(\mathrm{d}\theta^2 + \sin^2\theta\mathrm{d}\phi^2). \tag{5.9}$$

上式可表示为

$$\mathrm{d}s^2 = -e^\nu c^2\mathrm{d}t^2 + e^\lambda\mathrm{d}r^2 + \frac{1}{f^2}r^2(\mathrm{d}\theta^2 + \sin^2\theta\mathrm{d}\phi^2). \tag{5.10}$$

由 $\mathrm{d}s^2 = g_{\mu\nu}\mathrm{d}x^\mu\mathrm{d}x^\nu$ 可知度规的分量为

$$g_{00} = -e^\nu, \quad g_{11} = e^\lambda, \quad g_{22} = \left(\frac{r}{f}\right)^2, \quad g_{33} = \left(\frac{r}{f}\right)^2\sin^2\theta,$$

$$g_{\mu\nu} = 0, \quad \text{当} \quad \mu \neq \nu. \tag{5.11}$$

当 $\lambda = \nu = 0$ 并且 $f = 1$ 时, 度规变为 Minkowski 度规. 如果要求 $r \to \infty$ 时为平直时空, 则应有 $r \to \infty$ 时

$$\lambda = 0, \quad \nu = 0, \quad f = 1. \tag{5.12}$$

5.2　爱因斯坦方程中心球对称通解

对 5.1 节的中心球对称度规情况, 在引力源外没有物质 ($T_\nu^\mu = 0$), Einstein 引力场方程具有如下形式:

$$e^{-\lambda}\left(\frac{F'^2}{F^2} + \frac{F'}{F}\nu'\right) - \frac{1}{F^2} = 0, \tag{5.13}$$

$$e^{-\lambda}\left(\frac{2F''}{F} + \frac{F'^2}{F^2} - \frac{F'}{F}\lambda'\right) - \frac{1}{F^2} = 0, \tag{5.14}$$

$$2\nu'' + 2\nu'^2 + \frac{F''}{F} - 2\frac{F'}{F}\lambda + \left(2\frac{F'}{F} - 1\right)\nu' = 0, \tag{5.15}$$

其中

$$F = \frac{r}{f(r)}, \quad \lambda' = \frac{\mathrm{d}\lambda}{\mathrm{d}r}, \quad \nu' = \frac{\mathrm{d}\nu}{\mathrm{d}r}, \quad F' = \frac{\mathrm{d}F}{\mathrm{d}r}. \tag{5.16}$$

将方程 (5.13) 对 r 微分, 利用方程 (5.13) 和 (5.14) 可导出方程 (5.15), 这是比安基等式的结果. 故独立的方程仅为 (5.13) 和 (5.14). 因此, λ, ν 和 F 总有一个是任意的.

设 F 是任意的, 由方程 (5.13) 和 (5.14) 可得

$$-2\frac{F''}{F} + \frac{F'}{F}(\lambda' + \nu') = 0, \tag{5.17}$$

即

$$\lambda' + \nu' = \frac{2F''}{F'} = \frac{\mathrm{d}\ln F'^2}{\mathrm{d}r}, \tag{5.18}$$

故

$$\lambda + \nu = \ln F'^2 + C. \tag{5.19}$$

C 为与 r 无关的常数. 由渐近行为

$$\lambda(r)|_{r\to\infty} \to 0, \qquad \nu(r)|_{r\to\infty} \to 0, \tag{5.20}$$

$$f(r)|_{r\to\infty} \to 1, \qquad F(r)|_{r\to\infty} \to r, \qquad F'(r)|_{r\to\infty} \to 1, \tag{5.21}$$

可知 $C = 0$. 因此 $\lambda + \nu = \ln(F')^2$, 可得

$$F' = \mathrm{e}^{\frac{\lambda+\nu}{2}}. \tag{5.22}$$

将式 (5.22) 代入式 (5.13), 得

$$\frac{e^\nu}{F} + \frac{e^\nu}{F'}\frac{\mathrm{d}\nu}{\mathrm{d}r} = \frac{1}{F}, \tag{5.23}$$

即

$$\frac{e^\nu}{F} + \frac{\mathrm{d}e^\nu}{\mathrm{d}F} = \frac{1}{F}. \tag{5.24}$$

由此可以得到

$$\mathrm{d}\ln\left[(e^\nu - 1)F\right] = 0. \tag{5.25}$$

令 $(e^\nu - 1)F = \alpha$, 由 $F = \dfrac{r}{f}$ 解得

$$e^\nu = 1 + \frac{\alpha}{r}f. \tag{5.26}$$

由关系 (5.13) 可知

$$e^\lambda = e^{-\nu}F'^2. \tag{5.27}$$

把式 (5.26) 代入上式得

$$e^\lambda = \frac{1}{1 + \dfrac{\alpha}{r}f}\left[\frac{f - rf'}{f^2}\right]^2. \tag{5.28}$$

每给定一个 $f(r)$, 则可确定一个线元

$$ds^2 = -\left(1 + \alpha\frac{f}{r}\right)c^2 dt^2 + \frac{F'^2 dr^2}{1 + \alpha\dfrac{f}{r}} + \frac{r^2}{f^2}\left(d\theta^2 + \sin^2\theta d\phi^2\right). \tag{5.29}$$

5.3　Schwarzschild 解

将 Schwarzschild 解的线元

$$ds^2 = -\left(1 - \frac{2GM}{c^2 r}\right)c^2 dt^2 + \frac{dr^2}{1 - \dfrac{2GM}{c^2 r}} + r^2\left(d\theta^2 + \sin^2\theta d\phi^2\right) \tag{5.30}$$

与通解对比可知

$$f = 1, \quad \alpha = -\frac{2GM}{c^2} = -2r_0, \quad r_0 = \frac{GM}{c^2}, \quad F = r, \quad F' = 1, \tag{5.31}$$

其中 α 是一个积分常数.

5.4　欧氏共形解与牛顿近似解

在直角坐标系下欧氏共形解为

$$ds^2 = -\frac{\left(1 - \dfrac{1}{2}\dfrac{r_0}{r}\right)^2}{\left(1 + \dfrac{1}{2}\dfrac{r_0}{r}\right)^2}c^2 dt^2 + \left(1 + \frac{1}{2}\frac{r_0}{r}\right)^4\left[(dx^1)^2 + (dx^2)^2 + (dx^3)^2\right]. \tag{5.32}$$

与通解对比可知

$$f(r) = \frac{1}{\left(1 + \dfrac{1}{2}\dfrac{r_0}{r}\right)^2}, \tag{5.33}$$

$$F(r) = \frac{r}{f(r)} = r\left(1 + \frac{1}{2}\frac{r_0}{r}\right)^2, \tag{5.34}$$

$$F' = \left(1 - \frac{1}{2}\frac{r_0}{r}\right)\left(1 + \frac{1}{2}\frac{r_0}{r}\right), \tag{5.35}$$

$$e^\nu = 1 - \frac{2r_0}{r}f(r) = \frac{\left(1 - \dfrac{1}{2}\dfrac{r_0}{r}\right)^2}{\left(1 + \dfrac{1}{2}\dfrac{r_0}{r}\right)^2}, \tag{5.36}$$

$$e^\lambda = \frac{F'^2}{1 - \frac{2r_0}{r} f(r)} = \left(1 + \frac{1}{2}\frac{r_0}{r}\right)^4. \tag{5.37}$$

考虑到 $r_0 \ll r$, 在一级近似下

$$\frac{\left(1 - \frac{1}{2}\frac{r_0}{r}\right)^2}{\left(1 + \frac{1}{2}\frac{r_0}{r}\right)^2} = 1 - \frac{2r_0}{r} + \mathcal{O}\left(\left(\frac{2r_0}{r}\right)^2\right), \tag{5.38}$$

$$\left(1 + \frac{1}{2}\frac{r_0}{r}\right)^4 = 1 + \frac{2r_0}{r} + \mathcal{O}\left(\left(\frac{2r_0}{r}\right)^2\right). \tag{5.39}$$

于是得到后牛顿 (Post-Newtonian) 近似下的度规解

$$ds^2 = -\left(1 - \frac{2r_0}{r}\right)c^2 dt^2 + \left(1 + \frac{2r_0}{r}\right)\left[dr^2 + r^2\left(d\theta^2 + \sin^2\theta d\phi^2\right)\right]. \tag{5.40}$$

5.5 Fock 解

Fock 解为

$$ds^2 = -\frac{1 - \frac{r_0}{r}}{1 + \frac{r_0}{r}}c^2 dt^2 + \frac{1 + \frac{r_0}{r}}{1 - \frac{r_0}{r}}dr^2 + \left(1 + \frac{r_0}{r}\right)^2 r^2\left(d\theta^2 + \sin^2\theta d\phi^2\right). \tag{5.41}$$

与通解比较得到

$$f(r) = \frac{1}{1 + \frac{r_0}{r}}, \quad F = r + r_0, \quad F' = 1, \tag{5.42}$$

$$e^\nu = \frac{1 - \frac{r_0}{r}}{1 + \frac{r_0}{r}}, \quad e^\lambda = \frac{1 + \frac{r_0}{r}}{1 - \frac{r_0}{r}}. \tag{5.43}$$

一级近似下

$$\frac{1 - \frac{r_0}{r}}{1 + \frac{r_0}{r}} = 1 - \frac{2r_0}{r}, \quad \left(1 + \frac{r_0}{r}\right)^2 = 1 + \frac{2r_0}{r}, \tag{5.44}$$

Fock 解可化为后牛顿解.

Fock 坐标条件为

$$\frac{\partial(\sqrt{-g}g^{\mu\nu})}{\partial x^\nu} = 0. \tag{5.45}$$

可证明 Fock 解满足上述坐标条件. Fock 用此坐标条件和爱因斯坦方程在中心球对称情况下求得 Fock 解.

第 6 章 $SO(N)$ 规范理论与黎曼几何

6.1 正交标架与 $SO(N)$ 规范群

任何对称矩阵都可以表示成两个三角矩阵的乘积[①]. N 维黎曼流形上的度规可用标架 (Vielbein) e_μ^a $(a = 1, 2, \cdots, N; \mu = 1, 2, \cdots, N)$ 表示

$$g_{\mu\nu} = e_\mu^a e_\nu^a, \tag{6.1}$$

重复指标求和. 对 e_μ^a 做一个任意局部变换 $A_b^a(x)$

$$e'^a_\mu(x) = A_b^a(x)e_\mu^b(x), \tag{6.2}$$

$$e'^a_\nu(x) = A_c^a(x)e_\nu^c(x), \tag{6.3}$$

则

$$e'^a_\mu(x)e'^a_\nu(x) = A_b^a(x)A_c^a(x)e_\mu^b(x)e_\nu^c(x), \tag{6.4}$$

若使度规保持不变

$$g'_{\mu\nu}(x) = g_{\mu\nu}(x), \tag{6.5}$$

$$e'^a_\mu(x)e'^a_\nu(x) = e_\mu^b(x)e_\nu^b(x), \tag{6.6}$$

则要求变换矩阵必须满足

$$A_b^a(x)A_c^a(x) = \delta_{bc}. \tag{6.7}$$

A 的元素为 A_b^a, 则 A 的转置矩阵的元素为 $(A^{\mathrm{T}})_b^a = A_a^b$, 因此可得

$$AA^{\mathrm{T}} = I, \text{即} A^{\mathrm{T}} = A^{-1}, \text{故} A \in O(N). \tag{6.8}$$

但因 $\det(A) = \det(A^{\mathrm{T}})$, 及 $AA^{\mathrm{T}} = I$ 可知 $\det(A)^2 = 1$, 取 $\det A = 1$, 即 $A \in SO(N)$. 如果李群 G 的元素为流形上的坐标函数, 则 G 称为规范群, 故使 $g_{\mu\nu}$ 不变的 $SO(N)$ 群是规范群. $F \cong G$, 称为以 M 为底流形, 以李群 G 为纤维的主纤

[①] E·Cartan, 旋量理论 (Lecons sur la theorie des spineurs), 1936.

维丛. 纤维丛理论将纤维 F 和底流形 M 看成一个更大空间的总体, 记为 E, 称为全空间, 并定义投射为

$$\pi: E \to M, \tag{6.9}$$

纤维为

$$F = \pi^{-1}M, \tag{6.10}$$

并将其记为 $P(E, \pi, G)$, 故上述 M 上 $SO(N)$ 规范群理论实际上是 $SO(N)$ 的主丛理论, 记为 $P(E, \pi, SO(N))$. 按照普遍的矩阵理论, e_μ^a 存在逆矩阵元 $e^{a\mu}$, [①]

$$e^{a\mu}e_\nu^a = \delta_\nu^\mu, \tag{6.11}$$

并且

$$e^{a\mu}e_\mu^b = \delta^{ab}, \tag{6.12}$$

存在逆矩阵的条件是

$$\det\left(e_\mu^a\right) \neq 0. \tag{6.13}$$

可证明 e_μ^a 的行列式

$$\det\left(e_\mu^a\right) = \sqrt{-\det\left(g_{\mu\nu}\right)} = \sqrt{-g}. \tag{6.14}$$

度规展开成两个 Vielbein, 取行列式, 可证明 $\det\left(e_\mu^a\right) \neq 0$, 即 $g \neq 0$, 它是 $g_{\mu\nu}$ 存在逆矩阵 $g^{\mu\nu}$ 的充要条件.

6.2　标架的协变微商

对黎曼流形, 矢量 ϕ^λ 和 ϕ_ν 的协变微商定义为

$$\nabla_\mu\phi^\lambda = \partial_\mu\phi^\lambda + \Gamma_{\mu\nu}^\lambda\phi^\nu, \tag{6.15}$$

$$\nabla_\mu\phi_\nu = \partial_\mu\phi_\nu - \Gamma_{\mu\nu}^\lambda\phi_\lambda. \tag{6.16}$$

对 $SO(N)$ 规范理论, Clifford 矢量 ϕ^a 的协变微商[②]定义为

$$D_\mu\phi^a = \partial_\mu\phi^a - \omega_\mu^{ab}\phi^b. \tag{6.17}$$

---

① 本书中除特殊说明外, 群指标 $a, b, c, \ldots$ 用 δ^{ab} 和 δ_{ab} 升降.

② 对于 $SO(N)$ 的规范变换是协变的, $\phi = \phi^a\gamma_a$, $\phi' = S\phi S^{-1}$, 可以证明 $D_\mu\phi = \partial_\mu\phi - [\omega_\mu, \phi]$, 规范势 $\omega_\mu = \frac{1}{2}\omega_\mu^{ab}I_{ab}$, I_{ab} 为 $SO(N)$ 的生成元. 证明 $D'_\mu\phi' = SD_\mu\phi S^{-1}$. 从 $D_\mu\phi = \partial_\mu\phi - [\omega_\mu, \phi]$, 用生成元与 γ 矩阵的对易关系 $[I_{ab}, \gamma_c] = \gamma_a\delta_{bc} - \gamma_b\delta_{ac}$ 可证明.

对 ϕ_μ^a 可引入双重协变微商[①]

$$\mathcal{D}_\mu \phi_\nu^a = \partial_\mu \phi_\nu^a - \Gamma_{\mu\nu}^\lambda \phi_\lambda^a - \omega_\mu^{ab} \phi_\nu^b, \tag{6.18}$$

对 $\phi^{a\lambda}$

$$\mathcal{D}_\mu \phi^{a\lambda} = \partial_\mu \phi^{a\lambda} + \Gamma_{\mu\nu}^\lambda \phi^{a\nu} - \omega_\mu^{ab} \phi^{b\lambda}. \tag{6.19}$$

由此可知

$$\mathcal{D}_\mu \phi_\nu^a = \nabla_\mu \phi_\nu^a - \omega_\mu^{ab} \phi_\nu^b, \tag{6.20}$$

$$\mathcal{D}_\mu \phi^{a\lambda} = \nabla_\mu \phi^{a\lambda} - \omega_\mu^{ab} \phi^{b\lambda}, \tag{6.21}$$

并且

$$\mathcal{D}_\mu \phi_\nu^a = D_\mu \phi_\nu^a - \Gamma_{\mu\nu}^\lambda \phi_\lambda^a, \tag{6.22}$$

$$\mathcal{D}_\mu \phi^{a\lambda} = D_\mu \phi^{a\lambda} + \Gamma_{\mu\nu}^\lambda \phi^{a\nu}. \tag{6.23}$$

Vielbein 理论要求

$$\mathcal{D}_\mu e_\nu^a = 0, \qquad \mathcal{D}_\mu e^{a\nu} = 0, \tag{6.24}$$

这是 $\nabla_\lambda g_{\mu\nu} = 0$ 的推广. 由

$$\mathcal{D}_\mu e_\nu^a = \nabla_\mu e_\nu^a - \omega_\mu^{ab} e_\nu^b = 0 \tag{6.25}$$

可知

$$\omega_\mu^{ab} e_\nu^b = \nabla_\mu e_\nu^a, \tag{6.26}$$

上式乘以 $e^{c\nu}$ 可得

$$e^{c\nu} \omega_\mu^{ab} e_\nu^b = e^{c\nu} \nabla_\mu e_\nu^a, \tag{6.27}$$

利用正交关系

$$e_\nu^b e^{c\nu} = \delta^{bc},$$

可得

$$\omega_\mu^{ac} = e^{c\nu} \nabla_\mu e_\nu^a, \tag{6.28}$$

即 $SO(N)$ 的联络 ω_μ^{ab} 可以用标架表示出来,

$$\omega_\mu^{ab} = (\nabla_\mu e_\nu^a) e^{b\nu}, \tag{6.29}$$

体现了规范势分解的思想[②].

---

① a 是 $SO(N)$ 指标, μ 是黎曼指标. a 指标对规范变换协变, μ 指标在坐标变换下协变, 因此引入双重协变微商.

② 在黎曼几何中, 将黎曼联络用度规 $g_{\mu\nu}$ 表示出来, 本身就含有规范势可分解和规范势有内部结构的思想. 利用标架就可以把克氏符号 $\Gamma_{\mu\nu}^\lambda$ 用自旋联络 ω_μ^{ab} 表示出来.

6.3　$SO(N)$ 规范场张量与黎曼曲率张量

我们知道在黎曼几何中, 由

$$\left(\nabla_\mu \nabla_\nu - \nabla_\nu \nabla_\mu\right)\phi^\lambda = R^\lambda{}_{\sigma\mu\nu}\phi^\sigma, \tag{6.30}$$

可定义黎曼曲率张量

$$R^\lambda{}_{\sigma\mu\nu} = \partial_\mu \Gamma^\lambda_{\nu\sigma} - \partial_\nu \Gamma^\lambda_{\mu\sigma} + \Gamma^\lambda_{\mu\alpha}\Gamma^\alpha_{\nu\sigma} - \Gamma^\lambda_{\nu\alpha}\Gamma^\alpha_{\mu\sigma}. \tag{6.31}$$

类似的, 对 $SO(N)$ 规范场, 由规范协变微商可定义规范场张量 $F^{ab}_{\mu\nu}$

$$\left(D_\mu D_\nu - D_\nu D_\mu\right)\phi^a = -F^{ab}_{\mu\nu}\phi^b, \tag{6.32}$$

其中

$$F^{ab}_{\mu\nu} = \partial_\mu \omega^{ab}_\nu - \partial_\nu \omega^{ab}_\mu - \omega^{ac}_\mu \omega^{cb}_\nu + \omega^{ac}_\nu \omega^{cb}_\mu. \tag{6.33}$$

令[①] $\phi^\lambda = e^{a\lambda}\phi^a$, 但因为 ϕ^λ 没有 a 指标, 故

$$\mathcal{D}_\mu \phi^\lambda = \nabla_\mu \phi^\lambda, \tag{6.34}$$

又由

$$\mathcal{D}_\mu e^{a\lambda} = 0, \tag{6.35}$$

可知

$$\mathcal{D}_\mu \phi^\lambda = e^{a\lambda}\mathcal{D}_\mu \phi^a = e^{a\lambda}D_\mu \phi^a, \tag{6.36}$$

故

$$\left(\mathcal{D}_\mu \mathcal{D}_\nu - \mathcal{D}_\nu \mathcal{D}_\mu\right)\phi^\lambda = \left(\nabla_\mu \nabla_\nu - \nabla_\nu \nabla_\mu\right)\phi^\lambda = R^\lambda{}_{\sigma\mu\nu}\phi^\sigma. \tag{6.37}$$

又由

$$\begin{aligned}
\left(\mathcal{D}_\mu \mathcal{D}_\nu - \mathcal{D}_\nu \mathcal{D}_\mu\right)e^{a\lambda}\phi^a &= e^{a\lambda}\left(\mathcal{D}_\mu \mathcal{D}_\nu - \mathcal{D}_\nu \mathcal{D}_\mu\right)\phi^a \\
&= e^{a\lambda}\left(D_\mu D_\nu - D_\nu D_\mu\right)\phi^a \\
&= -e^{a\lambda}F^{ab}_{\mu\nu}\phi^b,
\end{aligned} \tag{6.38}$$

可得

$$R^\lambda{}_{\sigma\mu\nu}\phi^\sigma = -e^{a\lambda}F^{ab}_{\mu\nu}\phi^b. \tag{6.39}$$

---

① 两种矢量, 即 $SO(N)$ 矢量和黎曼矢量, 可以通过标架来变换.

令

$$\phi^\sigma = e^{b\sigma}\phi^b, \tag{6.40}$$

可得黎曼曲率张量与 $SO(N)$ 规范场张量之间的关系

$$R^\lambda{}_{\sigma\mu\nu}e^{b\sigma}\phi^b = -e^{a\lambda}F^{ab}_{\mu\nu}\phi^b, \tag{6.41}$$

故

$$R^\lambda{}_{\sigma\mu\nu}e^{b\sigma} = -e^{a\lambda}F^{ab}_{\mu\nu}. \tag{6.42}$$

乘以 e^b_τ, 再利用正交关系 $e^{b\sigma}e^b_\tau = \delta^\sigma_\tau$, 则可得

$$R^\lambda{}_{\tau\mu\nu} = -e^b_\tau e^{a\lambda}F^{ab}_{\mu\nu}. \tag{6.43}$$

下面讨论黎曼曲率张量[1]的对称性, 由

$$R_{\tau\sigma\mu\nu} = g_{\tau\lambda}R^\lambda{}_{\sigma\mu\nu}, \tag{6.44}$$

故

$$R_{\tau\sigma\mu\nu} = -F^{ab}_{\mu\nu}g_{\tau\lambda}e^{a\lambda}e^b_\sigma. \tag{6.45}$$

因为

$$g_{\tau\lambda} = e^a_\tau e^a_\lambda, \quad e^{a\lambda}g_{\tau\lambda} = e^a_\tau, \tag{6.46}$$

则

$$R_{\tau\sigma\mu\nu} = -F^{ab}_{\mu\nu}e^a_\tau e^b_\sigma. \tag{6.47}$$

由于

$$F^{ab}_{\mu\nu} = -F^{ba}_{\mu\nu}, \tag{6.48}$$

则极易看出[2]

$$R_{\tau\sigma\mu\nu} = -R_{\sigma\tau\mu\nu}. \tag{6.49}$$

Ricci 张量

$$\begin{aligned} R_{\sigma\nu} = g^{\tau\mu}R_{\tau\sigma\mu\nu} &= -F^{ab}_{\mu\nu}g^{\tau\mu}e^a_\tau e^b_\sigma \\ &= -F^{ab}_{\mu\nu}e^{a\mu}e^b_\sigma, \end{aligned} \tag{6.50}$$

标曲率

$$R = g^{\sigma\nu}R_{\sigma\nu} = -F^{ab}_{\mu\nu}g^{\sigma\nu}e^{a\mu}e^b_\sigma = -F^{ab}_{\mu\nu}e^{a\mu}e^{b\nu}. \tag{6.51}$$

---

[1] 黎曼曲率张量就是 $SO(N)$ 张量乘上标架, 关系非常简单.

[2] 这里用展开式就可以直接看出指标 σ, τ 是反对称的, 因为 a, b 是反对称的. 由曲率张量不能直接看出来, 说明许多本质的性质隐含在规范理论里.

6.4　$SO(2)$ 和 $U(1)$ 规范理论与拓扑

由于 $SO(2)$ 的规范势 ω_μ^{ab}, $a,b = \{1,2\}$,

$$\omega_\mu^{ab} = -\omega_\mu^{ba},$$

故 ω_μ^{ab} 仅有一个独立分量 ω_μ^{12}, 令

$$\omega_\mu^{12} = A_\mu, \tag{6.52}$$

则有

$$\omega_\mu^{ab} = \epsilon^{ab} A_\mu. \tag{6.53}$$

规范场张量

$$F_{\mu\nu}^{ab} = \partial_\mu \omega_\nu^{ab} - \partial_\nu \omega_\mu^{ab} - \omega_\mu^{ac}\omega_\nu^{cb} + \omega_\nu^{ac}\omega_\mu^{cb}. \tag{6.54}$$

将式 (6.53) 代入, 可得

$$F_{\mu\nu}^{ab} = \epsilon^{ab}(\partial_\mu A_\nu - \partial_\nu A_\mu) - \epsilon^{ac}\epsilon^{cb}(A_\mu A_\nu - A_\nu A_\mu), \tag{6.55}$$

第二项为零, 故

$$F_{\mu\nu}^{ab} = \epsilon^{ab} F_{\mu\nu}, \quad F_{\mu\nu} = \partial_\mu A_\nu - \partial_\nu A_\mu. \tag{6.56}$$

下面讨论微分几何、黎曼几何、拓扑规范场论到拓扑的发展过程, 我们将得到十分重要的启示.

6.4.1　曲面微分几何与拓扑

令二维流形的第一基本张量 g_{ab} $(a,b = 1,2)$　各分量为

$$g_{11} \equiv E, \quad g_{12} \equiv g_{21} = F, \quad g_{22} \equiv G, \tag{6.57}$$

$$|g| \equiv EG - F^2. \tag{6.58}$$

第二基本张量 H_{ab} $(a,b = 1,2)$ 为

$$H_{11} \equiv L, \quad H_{12} \equiv H_{21} = M, \quad H_{22} \equiv N. \tag{6.59}$$

第一基本张量决定线元, 曲率张量由第二基本张量决定,

$$R_{abcd} = H_{ad}H_{bc} - H_{ac}H_{bd}, \tag{6.60}$$

$$R_{1212} = -(LN - M^2). \tag{6.61}$$

高斯曲率为

$$\chi(\Sigma) = \frac{1}{2\pi} \int \frac{LN - M^2}{EG - F^2} \mathrm{d}S. \tag{6.62}$$

6.4.2 黎曼几何与拓扑

二维闭曲面 Gauss-Bonnet 定理

$$\chi(\Sigma) = \frac{1}{2\pi} \int_\Sigma K \mathrm{d}S, \tag{6.63}$$

$\chi(\Sigma)$ 为闭曲面 Σ 的欧拉示性数, K 为高斯曲率

$$K = -\frac{R_{1212}}{g}. \tag{6.64}$$

由于对二维曲面, 黎曼曲率张量 $R_{\tau\sigma\mu\nu}$ ($\tau, \sigma, \mu, \nu = 1, 2$) 只有一个独立分量 R_{1212}, 它可表示为

$$R_{1212} = \frac{1}{2} \epsilon^{\tau\sigma} \frac{1}{2} \epsilon^{\mu\nu} R_{\tau\sigma\mu\nu},$$

因此可以把高斯曲率表示为

$$K = -\frac{R_{1212}}{g} = -\frac{1}{4} \frac{\epsilon^{\tau\sigma}}{\sqrt{g}} \frac{\epsilon^{\mu\nu}}{\sqrt{g}} R_{\tau\sigma\mu\nu}. \tag{6.65}$$

$$\chi(\Sigma) = \frac{1}{2\pi} \int_\Sigma K \mathrm{d}S, \qquad \mathrm{d}S = \sqrt{g} \mathrm{d}^2 x. \tag{6.66}$$

Euler 示性数就是

$$\begin{aligned} \chi(\Sigma) &= -\frac{1}{2\pi} \int_\Sigma \frac{1}{4} \frac{\epsilon^{\tau\sigma}}{\sqrt{g}} \frac{\epsilon^{\mu\nu}}{\sqrt{g}} R_{\tau\sigma\mu\nu} \sqrt{g} \mathrm{d}^2 x \\ &= -\frac{1}{2\pi} \int_\Sigma \frac{1}{4} \frac{\epsilon^{\tau\sigma}}{\sqrt{g}} R_{\tau\sigma\mu\nu} \epsilon^{\mu\nu} \mathrm{d}^2 x \\ &= -\frac{1}{8\pi} \int_\Sigma \frac{\epsilon^{\tau\sigma}}{\sqrt{g}} R_{\tau\sigma\mu\nu} \mathrm{d}x^\mu \wedge \mathrm{d}x^\nu. \end{aligned} \tag{6.67}$$

6.4.3 规范场理论与拓扑

由 6.3 节推导可知

$$R_{\tau\sigma\mu\nu} = -F_{\mu\nu}^{ab} e_\tau^a e_\sigma^b, \tag{6.68}$$

高斯曲率可以表示为

$$K = -\frac{1}{4} \frac{\epsilon^{\tau\sigma}}{\sqrt{g}} \frac{\epsilon^{\mu\nu}}{\sqrt{g}} R_{\tau\sigma\mu\nu} = \frac{1}{4} \frac{\epsilon^{\tau\sigma}}{\sqrt{g}} \frac{\epsilon^{\mu\nu}}{\sqrt{g}} F_{\mu\nu}^{ab} e_\tau^a e_\sigma^b. \tag{6.69}$$

因为 $g_{\mu\nu} = e_\mu^a e_\nu^a$, 度规行列式为标架行列式的平方 $\det(e_\mu^a) = \sqrt{g}$. 又由

$$\epsilon^{\tau\sigma} e_\tau^a e_\sigma^b = \det(e_\mu^a) \epsilon^{ab} = \sqrt{g} \epsilon^{ab}, \tag{6.70}$$

可得

$$K = \frac{1}{4} \frac{\epsilon^{\mu\nu}}{\sqrt{g}} F_{\mu\nu}^{ab} \epsilon^{ab} = \frac{1}{4} \frac{\epsilon^{\mu\nu}}{\sqrt{g}} F_{\mu\nu} \epsilon^{ab} \epsilon^{ab}, \tag{6.71}$$

又

$$\epsilon^{ab} \epsilon^{ab} = 2, \tag{6.72}$$

则高斯曲率可表为

$$K = \frac{1}{2} \frac{\epsilon^{\mu\nu}}{\sqrt{g}} F_{\mu\nu}. \tag{6.73}$$

并用不变面元 $\mathrm{d}S = \sqrt{g}\mathrm{d}^2 x$, 二维流形的欧拉示性数

$$\chi(\Sigma) = \frac{1}{2\pi} \int_{\Sigma} K \mathrm{d}S = \frac{1}{2\pi} \int_{\Sigma} K \sqrt{g} \mathrm{d}^2 x = \frac{1}{2\pi} \frac{1}{2} \int_{\Sigma} \frac{\epsilon^{\mu\nu}}{\sqrt{g}} F_{\mu\nu} \sqrt{g} \mathrm{d}^2 x. \tag{6.74}$$

进一步由

$$\epsilon^{\mu\nu} \mathrm{d}^2 x = \mathrm{d}x^{\mu} \wedge \mathrm{d}x^{\nu}, \tag{6.75}$$

得

$$\chi(\Sigma) = \frac{1}{2\pi} \frac{1}{2} \int F_{\mu\nu} \mathrm{d}x^{\mu} \wedge \mathrm{d}x^{\nu}. \tag{6.76}$$

$U(1)$ 规范场 2-形式为

$$F = \frac{1}{2} F_{\mu\nu} \mathrm{d}x^{\mu} \wedge \mathrm{d}x^{\nu}, \tag{6.77}$$

故[①]

$$\chi(\Sigma) = \frac{1}{2\pi} \int F \quad . \tag{6.78}$$

6.5　自旋联络的内部结构

由于

$$\mathcal{D}_{\mu} e_{\nu}^a = 0, \tag{6.79}$$

$$\partial_{\mu} e_{\nu}^a - \omega_{\mu}^{ab} e_{\nu}^b - \Gamma_{\mu\nu}^{\lambda} e_{\lambda}^a = 0, \tag{6.80}$$

即

$$D_{\mu} e_{\nu}^a = \Gamma_{\mu\nu}^{\lambda} e_{\lambda}^a, \tag{6.81}$$

由此可得

$$\Gamma_{\mu\nu}^{\lambda} = (D_{\mu} e_{\nu}^a) e^{a\lambda}, \tag{6.82}$$

---

① 二维流形的顶陈类就是欧拉类, 从高斯将欧拉示性数表示为高斯曲率的积分, 发展到认识清楚欧拉示性数实际就是 $U(1)$ 规范场张量 2-形式的积分, 这是一个重要突破, 揭示了规范场与底流形拓扑性质的重要关系.

故挠率张量

$$T_{\mu\nu}^{\lambda} = \Gamma_{\mu\nu}^{\lambda} - \Gamma_{\nu\mu}^{\lambda} = (D_\mu e_\nu^a - D_\nu e_\mu^a) e^{a\lambda}. \tag{6.83}$$

定义①

$$T_{\mu\nu}^a = D_\mu e_\nu^a - D_\nu e_\mu^a, \tag{6.84}$$

即

$$T_{\mu\nu}^a = T_{\mu\nu}^\lambda e_\lambda^a, \tag{6.85}$$

故无挠条件 ($T_{\mu\nu}^\lambda = 0$ 对应 $T_{\mu\nu}^a = 0$) 可化为

$$D_\mu e_\nu^a = D_\nu e_\mu^a, \tag{6.86}$$

这是黎曼几何的要求, 即

$$\partial_\mu e_\nu^a - \omega_\mu^{ab} e_\nu^b = \partial_\nu e_\mu^a - \omega_\nu^{ab} e_\mu^b. \tag{6.87}$$

定义②:

$$\omega^{abc} = e^{a\mu} \omega_\mu^{bc}, \quad \omega^{abc} = -\omega^{acb}, \tag{6.88}$$

再用正交关系反过来表示 $\omega_\mu^{bc} = e_\mu^a \omega^{abc}$, 由式 (6.87) 可知

$$\omega_\mu^{ab} e_\nu^b - \omega_\nu^{ab} e_\mu^b = \partial_\mu e_\nu^a - \partial_\nu e_\mu^a, \tag{6.89}$$

$$\omega^{cab} e_\mu^c e_\nu^b - \omega^{cab} e_\nu^c e_\mu^b = \partial_\mu e_\nu^a - \partial_\nu e_\mu^a, \tag{6.90}$$

$$\omega^{cab} \left(e_\mu^c e_\nu^b - e_\nu^c e_\mu^b \right) = \partial_\mu e_\nu^a - \partial_\nu e_\mu^a. \tag{6.91}$$

为了用标架表示 ω_μ^{bc}, 将上式乘以 $e^{\ell\mu} e^{m\nu}$,

$$\omega^{cab} \left(e^{\ell\mu} e^{m\nu} e_\mu^c e_\nu^b - e^{\ell\mu} e^{m\nu} e_\nu^c e_\mu^b \right) = e^{\ell\mu} e^{m\nu} \left(\partial_\mu e_\nu^a - \partial_\nu e_\mu^a \right), \tag{6.92}$$

得

$$\omega^{\ell am} - \omega^{mal} = e^{\ell\mu} e^{m\nu} \left(\partial_\mu e_\nu^a - \partial_\nu e_\mu^a \right), \tag{6.93}$$

故有

$$\omega^{abc} - \omega^{cba} = e^{a\mu} e^{c\nu} \left(\partial_\mu e_\nu^b - \partial_\nu e_\mu^b \right), \tag{6.94}$$

$$\omega^{bca} - \omega^{acb} = e^{b\mu} e^{a\nu} \left(\partial_\mu e_\nu^c - \partial_\nu e_\mu^c \right), \tag{6.95}$$

---

① 这是挠率最原始的定义, 比用联络的反对称部分 $\Gamma_{\mu\nu}^\lambda - \Gamma_{\nu\mu}^\lambda$ 更基本一些.

② 这里定义的量在广义协变方程中要用到, 就是把 ω_μ^{bc} 中的 μ 收缩掉, 而 b, c 是反对称的. $\omega_\mu^{ab} = -\omega_\mu^{ba}$, 这是因为 $SO(N)$ 的生成元是反对称的, $I_{ab} = -I_{ba}$.

$$\omega^{bac} - \omega^{cab} = e^{b\mu} e^{c\nu} \left(\partial_\mu e^a_\nu - \partial_\nu e^a_\mu \right). \tag{6.96}$$

将上三式相加, 考虑到 $\omega^{abc} = -\omega^{acb}$, 可得[①]

$$\omega^{abc} = \frac{1}{2} \{ e^{a\mu} e^{c\nu} \left(\partial_\mu e^b_\nu - \partial_\nu e^b_\mu \right) + e^{b\mu} e^{a\nu} \left(\partial_\mu e^c_\nu - \partial_\nu e^c_\mu \right) + e^{b\mu} e^{c\nu} \left(\partial_\mu e^a_\nu - \partial_\nu e^a_\mu \right) \}. \tag{6.97}$$

由 ω^{abc} 构成的全反对称张量 ω^{abc}_A 为

$$\omega^{abc}_A = \frac{1}{3} \left(\omega^{abc} + \omega^{bca} + \omega^{cab} \right), \tag{6.98}$$

可有

$$\begin{aligned} \omega^{abc}_A = &\frac{1}{3} \cdot \frac{1}{2} \{ \partial_\mu e^a_\nu \left(e^{c\mu} e^{b\nu} - e^{b\mu} e^{c\nu} \right) + \partial_\mu e^b_\nu \left(e^{a\mu} e^{c\nu} - e^{c\mu} e^{a\nu} \right) \\ &+ \partial_\mu e^c_\nu \left(e^{b\mu} e^{a\nu} - e^{a\mu} e^{b\nu} \right) \}. \end{aligned} \tag{6.99}$$

此外, ω^{abc} 有一个重要分量[②]

$$\omega^a = \omega^{bab}, \tag{6.100}$$

由于

$$\omega^{cab} = e^{c\mu} \omega^{ab}_\mu, \tag{6.101}$$

且因[③]

$$\omega^{ab}_\mu = (\nabla_\mu e^{a\nu}) e^b_\nu, \tag{6.102}$$

故

$$\omega^{cab} = e^{c\mu} (\nabla_\mu e^{a\nu}) e^b_\nu. \tag{6.103}$$

又由

$$\omega^a = \omega^{bab} = e^{b\mu} (\nabla_\mu e^{a\nu}) e^b_\nu, \tag{6.104}$$

可得[④]

$$\omega^a = (\nabla_\mu e^{a\mu}), \tag{6.105}$$

即 ω^a 是 $e^{a\mu}$ 的协变散度

$$\omega^a = \frac{1}{\sqrt{g}} \partial_\mu (\sqrt{g} e^{a\mu}). \tag{6.106}$$

---

① 这里已经有规范势分解的思想了, 就是说规范势 ω^{bac} 用 Vielbein 来作内部函数. 黎曼联络 $\Gamma^\lambda_{\mu\nu}$ 用度规 $g_{\mu\nu}$ 作为基本函数来进行规范势分解.

② b 求和, 这是一个非常重要的量, 在坐标条件和守恒定律的讨论中都会用到它.

③ $\partial_\mu e^{a\nu} - \omega^{ab}_\mu e^{b\nu} + \Gamma^\nu_{\mu\lambda} e^{a\lambda} = 0.$

④ $e^{b\mu} e^b_\nu = \delta^\mu_\nu.$

第 7 章　广义协变 Dirac 方程

7.1　Dirac 方程

狭义相对论中的 Dirac 方程为

$$\gamma^\mu \partial_\mu \Psi + \frac{mc}{\hbar}\Psi = 0, \tag{7.1}$$

其中,γ^μ $(\mu = 0, 1, 2, 3)$ 是 Clifford 代数矢量基的旋量表示, 是 $2^{\frac{n}{2}} \times 2^{\frac{n}{2}} = 4 \times 4$ 矩阵, 满足如下关系:

$$\gamma^\mu \gamma^\nu + \gamma^\nu \gamma^\mu = 2\eta^{\mu\nu} I, \tag{7.2}$$

这里 $\eta^{\mu\nu} = \mathrm{diag}(-1, +1, +1, +1)$. Dirac 方程具有 Lorentz 变换的协变性, 描述平直时空中自旋为 1/2 的粒子, 是 Schrödinger 方程的推广.

7.2　广义协变 Dirac 方程

广义协变 Dirac 方程是 Dirac 方程在广义相对论中的推广, 具有广义协变性, 描述弯曲黎曼时空中自旋为 1/2 的粒子. 它具有 Lorentz 变换的协变性, 其规范势为

$$\omega_\mu = \frac{1}{2}\omega^{ab}{}_\mu I_{ab}, \tag{7.3}$$

其中 $\omega^{ab}{}_\mu = (\nabla_\mu e^{a\nu})e^b{}_\nu$[①], I_{ab} 是 Lorentz 变换的生成元, 其旋量表示为

$$I_{ab} = \frac{1}{4}(\gamma_a \gamma_b - \gamma_b \gamma_a), \tag{7.4}$$

γ_a $(a = 0, 1, 2, 3)$ 是 Clifford 代数矢量基的旋量表示[②]. 4-旋量 Ψ 的协变微商为

$$D_\mu \Psi = (\partial_\mu - \omega_\mu)\Psi, \tag{7.5}$$

[①] 由第 6 章知

$$\omega^{abc} = \frac{1}{2}\Big\{e^{a\mu}e^{c\nu}(\partial_\mu e^b{}_\nu - \partial_\nu e^b{}_\mu) + e^{b\mu}e^{a\nu}(\partial_\mu e^c{}_\nu - \partial_\nu e^c{}_\mu) + e^{b\mu}e^{c\nu}(\partial_\mu e^a{}_\nu - \partial_\nu e^a{}_\mu)\Big\},$$
$$\omega_\mu{}^{bc} = e_{a\mu}\omega^{abc}.$$

[②] 本章群指标取值采用 $a, b, \cdots = 0, 1, 2, 3$.

即

$$D_\mu \Psi = \left(\partial_\mu - \frac{1}{2} \omega^{ab}{}_\mu I_{ab} \right) \Psi. \tag{7.6}$$

此外, 为了建立广义协变 Dirac 方程, 需定义广义 Γ 矩阵

$$\Gamma^\mu = e^{a\mu} \gamma_a, \tag{7.7}$$

$$\Gamma_\mu = e^a{}_\mu \gamma_a. \tag{7.8}$$

利用 $\gamma_a \gamma_b + \gamma_b \gamma_a = 2\eta_{ab} I$, 不难证明

$$\Gamma^\mu \Gamma^\nu + \Gamma^\nu \Gamma^\mu = 2g^{\mu\nu} I, \tag{7.9}$$

$$\Gamma_\mu \Gamma_\nu + \Gamma_\nu \Gamma_\mu = 2g_{\mu\nu} I. \tag{7.10}$$

于是, 由 Γ^μ 和 $D_\mu = \partial_\mu - \omega_\mu$ 可构成广义协变 Dirac 方程

$$\Gamma^\mu D_\mu \Psi + \frac{mc}{\hbar} \Psi = 0. \tag{7.11}$$

由式 (7.6) 和式 (7.7), 广义协变 Dirac 方程 (7.11) 可表述为[①]

$$\Gamma^\mu \partial_\mu \Psi - \Gamma^\mu \frac{1}{2} \omega^{ab}{}_\mu I_{ab} \Psi + \frac{mc}{\hbar} \Psi = 0, \tag{7.12}$$

也即

$$\Gamma^\mu \partial_\mu \Psi - \frac{1}{2} \gamma_a e^{a\mu} \omega^{bc}{}_\mu I_{bc} \Psi + \frac{mc}{\hbar} \Psi = 0. \tag{7.13}$$

由

$$e^{a\mu} \omega^{bc}{}_\mu = \omega^{abc}, \quad I_{bc} = \frac{1}{4} (\gamma_b \gamma_c - \gamma_c \gamma_b) = \frac{1}{2} \gamma_b \gamma_c, \quad \text{当 } b \neq c, \tag{7.14}$$

知

$$\frac{1}{2} \gamma_a e^{a\mu} \omega^{bc}{}_\mu I_{bc} = \frac{1}{2} \gamma_a \omega^{abc} \cdot \frac{1}{2} \gamma_b \gamma_c = \frac{1}{4} \omega^{abc} \gamma_a \gamma_b \gamma_c. \tag{7.15}$$

故广义协变 Dirac 方程 (7.13) 也可表述为

$$\Gamma^\mu \partial_\mu \Psi - \frac{1}{4} \omega^{abc} \gamma_a \gamma_b \gamma_c \Psi + \frac{mc}{\hbar} \Psi = 0. \tag{7.16}$$

广义协变 Dirac 方程与微观粒子的引力效应有关. 到现在为止还没有发现广义相对论的微观效应. 以前有中子的引力效应实验, 因为中子不带电, 所以只有引力相互作用.

---

① Dirac 方程的波函数用大写 Ψ 表示, 后面非相对论情况下波函数用 ψ 表示.

7.2.1 ω^{abc} 的分解

由于 ω^{abc} 对 b, c 指标反对称, 可将 ω^{abc} 分解为以下三部分:

$$\omega^{abc} = \omega_A^{abc} + \omega_{S_1}^{abc} + \omega_{S_2}^{abc}, \tag{7.17}$$

其中

$$\omega_A^{abc} = \frac{1}{3} \left(\omega^{abc} + \omega^{bca} + \omega^{cab} \right), \tag{7.18}$$

$$\omega_{S_1}^{abc} = \frac{1}{3} \left(\omega^{abc} + \omega^{bac} \right), \tag{7.19}$$

$$\omega_{S_2}^{abc} = \frac{1}{3} \left(\omega^{abc} + \omega^{cba} \right). \tag{7.20}$$

不难证明 ω_A^{abc} 对 a, b, c 指标全反对称[①], $\omega_{S_1}^{abc}$ 对 a, b 指标对称

$$\omega_{S_1}^{abc} = \omega_{S_1}^{bac}, \tag{7.21}$$

$\omega_{S_2}^{abc}$ 对 a, c 指标对称

$$\omega_{S_2}^{abc} = \omega_{S_2}^{cba}. \tag{7.22}$$

下面仅证明 ω_A^{abc} 对前两个指标反对称:

$$\omega_A^{bac} = \frac{1}{3} \left(\omega^{bac} + \omega^{acb} + \omega^{cba} \right) = \frac{1}{3} \left(-\omega_A^{bca} - \omega_A^{abc} - \omega_A^{cab} \right) = -\omega_A^{abc}. \tag{7.23}$$

7.2.2 ω^a 和 $\tilde{\omega}_a$

由第 6 章知

$$\omega^b \equiv \omega^{ab}{}_a = \nabla_\mu e^{b\mu}. \tag{7.24}$$

定义 $\tilde{\omega}_d$

$$\tilde{\omega}_d \equiv \varepsilon_{abcd} \omega_A^{abc}. \tag{7.25}$$

由 ω_A^{abc} 的定义 (7.18), 可证明

$$\tilde{\omega}_d = \varepsilon_{abcd} \omega^{abc}. \tag{7.26}$$

[①] 式(7.18) 是凑反对称张量的一个技巧: 如果后两个指标本来就反对称, 则可这样来构造.

上式两边乘以 ε^{lmnd}, 并考虑到

$$\varepsilon^{lmnd}\varepsilon_{abcd} = \begin{vmatrix} \delta_a^l & \delta_a^m & \delta_a^n \\ \delta_b^l & \delta_b^m & \delta_b^n \\ \delta_c^l & \delta_c^m & \delta_c^n \end{vmatrix}, \tag{7.27}$$

可得

$$\omega_A^{abc} = \frac{1}{6}\varepsilon^{abcd}\tilde{\omega}_d. \tag{7.28}$$

7.2.3　$\omega^{abc}\gamma_a\gamma_b\gamma_c$ 的分解

方程 (7.17) 两边乘以 $\gamma_a\gamma_b\gamma_c$ 得

$$\omega^{abc}\gamma_a\gamma_b\gamma_c = \omega_A^{abc}\gamma_a\gamma_b\gamma_c + \omega_{S_1}^{abc}\gamma_a\gamma_b\gamma_c + \omega_{S_2}^{abc}\gamma_a\gamma_b\gamma_c. \tag{7.29}$$

首先化简 $\omega_A^{abc}\gamma_a\gamma_b\gamma_c$ 项. 由式 (7.28) 有

$$\omega_A^{abc}\gamma_a\gamma_b\gamma_c = \frac{1}{6}\varepsilon^{abcd}\tilde{\omega}_d\gamma_a\gamma_b\gamma_c. \tag{7.30}$$

由 $\gamma_5 = \gamma_0\gamma_1\gamma_2\gamma_3$ 可证明

$$\gamma_5\gamma^d = \frac{1}{6}\varepsilon^{abcd}\gamma_a\gamma_b\gamma_c, \tag{7.31}$$

故

$$\omega_A^{abc}\gamma_a\gamma_b\gamma_c = \gamma_5\gamma^d\tilde{\omega}_d. \tag{7.32}$$

由于 $\gamma_5\gamma^d = -\gamma^d\gamma_5$, 上式也可写为

$$\omega_A^{abc}\gamma_a\gamma_b\gamma_c = -\gamma^d\gamma_5\tilde{\omega}_d. \tag{7.33}$$

接下来分析 $\omega_{S_1}^{abc}\gamma_a\gamma_b\gamma_c$ 项. 由 $\omega_{S_1}^{abc}$ 关于前两个指标对称 ($\omega_{S_1}^{abc} = \omega_{S_1}^{bac}$), 关于后两个指标反对称 ($\omega_{S_1}^{abc} = -\omega_{S_1}^{acb}$), 有

$$\begin{aligned}
\omega_{S_1}^{abc}\gamma_a\gamma_b\gamma_c &= \frac{1}{2}\omega_{S_1}^{abc}(\gamma_a\gamma_b + \gamma_b\gamma_a)\gamma_c \\
&= \frac{1}{2} \times \frac{1}{3}\left(\omega^{abc} + \omega^{bac}\right)(2\eta_{ab})\gamma_c \\
&= -\frac{1}{3}\left(\omega^{acb} + \omega^{bca}\right)\eta_{ab}\gamma_c
\end{aligned} \tag{7.34}$$

故

$$\omega_{S_1}^{abc}\gamma_a\gamma_b\gamma_c = -\frac{2}{3}\omega^c\gamma_c. \tag{7.35}$$

最后分析 $\omega_{S_2}^{abc}\gamma_a\gamma_b\gamma_c$ 项. 由

$$\begin{aligned}
\omega_{S_2}^{abc}\gamma_a\gamma_b\gamma_c &= \frac{1}{3}\left(\omega^{abc}+\omega^{cba}\right)\gamma_a\gamma_b\gamma_c \\
&= \frac{1}{3}\omega^{abc}(\gamma_a\gamma_b\gamma_c + \gamma_c\gamma_b\gamma_a) \\
&= \frac{1}{3}\omega^{abc}(\gamma_a\gamma_b\gamma_c - \gamma_b\gamma_c\gamma_a),
\end{aligned} \tag{7.36}$$

以及

$$I_{bc} = \frac{1}{4}(\gamma_b\gamma_c - \gamma_c\gamma_b) = \frac{1}{2}\gamma_b\gamma_c, \qquad \text{当 } b \neq c, \tag{7.37}$$

知

$$\begin{aligned}
\omega_{S_2}^{abc}\gamma_a\gamma_b\gamma_c &= \frac{1}{3}\omega^{abc}(\gamma_a\gamma_b\gamma_c - \gamma_b\gamma_c\gamma_a) = \frac{2}{3}\omega^{abc}(\gamma_a I_{bc} - I_{bc}\gamma_a) \\
&= -\frac{2}{3}\omega^{abc}[I_{bc},\gamma_a] = -\frac{2}{3}\omega^{abc}(\gamma_b\eta_{ca} - \gamma_c\eta_{ba}) \\
&= -\frac{2}{3}\omega^{ab}{}_a\gamma_b - \frac{2}{3}\omega^{ac}{}_a\gamma_c,
\end{aligned}$$

故

$$\omega_{S_2}^{abc}\gamma_a\gamma_b\gamma_c = -\frac{4}{3}\omega^a\gamma_a. \tag{7.38}$$

以上三式 (7.33)、(7.35) 和 (7.38) 相加得到

$$\begin{aligned}
\omega^{abc}\gamma_a\gamma_b\gamma_c &= \omega_A^{abc}\gamma_a\gamma_b\gamma_c + \omega_{S_1}^{abc}\gamma_a\gamma_b\gamma_c + \omega_{S_2}^{abc}\gamma_a\gamma_b\gamma_c \\
&= -\tilde{\omega}^a\gamma_a\gamma_5 - \frac{2}{3}\omega^a\gamma_a - \frac{4}{3}\omega^a\gamma_a,
\end{aligned} \tag{7.39}$$

即

$$\omega^{abc}\gamma_a\gamma_b\gamma_c = -2\omega^a\gamma_a - \tilde{\omega}^a\gamma_a\gamma_5. \tag{7.40}$$

于是广义协变 Dirac 方程 (7.16) 可化为

$$\Gamma^\mu\partial_\mu\Psi + \frac{1}{4}\left(2\omega^a\gamma_a + \tilde{\omega}^a\gamma_a\gamma_5\right)\Psi + \frac{mc}{\hbar}\Psi = 0. \tag{7.41}$$

7.3　牛顿近似下的广义协变 Dirac 方程

牛顿近似下的线元为

$$ds^2 = -c^2 \left(1 - \frac{2r_0}{r}\right) dt^2 + [(dx^1)^2 + (dx^2)^2 + (dx^3)^2], \tag{7.42}$$

其中　$r_0 = \dfrac{GM}{c^2}$①. 与 $ds^2 = g_{\mu\nu}dx^\mu dx^\nu\,(x^0 = ct)$ 比较得

$$g_{00} = -\left(1 - \frac{2r_0}{r}\right), \quad g_{0i} = g_{i0} = 0, \quad g_{ij} = \delta_{ij}. \tag{7.43}$$

对应的标架 $e^a{}_\mu$ 和 $e^{a\mu}$ 的分量为

$$e_0^a = \sqrt{1 - \frac{2r_0}{r}}\,\delta_0^a \approx \left(1 - \frac{r_0}{r}\right)\delta_0^a, \qquad e^a{}_i = \delta_i^a, \tag{7.44}$$

$$e^{a0} = \sqrt{\left(1 - \frac{2r_0}{r}\right)^{-1}}\,\eta^{a0} \approx \left(1 - \frac{r_0}{r}\right)^{-1}\eta^{a0}, \quad e^{ai} = \eta^{ai}. \tag{7.45}$$

于是由 $\varGamma^\mu = e^{a\mu}\gamma_a$ 知广义协变 Dirac 方程的第一项为

$$\begin{aligned}
\varGamma^\mu \partial_\mu \varPsi &= e^{a\mu}\gamma_a \partial_\mu \varPsi = e^{a0}\gamma_a \partial_0 \varPsi + e^{ai}\gamma_a \partial_i \varPsi \\
&= \left(1 - \frac{r_0}{r}\right)^{-1}\eta^{a0}\gamma_a \partial_0 \varPsi + \eta^{ai}\gamma_a \partial_i \varPsi \\
&= \left(1 - \frac{r_0}{r}\right)^{-1}\gamma^0 \partial_0 \varPsi + \gamma^i \partial_i \varPsi \\
&= \left(1 - \frac{r_0}{r}\right)^{-1}\gamma^0 \frac{1}{c}\partial_t \varPsi + \gamma^i \partial_i \varPsi
\end{aligned} \tag{7.46}$$

因

$$\hat{p}_i = \frac{\hbar}{\mathrm{i}}\partial_i, \quad i = 1, 2, 3 \tag{7.47}$$

即

$$\partial_i = \frac{\mathrm{i}\hat{p}_i}{\hbar}, \tag{7.48}$$

可以证明在牛顿近似下有

$$\omega^a \approx 0, \quad \tilde{\omega}^a \approx 0. \tag{7.49}$$

故在牛顿近似下广义协变 Dirac 方程化为

$$\varGamma^\mu \partial_\mu \varPsi + \frac{mc}{\hbar}\varPsi = 0. \tag{7.50}$$

_____

① Schwarzschild 半径为 $2r_0$.

令 $\gamma^0 = -\mathrm{i}\beta$, 把式(7.46) 代入上式得

$$-\mathrm{i}\left(1-\frac{r_0}{r}\right)^{-1}\beta\frac{1}{c}\partial_t\Psi + \gamma^i\frac{\mathrm{i}\hat{p}_i}{\hbar}\Psi + \frac{mc}{\hbar}\Psi = 0, \tag{7.51}$$

即

$$\mathrm{i}\left(1-\frac{r_0}{r}\right)^{-1}\beta\hbar\partial_t\Psi = c\gamma^i\mathrm{i}\hat{p}_i\Psi + mc^2\Psi. \tag{7.52}$$

注意方程左边与狭义相对论中自由 Dirac 方程相比多了因子 $\left(1-\frac{r_0}{r}\right)^{-1}$, 这将导致牛顿引力势. 上式两边左乘 β, 由 $\beta^2 = I$, 可得

$$\mathrm{i}\hbar\partial_t\Psi = c\left(1-\frac{r_0}{r}\right)(\mathrm{i}\beta\gamma^i)\hat{p}_i\Psi + \beta\left(1-\frac{r_0}{r}\right)mc^2\Psi. \tag{7.53}$$

由于 $r_0 = GM/c^2$,

$$\left(1-\frac{r_0}{r}\right)mc^2 = mc^2 - \frac{GMm}{r}. \tag{7.54}$$

则

$$\mathrm{i}\hbar\partial_t\Psi = c\left(1-\frac{r_0}{r}\right)(\boldsymbol{a}\cdot\hat{\boldsymbol{p}})\Psi + \beta\left[mc^2 + V(r)\right]\Psi, \tag{7.55}$$

其中①

$$\alpha^i = \mathrm{i}\beta\gamma^i = \begin{pmatrix} 0 & \sigma^i \\ \sigma^i & 0 \end{pmatrix}, \quad \beta = \begin{pmatrix} I_0 & 0 \\ 0 & -I_0 \end{pmatrix}, \tag{7.56}$$

$$V(r) = -\frac{GMm}{r}. \tag{7.57}$$

作变换②

$$\Psi = \mathrm{e}^{-\mathrm{i}\frac{mc^2}{\hbar}t}\Phi, \tag{7.58}$$

其中 Φ 为 4 元列矩阵, 则

$$\begin{aligned} \mathrm{i}\hbar\partial_t\Psi &= (\mathrm{i}\hbar)\left(-\mathrm{i}\frac{mc^2}{\hbar}\right)\mathrm{e}^{-\mathrm{i}\frac{mc^2}{\hbar}t}\Phi + \mathrm{i}\hbar\mathrm{e}^{-\mathrm{i}\frac{mc^2}{\hbar}t}\partial_t\Phi \\ &= mc^2\mathrm{e}^{-\mathrm{i}\frac{mc^2}{\hbar}t}\Phi + \mathrm{e}^{-\mathrm{i}\frac{mc^2}{\hbar}t}\mathrm{i}\hbar\partial_t\Phi. \end{aligned} \tag{7.59}$$

将其代入 Dirac 方程 (7.55), 方程两边再乘以 $\mathrm{e}^{\mathrm{i}\frac{mc^2}{\hbar}t}$, 可得

$$mc^2\Phi + \mathrm{i}\hbar\partial_t\Phi = c\left(1-\frac{r_0}{r}\right)(\boldsymbol{\alpha}\cdot\hat{\boldsymbol{p}})\Phi + \beta\left[mc^2 + V(r)\right]\Phi, \tag{7.60}$$

---

① Dirac–Pauli γ^μ 矩阵: $\gamma^0 = -\mathrm{i}\beta = \begin{pmatrix} -\mathrm{i}I^0 & 0 \\ 0 & \mathrm{i}I^0 \end{pmatrix}$, $\gamma^i = \begin{pmatrix} 0 & -\mathrm{i}\sigma^i \\ \mathrm{i}\sigma^i & 0 \end{pmatrix}$, $i = 1, 2, 3$, $\gamma^i\gamma^j = \varepsilon^{ijk}\sigma_k$, $\boldsymbol{\alpha} = \mathrm{i}\beta\boldsymbol{\gamma}$, $\alpha^i = \begin{pmatrix} 0 & \sigma^i \\ \sigma^i & 0 \end{pmatrix}$.

② 这个变换是为了在量子力学中消除自能.

即

$$i\hbar\partial_t\Phi = c\left(1 - \frac{r_0}{r}\right)(\boldsymbol{\alpha}\cdot\hat{\boldsymbol{p}})\Phi + (\beta - I)mc^2\Phi + \beta V(r)\Phi. \tag{7.61}$$

定义

$$\Phi = \begin{pmatrix} \psi \\ \chi \end{pmatrix}, \tag{7.62}$$

则

$$\boldsymbol{\alpha}\Phi = \begin{pmatrix} 0 & \boldsymbol{\sigma} \\ \boldsymbol{\sigma} & 0 \end{pmatrix}\begin{pmatrix} \psi \\ \chi \end{pmatrix} = \begin{pmatrix} \boldsymbol{\sigma}\chi \\ \boldsymbol{\sigma}\psi \end{pmatrix}, \tag{7.63}$$

$$(\beta - I)\Phi = \begin{pmatrix} 0 & 0 \\ 0 & -2I_0 \end{pmatrix}\begin{pmatrix} \psi \\ \chi \end{pmatrix} = \begin{pmatrix} 0 \\ -2\chi \end{pmatrix}. \tag{7.64}$$

由此可得[①]

$$i\hbar\begin{pmatrix} \partial_t\psi \\ \partial_t\chi \end{pmatrix} = c\left(1 - \frac{r_0}{r}\right)\hat{\boldsymbol{p}}\cdot\begin{pmatrix} \boldsymbol{\sigma}\chi \\ \boldsymbol{\sigma}\psi \end{pmatrix} + mc^2\begin{pmatrix} 0 \\ -2\chi \end{pmatrix} + V(r)\begin{pmatrix} \psi \\ -\chi \end{pmatrix}. \tag{7.65}$$

对应的两个方程为

$$i\hbar\partial_t\psi = c\left(1 - \frac{r_0}{r}\right)\hat{\boldsymbol{p}}\cdot\boldsymbol{\sigma}\chi + V(r)\psi, \tag{7.66}$$

$$i\hbar\partial_t\chi = c\left(1 - \frac{r_0}{r}\right)\hat{\boldsymbol{p}}\cdot\boldsymbol{\sigma}\psi - 2mc^2\chi - V(r)\chi. \tag{7.67}$$

方程 (7.67) 中

$$c\left(1 - \frac{r_0}{r}\right)\hat{\boldsymbol{p}}\cdot\boldsymbol{\sigma}\psi - 2mc^2\chi$$

是大量, $i\hbar\partial_t\chi$ 和 $V(r)\chi$ 比大量小得多, 忽略小量后有

$$\chi = \frac{1}{2mc}\left(1 - \frac{r_0}{r}\right)\hat{\boldsymbol{p}}\cdot\boldsymbol{\sigma}\psi. \tag{7.68}$$

将上式代入式 (7.66) 可得

$$i\hbar\partial_t\psi = \frac{1}{2m}\left[\left(1 - \frac{r_0}{r}\right)\hat{\boldsymbol{p}}\cdot\boldsymbol{\sigma}\right]\left[\left(1 - \frac{r_0}{r}\right)\hat{\boldsymbol{p}}\cdot\boldsymbol{\sigma}\right]\psi + V(r)\psi. \tag{7.69}$$

忽略小量 $\frac{r_0}{r}\left(\frac{r_0}{r} \ll 1\right)$ 可得

$$i\hbar\partial_t\psi = \frac{1}{2m}(\hat{\boldsymbol{p}}\cdot\boldsymbol{\sigma})^2\psi + V(r)\psi. \tag{7.70}$$

---

　　① Dirac 方程非相对论近似后变成 Pauli 方程, Pauli 方程再忽略 Pauli 矩阵, 即不考虑自旋的影响则变成 Schrödinger 方程. 这些方程描述一些重要的效应, 包括 Berry Phase、库仑阻塞效应、量子霍尔效应等.

由

$$\begin{aligned}
(\hat{\pmb{p}} \cdot \pmb{\sigma})^2 &= (\hat{\pmb{p}} \cdot \pmb{\sigma})(\hat{\pmb{p}} \cdot \pmb{\sigma}) = \sigma^i \sigma^j \hat{p}_i \hat{p}_j \\
&= \frac{1}{2}(\sigma^i \sigma^j + \sigma^j \sigma^i)\hat{p}_i \hat{p}_j \\
&= \frac{1}{2} 2\delta^{ij} I_0 \hat{p}_i \hat{p}_j = \hat{p}_i^2 I_0,
\end{aligned} \tag{7.71}$$

可知, 牛顿近似下广义协变 Dirac 方程最终可近似为

$$\mathrm{i}\hbar\partial_t \psi = \left[\frac{\hat{p}_i^2}{2m} + V(r) \right] \psi. \tag{7.72}$$

上式 ψ 的两个分量方程是一样的, 即 Schrödinger 方程, 其中

$$V(r) = -\frac{GMm}{r} \tag{7.73}$$

为牛顿万有引力势, 它恰好取代了静电势[1].

以上推导过程中略去了 $\left(1 - \frac{r_0}{r}\right)$ 中的 $\frac{r_0}{r}$ 以及 ω^a 和 $\tilde{\omega}^a$ 才得到 Schrödinger 方程. 应进一步研究是否有高阶效应 [2].

7.4 有引力和电磁势情况的广义协变 Dirac 方程

本节讨论有引力和电磁势情况的广义协变 Dirac 方程. 首先引入只有电磁情况下的协变微商, 然后引入有引力和电磁情况下的协变微商, 最后给出有引力和电磁势情况下的广义协变 Dirac 方程.

7.4.1 电磁理论中场函数的协变微商

首先进行量纲分析. 由

$$\begin{aligned}
p_\mu &= \frac{\hbar}{\mathrm{i}}\partial_\mu, & [p] &= [\hbar]L^{-1}, \\
\pmb{H} &= \nabla \times \pmb{A}, & [H] &= [A]L^{-1}, \\
\pmb{F} &= \frac{\mathrm{d}\pmb{p}}{\mathrm{d}t}, & [F] &= [p]T^{-1} = [\hbar]L^{-1}T^{-1}, \\
\pmb{F} &= \frac{e}{c}\pmb{v} \times \pmb{H}, & [F] &= \left[\frac{e}{c}\right](LT^{-1})[A]L^{-1},
\end{aligned}$$

---

[1] 在广义相对论中, 由短程线方程和爱因斯坦引力方程能够推出牛顿第二定律和万有引力势. 有了标架理论后, 才能写出广义协变 Dirac 方程. 牛顿近似下, 可由广义协变 Dirac 方程推导出包含牛顿万有引力势的 Schrödinger 方程. 其微观效应可通过中子物理实验来验证. 这说明了为什么 Schrödinger 方程也可以加入引力势.

[2] 电磁势是用 $U(1)$ 协变微商 $D_\mu = \partial_\mu - \mathrm{i}eA_\mu$ 替换 Schrödinger 方程的偏微商（动量算符）∂_μ 而得到的. 这里牛顿势的导出跟电磁势还是有差别的, 虽然用到了 $SO(4)$（或 $SO(1,3)$）规范论, $D_\mu = \partial_\mu - \omega_\mu$, 其中 $\omega_\mu = \frac{1}{2}\omega_\mu^{ab} I_{ab}$, 但这里的引力势 $V(r)$ 不是从 ω_μ 这一项出来的, 而是从 $\Gamma^\mu (= e^{a\mu}\gamma_a)$ 出来的.

知

$$[\hbar]L^{-1}T^{-1} = \left[\frac{e}{c}\right](LT^{-1})[A]L^{-1},$$

$$[\hbar] = \left[\frac{e}{c}\right]L[A],$$

$$L^{-1} = \left[\frac{e}{\hbar c}\right][A].$$

又由

$$[D_\mu] = L^{-1}, \quad [\partial_\mu] = L^{-1}, \tag{7.74}$$

知, 可引入如下协变微商[①]

$$D_\mu = \partial_\mu - \mathrm{i}\frac{e}{\hbar c}A_\mu. \tag{7.75}$$

理论力学中正则动量的引入为

$$p_\mu \to p_\mu - \frac{e}{c}A_\mu, \tag{7.76}$$

量子力学中, 动量算符为

$$\hat{p}_\mu = \frac{\hbar}{\mathrm{i}}\partial_\mu, \tag{7.77}$$

因此正则的动量算符为[②]

$$(\hat{p}_\mu)_c = \frac{\hbar}{\mathrm{i}}\partial_\mu - \frac{e}{c}A_\mu. \tag{7.78}$$

又因为 $(\hat{p}_\mu)_c = \frac{\hbar}{\mathrm{i}}D_\mu$, 故直接从正则动量可得

$$D_\mu = \partial_\mu - \mathrm{i}\frac{e}{\hbar c}A_\mu. \tag{7.79}$$

什么是正则动量? 无非是把 $\hat{p}_\mu$ 中的偏微商变成了协变微商. 引入正则动量就相当于引入了电磁相互作用.

7.4.2　有引力和电磁作用情况下的广义协变 Dirac 方程

首先, 引入有引力和电磁情况下的协变微商（二重协变微商）[③]

$$D_\mu = \partial_\mu - \omega_\mu - \mathrm{i}\frac{e}{\hbar c}A_\mu, \tag{7.80}$$

[①] 协变微商中 $-\mathrm{i}\dfrac{e}{\hbar c}A_\mu$ 项的正负号与电荷有关. 这里 e 代表电子电荷, 所以用负号.

[②] "正则的" 对应的英文为 "canonical".

[③] 如果是强作用, 需要考虑 $SU(3)$ 规范理论, 协变微商为 $D_\mu = \partial_\mu - \omega_\mu - \dfrac{ig}{\hbar c}A_\mu^a I_a$, 其中 g 是强作用耦合常数.

其中自旋联络

$$\omega_\mu = \frac{1}{2}\omega^{ab}{}_\mu I_{ab}. \tag{7.81}$$

则有引力和电磁作用情况下的广义协变 Dirac 方程为

$$\Gamma^\mu D_\mu \psi + \frac{mc}{\hbar}\psi = 0, \quad \Gamma^\mu = e^{\mu a}\gamma_a \tag{7.82}$$

也即

$$\Gamma^\mu \partial_\mu \psi - \Gamma^\mu \omega_\mu \psi - \mathrm{i}\frac{e}{\hbar c}\Gamma^\mu A_\mu \psi + \frac{mc}{\hbar}\psi = 0, \tag{7.83}$$

其中, $\Gamma^\mu \omega_\mu \psi$ 描述 Dirac 施量场与引力场的相互作用, $\mathrm{i}\dfrac{e}{\hbar c}\Gamma^\mu A_\mu \psi$ 描述 Dirac 施量场与电磁场的相互作用.

作为一个例子, 下面考虑星球表面的广义 Dirac 方程. 度规由欧氏共形解 (一种中心球对称解) 来描述:

$$\mathrm{d}s^2 = -c^2 H_0^2 \mathrm{d}t^2 + \left[H_1^2(\mathrm{d}x^1)^2 + H_2^2(\mathrm{d}x^2)^2 + H_3^2(\mathrm{d}x^3)^2\right], \tag{7.84}$$

其中

$$H_0 = \frac{1 - \dfrac{1}{2}\dfrac{r_0}{r}}{1 + \dfrac{1}{2}\dfrac{r_0}{r}}, \quad H_1 = H_2 = H_3 = \left(1 + \frac{1}{2}\frac{r_0}{r}\right)^2. \tag{7.85}$$

在弱场近似下 $\left(\dfrac{r_0}{r} \ll 1\right)$,

$$H_0 = 1 - \frac{r_0}{r}, \quad H_1 = H_2 = H_3 = 1 + \frac{r_0}{r}. \tag{7.86}$$

标架 e_μ^a 和 $e^{a\mu}$ 为

$$e_\mu^a = H_a \delta_\mu^a, \quad e^{a\mu} = \frac{1}{H_a}\eta^{a\mu}, \quad \text{指标}a\text{不求和} \tag{7.87}$$

其非零分量分别为

$$e_0^0 = H_0, \quad e_1^1 = H_1, \quad e_2^2 = H_2, \quad e_3^3 = H_3, \tag{7.88}$$

$$e^{00} = -\frac{1}{H_0}, \quad e^{11} = \frac{1}{H_1}, \quad e^{22} = \frac{1}{H_2}, \quad e^{33} = \frac{1}{H_3}. \tag{7.89}$$

由此可得自旋联络 (局域 Lorentz 群联络)

$$\omega^{abc} = \frac{1}{4H_a H_b H_c}\left\{\frac{\partial}{\partial x^b}[H_a^2 + H_c^2]\delta_c^a - \frac{\partial}{\partial x^c}[H_a^2 + H_b^2]\delta_b^a\right\}, \tag{7.90}$$

$$\omega^a = \frac{1}{2} \sum_{\substack{i=1 \\ i \neq a}}^{4} \frac{1}{H_a H_i^2} \frac{\partial H_i^2}{\partial x^a}. \tag{7.91}$$

此处求和指标用求和符号标明.

在星球表面或星球附近, 将中心球对称共形解代入, 则上述 Dirac 方程可写成

$$\sum_{a,\mu=0}^{3} H_a^{-1} \gamma_a \eta^{a\mu} \left(\partial_\mu - \frac{\mathrm{i}e}{\hbar c} A_\mu \right) \Psi + \sum_{a=0}^{3} \frac{1}{2} \gamma_a \left(\omega^a + \frac{1}{2} \gamma_5 \tilde{\omega}^a \right) \Psi + \frac{mc}{\hbar} \Psi = 0,$$

$$\tag{7.92}$$

此 Dirac 方程适合研究星体表面带电微观粒子的运动.

7.4.3　星体表面的固有时

太阳和地球的质量、半径和 Schwarzschild 半径分别为[①]

$$\begin{aligned}
\text{太阳：} \quad & M_\odot = 1.9891 \times 10^{30} \mathrm{kg}, \\
& R_\odot = 6.955 \times 10^5 \mathrm{km}, \quad r_s = 2.9541 \mathrm{km}, \tag{7.93} \\
\text{地球：} \quad & M_\oplus = 5.9722 \times 10^{24} \mathrm{kg}, \\
& R_\oplus = 6.378 \times 10^3 \mathrm{km}, \quad r_s = 8.8698 \mathrm{mm}. \tag{7.94}
\end{aligned}$$

原子尺度和纳米尺度分别为 $\ell \simeq 10^{-10} \mathrm{m}$ 和 $\ell \simeq 10^{-9} \mathrm{m}$, 故对星体表面的微观粒子, 可考虑牛顿近似

$$\begin{aligned}
H_0 &= 1 - \frac{r_0}{R+\ell} \simeq 1 - \frac{r_0}{R}, \\
H_1 &= H_2 = H_3 = 1, \tag{7.95} \\
\omega^a &= \tilde{\omega}^a = 0,
\end{aligned}$$

其中, H_0 其实是常数. 故广义协变 Dirac 方程简化为

$$\gamma^0 H_0^{-1} \left(\partial_0 - \frac{\mathrm{i}e}{\hbar c} A_0 \right) \Psi + \gamma^i \left(\partial_i - \frac{\mathrm{i}e}{\hbar c} A_i \right) \Psi + \frac{mc}{\hbar} \Psi = 0, \tag{7.96}$$

其中 $\gamma^\mu = \eta^{a\mu} \gamma_a$. 对空间一点的固有时

$$\tau = \sqrt{|g_{00}|} \, t = H_0 t. \tag{7.97}$$

[①] 万有引力常数 $G = 6.674 \times 10^{-11} \mathrm{m}^3 \mathrm{kg}^{-1} \mathrm{s}^{-2}$.

定义

$$\hat{x}^0 \equiv c\tau = cH_0 t, \quad \hat{A}_0 \equiv \frac{A_0}{H_0}, \ A_0 = \phi \tag{7.98}$$

则

$$H_0^{-1}\partial_0 = \frac{1}{c}\frac{\partial}{\partial \tau} = \frac{\partial}{\partial \hat{x}^0}, \quad H_0^{-1}A_0 = \hat{A}_0. \tag{7.99}$$

故 Dirac 方程简化为

$$\gamma^\mu \left(\partial_\mu - \frac{\mathrm{i}e}{\hbar c}A_\mu \right)\Psi + \frac{mc}{\hbar}\Psi = 0, \tag{7.100}$$

式中, $t \to \tau$, $x^0 \to \hat{x}^0$, $A_0 \to \hat{A}_0$. 这是牛顿近似下星体（恒星、行星）上有电磁作用情况下的 Dirac 方程.

7.5 狭义相对论中的 Dirac 方程、Pauli 方程和 Schrödinger 方程

设微观带电粒子的电荷为 q（对电子, $q = -e$, e 本身为电子电荷绝对值）, 则电磁 $U(1)$ 协变微商定义为

$$D_a = \partial_a - \frac{\mathrm{i}q}{\hbar c}A_a, \quad a\text{为 Lorentz 指标}, \tag{7.101}$$

其中

$$A_0 = -\phi, \quad \boldsymbol{A} = (A_1, A_2, A_3), \quad \boldsymbol{H} = \nabla \times \boldsymbol{A}, \tag{7.102}$$

则在电磁相互作用下的 Dirac 方程为

$$\gamma^a \left(\partial_a - \frac{\mathrm{i}q}{\hbar c}A_a \right)\Psi + \frac{mc}{\hbar}\Psi = 0. \tag{7.103}$$

利用

$$\gamma^0 = -\mathrm{i}\beta, \quad \beta^2 = I, \quad \beta = \begin{pmatrix} I_0 & 0 \\ 0 & -I_0 \end{pmatrix}, \tag{7.104}$$

$$\hat{p}_i = \frac{\hbar}{\mathrm{i}}\partial_i, \quad \partial_i = \frac{\mathrm{i}}{\hbar}\hat{p}_i, \quad i = 1,2,3, \tag{7.105}$$

则 Dirac 方程化为

$$-\mathrm{i}\beta \left(\partial_0 - \frac{\mathrm{i}q}{\hbar c}A_0 \right)\Psi + \gamma^i \left(\partial_i - \frac{\mathrm{i}q}{\hbar c}A_i \right)\Psi + \frac{mc}{\hbar}\Psi = 0, \tag{7.106}$$

即

$$\beta \left(\frac{1}{\mathrm{i}c} \partial_t + \frac{q}{\hbar c} \phi \right) \Psi + \gamma^i \left(\frac{\mathrm{i}}{\hbar} \hat{p}_i - \frac{\mathrm{i}q}{\hbar c} A_i \right) \Psi + \frac{mc}{\hbar} \Psi = 0, \tag{7.107}$$

将上式乘以 $-\hbar c$, 可得

$$\beta \mathrm{i}\hbar \partial_t \Psi - \beta q\phi \Psi - \mathrm{i}c\gamma^i \left(\hat{p}_i - \frac{q}{c} A_i \right) \Psi - mc^2 \Psi = 0, \tag{7.108}$$

即

$$\beta \mathrm{i}\hbar \partial_t \Psi = \left[\beta q\phi + mc^2 + \mathrm{i}c\gamma^i \left(\hat{p}_i - \frac{q}{c} A_i \right) \right] \Psi. \tag{7.109}$$

将上式乘以 β, 代入 $\alpha^i = \mathrm{i}\beta\gamma^i,\ \alpha^i = \begin{pmatrix} 0 & \sigma^i \\ \sigma^i & 0 \end{pmatrix}$, 得

$$\mathrm{i}\hbar \partial_t \Psi = \left[c\alpha^i \left(\hat{p}_i - \frac{q}{c} A_i \right) + q\phi + mc^2\beta \right] \Psi, \tag{7.110}$$

也即

$$\mathrm{i}\hbar \partial_t \Psi = c\boldsymbol{\alpha} \cdot \left(\hat{\boldsymbol{p}} - \frac{q}{c} \boldsymbol{A} \right) \Psi + q\phi \Psi + mc^2\beta \Psi. \tag{7.111}$$

作变换①

$$\Psi = \mathrm{e}^{-\mathrm{i}\frac{mc^2}{\hbar} t} \Phi, \tag{7.112}$$

则

$$\mathrm{i}\hbar \left(-\mathrm{i}\frac{mc^2}{\hbar} \mathrm{e}^{-\mathrm{i}\frac{mc^2}{\hbar} t} \right) \Phi + \mathrm{i}\hbar \mathrm{e}^{-\mathrm{i}\frac{mc^2}{\hbar} t} \partial_t \Phi = \left(mc^2 \Phi + \mathrm{i}\hbar \partial_t \Phi \right) \mathrm{e}^{-\mathrm{i}\frac{mc^2}{\hbar} t}, \tag{7.113}$$

将其代入式 (7.111) 可得

$$mc^2 \Phi + \mathrm{i}\hbar \partial_t \Phi = c\boldsymbol{\alpha} \cdot \left(\hat{\boldsymbol{p}} - \frac{q}{c} \boldsymbol{A} \right) \Phi + q\phi \Phi + mc^2\beta \Phi, \tag{7.114}$$

即

$$\mathrm{i}\hbar \partial_t \Phi = c\boldsymbol{\alpha} \cdot \left(\hat{\boldsymbol{p}} - \frac{q}{c} \boldsymbol{A} \right) \Phi + q\phi \Phi + mc^2(\beta - I)\Phi. \tag{7.115}$$

定义

$$\Phi = \begin{pmatrix} \psi \\ \chi \end{pmatrix}, \tag{7.116}$$

---

① 波函数变换后消除自能.

则

$$\boldsymbol{\alpha}\Phi = \begin{pmatrix} 0 & \boldsymbol{\sigma} \\ \boldsymbol{\sigma} & 0 \end{pmatrix} \begin{pmatrix} \psi \\ \chi \end{pmatrix} = \begin{pmatrix} \boldsymbol{\sigma}\chi \\ \boldsymbol{\sigma}\psi \end{pmatrix}, \tag{7.117}$$

$$(\beta - I)\Phi = \begin{pmatrix} 0 & 0 \\ 0 & -2I_0 \end{pmatrix} \begin{pmatrix} \psi \\ \chi \end{pmatrix} = \begin{pmatrix} 0 \\ -2\chi \end{pmatrix}. \tag{7.118}$$

将其代入式 (7.115), 可得

$$\mathrm{i}\hbar \begin{pmatrix} \partial_t\psi \\ \partial_t\chi \end{pmatrix} = c\left(\hat{\boldsymbol{p}} - \frac{q}{c}\boldsymbol{A}\right) \cdot \begin{pmatrix} \boldsymbol{\sigma}\chi \\ \boldsymbol{\sigma}\psi \end{pmatrix} + q\phi \begin{pmatrix} \psi \\ \chi \end{pmatrix} + mc^2 \begin{pmatrix} 0 \\ -2\chi \end{pmatrix}. \tag{7.119}$$

上式对应下列两个方程

$$\mathrm{i}\hbar\partial_t\psi = c\left(\hat{\boldsymbol{p}} - \frac{q}{c}\boldsymbol{A}\right) \cdot \boldsymbol{\sigma}\chi + q\phi\psi, \tag{7.120}$$

$$\mathrm{i}\hbar\partial_t\chi = c\left(\hat{\boldsymbol{p}} - \frac{q}{c}\boldsymbol{A}\right) \cdot \boldsymbol{\sigma}\psi + q\phi\chi - 2mc^2\chi. \tag{7.121}$$

式中, $c\left(\hat{\boldsymbol{p}} - \dfrac{q}{c}\boldsymbol{A}\right) \cdot \boldsymbol{\sigma}\psi$ 和 $2mc^2\chi$ 是大量, 略去小量 $\mathrm{i}\hbar\partial_t\chi \sim E\chi$ 和 $q\phi\chi$ 后, 方程 (7.121) 可化为

$$\chi = \frac{1}{2mc}\boldsymbol{\sigma} \cdot \left(\hat{\boldsymbol{p}} - \frac{q}{c}\boldsymbol{A}\right)\psi. \tag{7.122}$$

将式 (7.122) 代入式 (7.120) 得

$$\mathrm{i}\hbar\partial_t\psi = \frac{1}{2m}\left[\boldsymbol{\sigma} \cdot \left(\hat{\boldsymbol{p}} - \frac{q}{c}\boldsymbol{A}\right)\right]^2\psi + q\phi\psi. \tag{7.123}$$

由于

$$\sigma^i\sigma^j + \sigma^j\sigma^i = 2I_0\delta^{ij}, \tag{7.124}$$

$$\sigma^i\sigma^j - \sigma^j\sigma^i = 2\mathrm{i}\varepsilon^{ijk}\sigma_k, \tag{7.125}$$

上两式相加得

$$\sigma^i\sigma^j = I_0\delta^{ij} + \mathrm{i}\varepsilon^{ijk}\sigma_k. \tag{7.126}$$

利用上两式可以计算

$$\left[\boldsymbol{\sigma} \cdot \left(\hat{\boldsymbol{p}} - \frac{q}{c}\boldsymbol{A}\right)\right]^2 = \left[\sigma^i\left(\hat{p}_i - \frac{q}{c}A_i\right)\right]\left[\sigma^j\left(\hat{p}_j - \frac{q}{c}A_j\right)\right]$$

$$= \left(\hat{p}_i - \frac{q}{c}A_i\right)\left(\hat{p}_j - \frac{q}{c}A_j\right)\left(I_0\delta^{ij} + \mathrm{i}\varepsilon^{ijk}\sigma_k\right)$$

$$= \left(\hat{p}_i - \frac{q}{c}A_i\right)\left(\hat{p}^i - \frac{q}{c}A^i\right) + \mathrm{i}\varepsilon^{ijk}\left(\hat{p}_i - \frac{q}{c}A_i\right)\left(\hat{p}_j - \frac{q}{c}A_j\right)\sigma_k,$$

则[①]

$$\left[\boldsymbol{\sigma} \cdot \left(\hat{\boldsymbol{p}} - \frac{q}{c} \boldsymbol{A} \right) \right]^2 \psi = \left(\hat{\boldsymbol{p}} - \frac{q}{c} \boldsymbol{A} \right)^2 \psi + \mathrm{i}\varepsilon^{ijk} \left(\hat{p}_i - \frac{q}{c} A_i \right) \left(\hat{p}_j - \frac{q}{c} A_j \right) \sigma_k \psi. \tag{7.127}$$

上式右边第二项, 由于 $\hat{p}_i \hat{p}_j$ 和 $A_i A_j$ 分别交换对称, 故乘积中只剩下交叉项:

$$\mathrm{i}\varepsilon^{ijk} \left(\hat{p}_i - \frac{q}{c} A_i \right) \left(\hat{p}_j - \frac{q}{c} A_j \right) \sigma_k \psi$$

$$= \mathrm{i}\varepsilon^{ijk} \sigma_k \left[\hat{p}_i \left(-\frac{q}{c} A_j \right) - \frac{q}{c} A_i \hat{p}_j \right] \psi$$

$$= -\frac{\hbar q}{c} \varepsilon^{ijk} \sigma_k \left(\partial_i A_j + A_i \partial_j \right) \psi$$

$$= -\frac{\hbar q}{c} \varepsilon^{ijk} \sigma_k \left[\partial_i (A_j \psi) + A_i \partial_j \psi \right]$$

$$= -\frac{\hbar q}{c} \varepsilon^{ijk} \sigma_k \left[(\partial_i A_j) \psi + A_j \partial_i \psi + A_i \partial_j \psi \right],$$

$$= -\frac{\hbar q}{c} \varepsilon^{ijk} \sigma_k \left(\partial_i A_j \right) \psi. \tag{7.128}$$

上式最后一步用到了 $A_j \partial_i + A_i \partial_j$ 对 i, j 交换对称而 ε^{ijk} 对 i, j 交换反对称, 两项相乘结果为零的结论. 利用

$$F_{ij} = \partial_i A_j - \partial_j A_i, \tag{7.129}$$

则

$$\mathrm{i}\varepsilon^{ijk} \left(\hat{p}_i - \frac{q}{c} A_i \right) \left(\hat{p}_j - \frac{q}{c} A_j \right) \sigma_k \psi = -\frac{\hbar q}{c} \cdot \frac{1}{2} \cdot \varepsilon^{ijk} F_{ij} \sigma_k \psi. \tag{7.130}$$

又因

$$F_{ij} = \varepsilon_{ij\ell} H^\ell, \tag{7.131}$$

则

$$\mathrm{i}\varepsilon^{ijk} \left(\hat{p}_i - \frac{q}{c} A_i \right) \left(\hat{p}_j - \frac{q}{c} A_j \right) \sigma_k \psi$$

$$= -\frac{\hbar q}{2c} \varepsilon^{ijk} \varepsilon_{ij\ell} H^\ell \sigma_k \psi$$

$$= -\frac{\hbar q}{2c} \cdot 2\delta_\ell^k \cdot H^\ell \sigma_k \psi$$

$$= -\frac{\hbar q}{c} \sigma_k H^k \psi$$

$$= -\frac{\hbar q}{c} \boldsymbol{\sigma} \cdot \boldsymbol{H} \psi, \tag{7.132}$$

---

① $\left(\hat{\boldsymbol{p}} - \frac{q}{c} \boldsymbol{A} \right)^2$ 恰好是动能项.

将此结果代入式 (7.123), 得到 Pauli 方程

$$i\hbar\partial_t\psi = \left[\frac{1}{2m}\left(\hat{\boldsymbol{p}} - \frac{q}{c}\boldsymbol{A}\right)^2 - \frac{q\hbar}{2mc}\boldsymbol{\sigma}\cdot\boldsymbol{H} + q\phi\right]\psi, \tag{7.133}$$

式中, 令 $\mu = \dfrac{q\hbar}{2mc}$ 为带电粒子的磁矩, 静电势为

$$V = q\phi. \tag{7.134}$$

Pauli 方程是描述非相对论极限下自旋为 1/2 的电子或带电粒子在电磁相互作用下满足的量子力学方程.

　　无磁作用时, $\boldsymbol{A} = 0, \boldsymbol{H} = 0$, 不考虑自旋, 则 Pauli 方程化为 Schrödinger 方程

$$i\hbar\partial_t\psi = \left(\frac{\hat{p}^2}{2m} + V\right)\psi, \quad V = q\phi, \tag{7.135}$$

其中, ψ 为一分量的波函数. 若考虑星体表面的粒子, 则需要做替换:

$$t \to \tau, \quad \phi \to \hat{\phi} = \frac{\phi}{H_0}. \tag{7.136}$$

　　现在对上述三个方程的区别和联系做一个小结: Dirac 方程是描述相对论性自旋为 1/2 的带电粒子在电磁相互作用下满足的量子力学方程; Pauli 方程是描述非相对论极限下自旋为 1/2 的带电粒子在电磁相互作用下满足的量子力学方程; Schrödinger 方程则描述非相对论极限下无自旋的微观粒子.

第 8 章 广义相对论中广义协变能量动量守恒定律

8.1 广义相对论中守恒定律存在的问题

广义相对论中的守恒定律应是广义协变的, 这样守恒定律才与坐标选择无关.

8.1.1 完整的矢量守恒流

逆变矢量 ϕ^μ 的协变微商为

$$\nabla_\lambda \phi^\mu = \partial_\lambda \phi^\mu + \Gamma^\mu_{\lambda\nu} \phi^\nu. \tag{8.1}$$

设 j^μ 为广义协变守恒矢量流密度,[①] 则可证明

$$\nabla_\mu j^\mu = 0. \tag{8.2}$$

因

$$\nabla_\mu j^\mu = \partial_\mu j^\mu + \Gamma^\mu_{\mu\nu} j^\nu, \tag{8.3}$$

其中

$$\Gamma^\mu_{\mu\nu} = \frac{1}{\sqrt{-g}} \partial_\nu \sqrt{-g} = \partial_\nu \ln \sqrt{-g}, \tag{8.4}$$

故[②]

$$\nabla_\mu j^\mu = \partial_\mu j^\mu + \frac{1}{\sqrt{-g}} \left(\partial_\mu \sqrt{-g} \right) j^\mu = \frac{1}{\sqrt{-g}} \partial_\mu \left(\sqrt{-g} j^\mu \right). \tag{8.5}$$

所以 $\nabla_\mu j^\mu = 0$ 对应于

$$\frac{1}{\sqrt{-g}} \partial_\mu \left(\sqrt{-g} j^\mu \right) = 0, \tag{8.6}$$

即普通散度等于零. 故

$$\int_V \rho \sqrt{-g} \mathrm{d}^3 x \tag{8.7}$$

是守恒的.

---

① 电流或物质流均可.

② 在广义相对论中, 由于 Lorentz 度规行列式 $g < 0$, 故黎曼几何中的 $\sqrt{g}$ 变为 $\sqrt{-g}$.

8.1.2 能量动量守恒定律存在的问题

设 $\phi^{\mu\nu}$ 和 ϕ^{μ}_{ν} 为二阶张量, 其协变微商分别为

$$\nabla_\lambda \phi^{\mu\nu} = \partial_\lambda \phi^{\mu\nu} + \Gamma^\mu_{\lambda\sigma}\phi^{\sigma\nu} + \Gamma^\nu_{\lambda\sigma}\phi^{\mu\sigma}, \tag{8.8}$$

$$\nabla_\lambda \phi^\mu_\nu = \partial_\lambda \phi^\mu_\nu + \Gamma^\mu_{\lambda\sigma}\phi^\sigma_\nu - \Gamma^\sigma_{\lambda\nu}\phi^\mu_\sigma. \tag{8.9}$$

设 $\theta^{\mu\nu}$ 和 θ^μ_ν 为引力场和物质场的总能量动量张量, 则 $\theta^{\mu\nu}$ 的协变散度为

$$\begin{aligned}
\nabla_\mu \theta^{\mu\nu} &= \partial_\mu \theta^{\mu\nu} + \Gamma^\mu_{\mu\sigma}\theta^{\sigma\nu} + \Gamma^\nu_{\mu\sigma}\theta^{\mu\sigma} \\
&= \frac{1}{\sqrt{-g}}\partial_\mu\left(\sqrt{-g}\theta^{\mu\nu}\right) + \Gamma^\nu_{\mu\sigma}\theta^{\mu\sigma}.
\end{aligned} \tag{8.10}$$

故

$$\nabla_\mu \theta^{\mu\nu} = 0, \tag{8.11}$$

不能化为如下普通散度的一般表示

$$\frac{1}{\sqrt{-g}}\partial_\mu\left(\sqrt{-g}\theta^{\mu\nu}\right) = 0, \tag{8.12}$$

而是多了一项

$$\Gamma^\nu_{\mu\sigma}\theta^{\mu\sigma}. \tag{8.13}$$

故不能由式 (8.11) 直接导出广义协变守恒定律.

同理

$$\begin{aligned}
\nabla_\mu \theta^\mu_\nu &= \partial_\mu \theta^\mu_\nu + \Gamma^\mu_{\mu\sigma}\theta^\sigma_\nu - \Gamma^\sigma_{\mu\nu}\theta^\mu_\sigma \\
&= \frac{1}{\sqrt{-g}}\partial_\mu\left(\sqrt{-g}\theta^\mu_\nu\right) - \Gamma^\sigma_{\mu\nu}\theta^\mu_\sigma,
\end{aligned} \tag{8.14}$$

多一项 $-\Gamma^\sigma_{\mu\nu}\theta^\mu_\sigma$, 因此也不能直接得到广义协变守恒定律. 故爱因斯坦和 Landau 取

$$\frac{1}{\sqrt{-g}}\partial_\mu\left(\sqrt{-g}\theta^{\mu\nu}\right) = 0, \tag{8.15}$$

为守恒定律, 显然不是广义协变的.

8.1.3 解决方案

一切守恒定律的严格理论应从广义协变 Nöether 定理（Y. S. Duan, 1957）导出, 因此守恒张量应该有群指标, 一般说是带群指标的广义协变矢量:

$$J^\mu_A. \tag{8.16}$$

故

$$\nabla_\mu J_A^\mu = 0, \tag{8.17}$$

将导出

$$\frac{1}{\sqrt{-g}} \partial_\mu \left(\sqrt{-g} J_A^\mu \right) = 0, \tag{8.18}$$

它对应严格的广义协变守恒定律.

8.2 标曲率与引力场拉氏量的标架表示

8.2.1 黎曼曲率张量与标架

由表达式

$$\left(\nabla_\mu \nabla_\nu - \nabla_\nu \nabla_\mu \right) \phi^\lambda = R^\lambda{}_{\tau\mu\nu} \phi^\tau, \tag{8.19}$$

可知

$$\left(\nabla_\mu \nabla_\nu - \nabla_\nu \nabla_\mu \right) e^{a\lambda} = R^\lambda{}_{\tau\mu\nu} e^{a\tau}, \tag{8.20}$$

其中, $e^{a\lambda}$ 为标架. 将上式乘以 e_σ^a, 利用 $e_\sigma^a e^{a\tau} = \delta_\sigma^\tau$ 可得

$$\left[\left(\nabla_\mu \nabla_\nu - \nabla_\nu \nabla_\mu \right) e^{a\lambda} \right] e_\sigma^a = R^\lambda{}_{\sigma\mu\nu}. \tag{8.21}$$

8.2.2 里奇张量和标曲率

由于 Ricci 张量为

$$R_{\sigma\nu} = R^\lambda{}_{\sigma\lambda\nu}, \tag{8.22}$$

故可得

$$R_{\sigma\nu} = \left[\left(\nabla_\lambda \nabla_\nu - \nabla_\nu \nabla_\lambda \right) e^{a\lambda} \right] e_\sigma^a. \tag{8.23}$$

$$R = \left[\left(\nabla_\lambda \nabla_\nu - \nabla_\nu \nabla_\lambda \right) e^{a\lambda} \right] e_\sigma^a g^{\sigma\nu} = \left[\left(\nabla_\lambda \nabla_\nu - \nabla_\nu \nabla_\lambda \right) e^{a\lambda} \right] e^{a\nu}, \tag{8.24}$$

即

$$R = \left[\left(\nabla_\mu \nabla_\nu - \nabla_\nu \nabla_\mu \right) e^{a\mu} \right] e^{a\nu}. \tag{8.25}$$

由上式, 则有

$$\begin{aligned}
R &= \left[\nabla_\mu \left(\nabla_\nu e^{a\mu} \right) - \nabla_\nu \left(\nabla_\mu e^{a\mu} \right) \right] e^{a\nu} \\
&= \nabla_\mu \left[\left(\nabla_\nu e^{a\mu} \right) e^{a\nu} \right] - \nabla_\nu e^{a\mu} \nabla_\mu e^{a\nu} - \nabla_\nu \left[\left(\nabla_\mu e^{a\mu} \right) e^{a\nu} \right] + \nabla_\mu e^{a\mu} \nabla_\nu e^{a\nu} \\
&= \nabla_\mu e^{a\mu} \nabla_\nu e^{a\nu} - \nabla_\nu e^{a\mu} \nabla_\mu e^{a\nu} + \nabla_\mu \left[\left(\nabla_\nu e^{a\mu} \right) e^{a\nu} \right] - \nabla_\nu \left[\left(\nabla_\mu e^{a\mu} \right) e^{a\nu} \right],
\end{aligned}$$

因此

$$R = (\nabla_\mu e^{a\mu})(\nabla_\nu e^{a\nu}) - (\nabla_\nu e^{a\mu})(\nabla_\mu e^{a\nu}) - 2\nabla_\mu [(\nabla_\nu e^{a\nu}) \, e^{a\mu}]. \tag{8.26}$$

由于

$$\nabla_\mu [(\nabla_\nu e^{a\nu}) e^{a\mu}] = \frac{1}{\sqrt{-g}} \partial_\mu [\sqrt{-g} e^{a\mu}(\nabla_\nu e^{a\nu})], \tag{8.27}$$

故

$$R\sqrt{-g} = [(\nabla_\mu e^{a\mu})(\nabla_\nu e^{a\nu}) - (\nabla_\nu e^{a\mu})(\nabla_\mu e^{a\nu})]\sqrt{-g} - 2\partial_\mu [\sqrt{-g} e^{a\mu}(\nabla_\nu e^{a\nu})]. \tag{8.28}$$

8.2.3 广义相对论中的拉氏量

引力场部分的拉氏量

$$\mathcal{L}_g = \frac{c^4}{16\pi G} R\sqrt{-g} = \mathcal{L}_e + \Delta, \tag{8.29}$$

其中

$$\begin{cases} \mathcal{L}_e = \dfrac{c^4}{16\pi G} [(\nabla_\mu e^{a\mu})(\nabla_\nu e^{a\nu}) - (\nabla_\mu e^{a\nu})(\nabla_\nu e^{a\mu})]\sqrt{-g}, \\ \Delta = -\dfrac{c^4}{8\pi G} \partial_\mu [\sqrt{-g} e^{a\mu}(\nabla_\nu e^{a\nu})], \end{cases} \tag{8.30}$$

Δ 为边界项, 根据高斯定理: 对 4 维时空体积分可化为无穷边界的面积分, 积分结果为零, 因此对作用量

$$I = \int \mathcal{L}_g \mathrm{d}^4 x \tag{8.31}$$

无贡献. 令

$$\begin{cases} \mathcal{L}_e = L_e \sqrt{-g}, \\ L_e = \dfrac{c^4}{16\pi G} [(\nabla_\mu e^{a\mu})(\nabla_\nu e^{a\nu}) - (\nabla_\mu e^{a\nu})(\nabla_\nu e^{a\mu})]. \end{cases} \tag{8.32}$$

由于 $e^{a\nu}$ 的双重协变微商为零

$$\mathcal{D}_\mu e^{a\nu} = \partial_\mu e^{a\nu} + \Gamma^\nu_{\mu\lambda} e^{a\lambda} - \omega^{ab}_\mu e^{b\nu} = 0, \tag{8.33}$$

则可求得

$$\nabla_\mu e^{b\nu} = \omega^{abc} e^a_\mu e^{c\nu}. \tag{8.34}$$

之前定义

$$\omega^b = \omega^{aba}, \tag{8.35}$$

则可得到

$$\omega^b = \omega^{aba} = \omega^{ba}_{\mu} e^{a\mu} = \nabla_{\mu} e^{b\mu}. \tag{8.36}$$

故可得

$$\begin{cases} \left(\nabla_{\mu} e^{a\mu}\right)\left(\nabla_{\nu} e^{a\nu}\right) = \omega^a \omega^a \\ \left(\nabla_{\mu} e^{a\nu}\right)\left(\nabla_{\nu} e^{a\mu}\right) = \omega^{cab} \omega^{bac}. \end{cases} \tag{8.37}$$

由此可得

$$L_e = \frac{c^4}{16\pi G}\left(\omega^a \omega^a - \omega^{abc}\omega^{cba}\right) \tag{8.38}$$

$$\mathcal{L}_e = L_e \sqrt{-g}. \tag{8.39}$$

8.2.4　引力场标架作用量的变分

由 8.2.3 节可知引力场的作用量为

$$\frac{c^4}{16\pi G}\int R\sqrt{-g}\mathrm{d}^4 x = \int L_e\sqrt{-g}\mathrm{d}^4 x, \tag{8.40}$$

令

$$K = \omega^a \omega^a - \omega^{abc}\omega^{cba}, \tag{8.41}$$

$$\mathcal{K} = K\sqrt{-g}, \tag{8.42}$$

也即

$$\mathcal{L}_e = \frac{c^4}{16\pi G}\mathcal{K}, \tag{8.43}$$

则可得

$$\int R\sqrt{-g}\mathrm{d}^4 x = \int \mathcal{K}\mathrm{d}^4 x. \tag{8.44}$$

因为

$$\delta \int R\sqrt{-g}\mathrm{d}^4 x = \int \left(R_{\mu\nu} - \frac{1}{2}g_{\mu\nu}R\right)\delta g^{\mu\nu}\sqrt{-g}\mathrm{d}^4 x, \tag{8.45}$$

$$\delta \int \mathcal{K}\mathrm{d}^4 x = \int [\mathcal{K}]_{e^{a\mu}}\,\delta e^{a\mu}\mathrm{d}^4 x, \tag{8.46}$$

其中

$$[\mathcal{K}]_{e^{a\mu}} = \frac{\partial \mathcal{K}}{\partial e^{a\mu}} - \frac{\partial}{\partial x^{\lambda}}\frac{\partial \mathcal{K}}{\partial \partial_{\lambda}e^{a\mu}}, \tag{8.47}$$

比较式 (8.45) 与式 (8.46) 可得

$$\left(R_{\mu\nu} - \frac{1}{2} g_{\mu\nu} R \right) \delta g^{\mu\nu} \sqrt{-g} = [\mathcal{K}]_{e^{a\mu}} \, \delta e^{a\mu}. \tag{8.48}$$

由于

$$\left(R_{\mu\nu} - \frac{1}{2} g_{\mu\nu} R \right) \delta g^{\mu\nu} \sqrt{-g} = \left(R_{\mu\nu} - \frac{1}{2} g_{\mu\nu} R \right) \left(\delta e^{a\mu} e^{a\nu} + e^{a\mu} \delta e^{a\nu} \right) \sqrt{-g},$$

$$\tag{8.49}$$

由于上式中 μ, ν 对称, 故

$$\left(R_{\mu\nu} - \frac{1}{2} g_{\mu\nu} R \right) \delta g^{\mu\nu} \sqrt{-g} = 2 \left(R_{\mu\nu} - \frac{1}{2} g_{\mu\nu} R \right) e^{a\mu} \left(\delta e^{a\nu} \right) \sqrt{-g}, \tag{8.50}$$

则有

$$2 \left(R_{\mu\nu} - \frac{1}{2} g_{\mu\nu} R \right) e^{a\mu} \left(\delta e^{a\nu} \right) = \frac{1}{\sqrt{-g}} [\mathcal{K}]_{e^{a\mu}} \, \delta e^{a\mu}. \tag{8.51}$$

故有

$$R_{\mu\nu} - \frac{1}{2} g_{\mu\nu} R = \frac{1}{2\sqrt{-g}} [\mathcal{K}]_{e^{a\mu}} \, e^a_\nu. \tag{8.52}$$

或

$$R^\nu_\mu - \frac{1}{2} g^\nu_\mu R = \frac{8\pi G}{c^4} \frac{1}{\sqrt{-g}} [\mathcal{L}_e]_{e^{a\mu}} \, e^{a\nu}. \tag{8.53}$$

由爱因斯坦方程

$$R^\nu_\mu - \frac{1}{2} g^\nu_\mu R = \frac{8\pi G}{c^4} T^\nu_\mu, \tag{8.54}$$

可知

$$\frac{1}{\sqrt{-g}} [\mathcal{L}_e]_{e^{a\mu}} \, e^{a\nu} = T^\nu_\mu. \tag{8.55}$$

8.3　广义相对论中广义协变能量动量守恒定律

8.3.1　广义 Nöether 定理

设物理系统的作用量

$$I = \int_M \mathcal{L} \left(\phi^A, \partial_\mu \phi^A \right) \mathrm{d}^4 x, \tag{8.56}$$

其中 $\phi^A = \phi^A(x)$ 为广义场函数 [①]. 那么

$$\partial_\mu \phi^A = \frac{\partial \phi^A}{\partial x^\mu}, \tag{8.57}$$

---

① 可以推广到高维情况.

对下列微量变换 [①]

$$x \longrightarrow x' = x + \delta x,$$
$$\phi^A \longrightarrow \phi^{A'}(x') = \phi^A + \delta\phi^A(x), \tag{8.58}$$

保持不变, 并设 $\delta\phi^A(x)$ 在边界 ∂M 上为零, 则存在下列关系式, 称为广义 Nöether
定理,

$$\frac{\partial}{\partial x^\mu}\left(\mathcal{L}\delta x^\mu - \frac{\partial \mathcal{L}}{\partial \phi^A_\mu}\phi^A_\nu \delta x^\nu + \frac{\partial \mathcal{L}}{\partial \phi^A_\mu}\delta\phi^A \right) + [\mathcal{L}]_{\phi^A}\left(\delta\phi^A - \phi^A_\nu \delta x^\nu \right) = 0. \tag{8.59}$$

式中

$$[\mathcal{L}]_{\phi^A} = \frac{\partial \mathcal{L}}{\partial \phi^A} - \frac{\partial}{\partial x^\lambda}\frac{\partial \mathcal{L}}{\partial \phi^A_\lambda}, \tag{8.60}$$

为 Euler 式. 而作用量的变分为

$$\delta I = \int [\mathcal{L}]_{\phi^A}\,\delta\phi^A \mathrm{d}^4 x. \tag{8.61}$$

由广义 Nöether 定理可以看出: 如果 I 是系统的总作用量, 则由最小作用量原理
可知拉氏量对 ϕ^A 变分为零, 即

$$[\mathcal{L}]_{\phi^A} = 0.$$

可知存在对应于某一变换不变的守恒定律

$$\frac{\partial}{\partial x^\mu}\left(\mathcal{L}\delta x^\mu - \frac{\partial \mathcal{L}}{\partial \phi^A_\mu}\phi^A_\nu \delta x^\nu + \frac{\partial \mathcal{L}}{\partial \phi^A_\mu}\delta\phi^A \right) = 0.$$

此定理揭示了为什么要假设最小作用原理. 这是因为只有在最小作用原理的前提
下才有守恒定律.

8.3.2　由 $\mathcal{L}_e$ 决定的引力场和物质总守恒定律

由爱因斯坦方程看出 $g_{\mu\nu}$ 和 e^a_μ 是由物质分布及其运动决定的, 但 $g_{\mu\nu}$ 和 e^a_μ
又代表了引力场的实体, 因此由 $g_{\mu\nu}$ 或 e^a_μ 本身的特征, 可能决定物质和引力场二
者的总守恒定律或总能量.

为探讨上述问题, 首先研究 $\mathcal{L}_e$ 对应的广义 Nöether 定理. 由

$$\mathcal{L}_g = \frac{c^4}{16\pi G}R\sqrt{-g} = \mathcal{L}_e + \Delta, \tag{8.62}$$

---

① 可以为位移、转动变换, 也可为特殊变换等, 没有受到任何限制.

$$\mathcal{L}_e = \frac{c^4}{16\pi G} \left[(\nabla_\mu e^{a\mu})(\nabla_\nu e^{a\nu}) - (\nabla_\mu e^{a\nu})(\nabla_\nu e^{a\mu}) \right] \sqrt{-g}, \tag{8.63}$$

引力场的作用量可表示为

$$I = \int \mathcal{L}_g \mathrm{d}^4 x = \int \mathcal{L}_e \mathrm{d}^4 x. \tag{8.64}$$

对应的广义 Nöether 定理为

$$\frac{\partial}{\partial x^\mu} \left(\mathcal{L}_e \delta x^\mu - \frac{\partial \mathcal{L}_e}{\partial \partial_\mu e^{a\lambda}} \partial_\nu e^{a\lambda} \delta x^\nu + \frac{\partial \mathcal{L}_e}{\partial \partial_\mu e^{a\lambda}} \delta e^{a\lambda} \right) + [\mathcal{L}_e]_{e^{a\lambda}} \left(\delta e^{a\lambda} - \partial_\nu e^{a\lambda} \delta x^\nu \right) = 0. \tag{8.65}$$

此式是将广义场函数进行如下替换得到的

$$\phi^A \longrightarrow e^{a\lambda}, \qquad \text{i.e.} \qquad A \longrightarrow (a, \lambda). \tag{8.66}$$

由于 $\mathcal{L}_e$ 不是总拉氏量, 仅为引力场的拉氏量, 故

$$[\mathcal{L}_e]_{e^{a\lambda}} \neq 0. \tag{8.67}$$

由于

$$x'^\nu = x^\nu + \delta x^\nu, \tag{8.68}$$

$$e'^{a\lambda} = \frac{\partial x'^\lambda}{\partial x^\nu} e^{a\nu} = \left(\delta^\lambda_\nu + \frac{\partial \delta x^\lambda}{\partial x^\nu} \right) e^{a\nu} = e^{a\lambda} + \frac{\partial \delta x^\lambda}{\partial x^\nu} e^{a\nu}, \tag{8.69}$$

因此

$$e'^{a\lambda} = e^{a\lambda} + \delta e^{a\lambda}, \tag{8.70}$$

故得到

$$\delta e^{a\lambda} = \frac{\partial \delta x^\lambda}{\partial x^\nu} e^{a\nu} = \left(\partial_\nu \delta x^\lambda \right) e^{a\nu}. \tag{8.71}$$

将式 (8.71) 代入 $\mathcal{L}_e$ 的广义 Nöether 定理可得

$$\frac{\partial}{\partial x^\mu} \left[\mathcal{L}_e \delta x^\mu - \frac{\partial \mathcal{L}_e}{\partial \partial_\mu e^{a\lambda}} \partial_\nu e^{a\lambda} \delta x^\nu + \frac{\partial \mathcal{L}_e}{\partial \partial_\mu e^{a\lambda}} \left(\partial_\nu \delta x^\lambda \right) e^{a\nu} \right]$$
$$+ [\mathcal{L}_e]_{e^{a\lambda}} \left(\partial_\nu \delta x^\lambda \right) e^{a\nu} - [\mathcal{L}_e]_{e^{a\lambda}} \partial_\nu e^{a\lambda} \delta x^\nu = 0. \tag{8.72}$$

由于

$$R^\nu_\mu - \frac{1}{2} \delta^\nu_\mu R = \frac{8\pi G}{c^4} \frac{1}{\sqrt{-g}} [\mathcal{L}_e]_{e^{a\mu}} e^{a\nu}, \tag{8.73}$$

则由爱因斯坦方程可知

$$T^\nu_\mu = \frac{1}{\sqrt{-g}} [\mathcal{L}_e]_{e^{a\mu}} e^{a\nu}. \tag{8.74}$$

并由比安基恒等式 $\nabla_\nu \left(R^\nu_\mu - \frac{1}{2}\delta^\nu_\mu R \right) = 0$, 可得

$$\nabla_\nu T^\nu_\mu = 0, \tag{8.75}$$

也即存在关系式

$$\nabla_\nu \left(\frac{1}{\sqrt{-g}} [\mathcal{L}_e]_{e^{a\mu}} e^{a\nu} \right) = 0. \tag{8.76}$$

广义相对论中爱因斯坦方程右端的能动张量 $T^{\sigma\nu} = g^{\sigma\lambda} T^\nu_\lambda$ 对 σ, ν 是对称的. 可证明 [①]: 当 $T^{\sigma\nu} = T^{\nu\sigma}$ 时, 有

$$\nabla_\nu T^\nu_\mu = \frac{1}{\sqrt{-g}}\partial_\nu \left(\sqrt{-g} T^\nu_\mu \right) - \frac{1}{2}\left(\partial_\mu g_{\sigma\nu} \right) T^{\sigma\nu}. \tag{8.77}$$

利用上式和式 (8.74), 式 (8.76) 可化为

$$\frac{1}{\sqrt{-g}}\partial_\nu \left([\mathcal{L}_e]_{e^{a\mu}} e^{a\nu} \right) - \frac{1}{2}\left(\partial_\mu g_{\sigma\nu} \right) g^{\sigma\lambda} T^\nu_\lambda = 0, \tag{8.78}$$

即

$$\frac{1}{\sqrt{-g}}\partial_\nu \left([\mathcal{L}_e]_{e^{a\mu}} e^{a\nu} \right) - \frac{1}{2}\left(\partial_\mu g_{\sigma\nu} \right) g^{\sigma\lambda} \frac{1}{\sqrt{-g}} [\mathcal{L}_e]_{e^{a\lambda}} e^{a\nu} = 0, \tag{8.79}$$

也即

$$\begin{aligned}
\partial_\nu \left([\mathcal{L}_e]_{e^{a\mu}} e^{a\nu} \right) &= \frac{1}{2}\left(\partial_\mu g_{\sigma\nu} \right) g^{\sigma\lambda} [\mathcal{L}_e]_{e^{a\lambda}} e^{a\nu} \\
&= -\frac{1}{2}\left(\partial_\mu g^{\sigma\lambda} \right) g_{\sigma\nu} [\mathcal{L}_e]_{e^{a\lambda}} e^{a\nu} \\
&= -\frac{1}{2}\left(\partial_\mu g^{\sigma\lambda} \right) [\mathcal{L}_e]_{e^{a\lambda}} e^a_\sigma.
\end{aligned}$$

---

① 证明如下:

$$\begin{aligned}
\nabla_\nu T^\nu_\mu &= \partial_\nu T^\nu_\mu + \Gamma^\nu_{\nu\lambda} T^\lambda_\mu - \Gamma^\lambda_{\nu\mu} T^\nu_\lambda \\
&= \partial_\nu T^\nu_\mu + \frac{1}{\sqrt{-g}}\left(\partial_\lambda \sqrt{-g} \right) T^\lambda_\mu - \frac{1}{2}\left(\partial_\nu g_{\sigma\mu} + \partial_\mu g_{\sigma\nu} - \partial_\sigma g_{\mu\nu} \right) T^{\sigma\nu}.
\end{aligned}$$

当 $T^{\sigma\nu} = T^{\nu\sigma}$ 时

$$\left(\partial_\nu g_{\sigma\mu} - \partial_\sigma g_{\mu\nu} \right) T^{\nu\sigma} = 0.$$

则

$$\nabla_\nu T^\nu_\mu = \frac{1}{\sqrt{-g}}\partial_\nu \left(\sqrt{-g} T^\nu_\mu \right) - \frac{1}{2}\left(\partial_\mu g_{\sigma\nu} \right) T^{\sigma\nu}.$$

证毕.

$[\mathcal{L}_e]_{e^{a\lambda}}\, e_\sigma^a$ 对应 $T_{\lambda\sigma}$, 对 λ, σ 是对称的, 故

$$\partial_\nu \left([\mathcal{L}_e]_{e^{a\mu}}\, e^{a\nu}\right) = -\frac{1}{2} \left[\left(\partial_\mu e^{b\sigma}\right) e^{b\lambda} + e^{b\sigma}\partial_\mu e^{b\lambda}\right] [\mathcal{L}_e]_{e^{a\lambda}}\, e_\sigma^a$$

$$= -\left[e^{b\sigma}\partial_\mu e^{b\lambda}\right] [\mathcal{L}_e]_{e^{a\lambda}}\, e_\sigma^a.$$

$$= -\left[\partial_\mu e^{a\lambda}\right] [\mathcal{L}_e]_{e^{a\lambda}}. \tag{8.80}$$

即

$$\partial_\nu \left([\mathcal{L}_e]_{e^{a\mu}}\, e^{a\nu}\right) = -\left[\partial_\mu e^{a\lambda}\right] [\mathcal{L}_e]_{e^{a\lambda}}. \tag{8.81}$$

故

$$\left(\partial_\mu e^{a\lambda}\right) [\mathcal{L}_e]_{e^{a\lambda}}\, \delta x^\mu = -\partial_\nu \left([\mathcal{L}_e]_{e^{a\mu}}\, e^{a\nu}\right) \delta x^\mu$$

$$= -\partial_\nu \left([\mathcal{L}_e]_{e^{a\mu}}\, e^{a\nu} \delta x^\mu\right) + \left([\mathcal{L}_e]_{e^{a\mu}}\, e^{a\nu}\right) \partial_\nu \left(\delta x^\mu\right). \tag{8.82}$$

则得

$$[\mathcal{L}_e]_{e^{a\lambda}}\, e^{a\nu} \partial_\nu \left(\delta x^\lambda\right) - [\mathcal{L}_e]_{e^{a\lambda}} \left(\partial_\nu e^{a\lambda}\right) \delta x^\nu = \partial_\nu \left([\mathcal{L}_e]_{e^{a\mu}}\, e^{a\nu} \delta x^\mu\right)$$

$$= \partial_\mu \left([\mathcal{L}_e]_{e^{a\nu}}\, e^{a\mu} \delta x^\nu\right). \tag{8.83}$$

因此 $\mathcal{L}_e$ 的广义 Nöether 定理

$$\frac{\partial}{\partial x^\mu} \left[\mathcal{L}_e \delta x^\mu - \frac{\partial \mathcal{L}_e}{\partial \partial_\mu e^{a\lambda}} \partial_\nu e^{a\lambda} \delta x^\nu + \frac{\partial \mathcal{L}_e}{\partial \partial_\mu e^{a\lambda}} \left(\partial_\nu \delta x^\lambda\right) e^{a\nu}\right]$$

$$+ [\mathcal{L}_e]_{e^{a\lambda}} \left(\partial_\nu \delta x^\lambda\right) e^{a\nu} - [\mathcal{L}_e]_{e^{a\lambda}} \partial_\nu e^{a\lambda} \delta x^\nu = 0 \tag{8.84}$$

可化为纯散度项表示

$$\frac{\partial}{\partial x^\mu} \left[\mathcal{L}_e \delta x^\mu - \frac{\partial \mathcal{L}_e}{\partial \partial_\mu e^{a\lambda}} \partial_\nu e^{a\lambda} \delta x^\nu + \frac{\partial \mathcal{L}_e}{\partial \partial_\mu e^{a\lambda}} \left(\partial_\nu \delta x^\lambda\right) e^{a\nu} + [\mathcal{L}_e]_{e^{a\nu}}\, e^{a\mu} \delta x^\nu\right] = 0. \tag{8.85}$$

由于 δx^ν 未具体化, 故上式是引力理论中的广义守恒定律. 此广义守恒定律用到了标架表示的爱因斯坦引力场方程, 它也是引力规范理论的一个重要结果. 更重要的是, 此守恒定律是广义守恒的[①].

8.3.3 广义位移变换和广义相对论中的能量动量守恒定律

在狭义相对论的场论中, 能量动量守恒定律是由作用量对四维时空直角坐标, 即 Lorentz 坐标的平移不变性导出的. 在广义相对论中由于黎曼时空流形与

---

① 式 (8.85) 不是广义协变散度, 它仅在能化为协变散度情况时才对应广义相对论中的守恒定律. 一般情况下式 (8.85) 仅是广义相对论中的多个公式.

Lorentz 时空局部同胚, 故存在局部的 Lorentz 坐标, 它的平移不变性将对应广义相对论中的能量动量守恒定律.

广义相对论中的线元

$$ds^2 = g_{\mu\nu}dx^\mu dx^\nu, \tag{8.86}$$

其中度规用 Vierbein 表述为

$$g_{\mu\nu} = e_\mu^a e_\nu^a, \tag{8.87}$$

可得到线元为

$$ds^2 = \left(e_\mu^a dx^\mu\right)\left(e_\nu^a dx^\nu\right). \tag{8.88}$$

在与 Lorentz 时空局部同胚的表述中

$$ds^2 = dx^a dx^a. \tag{8.89}$$

故比较式 (8.88) 与式 (8.89) 可得

$$dx^a = e_\mu^a dx^\mu. \tag{8.90}$$

式中, x^μ 为黎曼坐标, x^a 为 Lorentz 四维时空坐标. 由于 $dx^a = \dfrac{\partial x^a}{\partial x^\mu}dx^\mu$, 则得到局部同胚标架表达式

$$e_\mu^a = \frac{\partial x^a}{\partial x^\mu}, \tag{8.91}$$

并由

$$e_\mu^a e^{a\nu} = \delta_\mu^\nu, \tag{8.92}$$

可知

$$e^{a\nu} = \frac{\partial x^\nu}{\partial x^a}. \tag{8.93}$$

能量动量守恒定律在广义相对论中对应于 x^a 的平移变换

$$x'^a = x^a + \alpha^a, \tag{8.94}$$

也即

$$\delta x^a = \alpha^a, \tag{8.95}$$

α^a 与坐标无关. 对黎曼时空坐标

$$x'^\mu = x^\mu + \delta x^\mu, \tag{8.96}$$

两个小量 δx^μ 与 δx^a 之间的关系为

$$\delta x^\mu = \frac{\partial x^\mu}{\partial x^a} \delta x^a, \tag{8.97}$$

故有

$$\delta x^\mu = e^{a\mu} \alpha^a. \tag{8.98}$$

上式称为广义平移变换, α^a 为广义平移参数, 即 $x'^\nu = x^\nu + e^{a\nu}\alpha^a$. 将广义平移变换代入式 (8.85) 可得

$$\frac{\partial}{\partial x^\mu}\left\{\left[\mathcal{L}_e\delta_\nu^\mu - \frac{\partial\mathcal{L}_e}{\partial\partial_\mu e^{b\lambda}}\partial_\nu e^{b\lambda} + [\mathcal{L}_e]_{e^{b\nu}}\, e^{b\mu}\right]e^{a\nu}\alpha^a + \frac{\partial\mathcal{L}_e}{\partial\partial_\mu e^{b\nu}}e^{b\lambda}\partial_\lambda\left(e^{a\nu}\alpha^a\right)\right\} = 0. \tag{8.99}$$

由于平移变换中 α^a 是任意的, 且是常数, 故可定义

$$\sqrt{-g}\theta_a^\mu = \mathcal{L}_e e^{a\mu} - \frac{\partial\mathcal{L}_e}{\partial\partial_\mu e^{b\lambda}}\left(\partial_\nu e^{b\lambda}\right)e^{a\nu} + [\mathcal{L}_e]_{e^{b\nu}}\, e^{a\nu}e^{b\mu} + \frac{\partial\mathcal{L}_e}{\partial\partial_\mu e^{b\nu}}e^{b\lambda}\left(\partial_\lambda e^{a\nu}\right) \tag{8.100}$$

满足

$$\frac{\partial\left(\sqrt{-g}\theta_a^\mu\right)}{\partial x^\mu} = 0. \tag{8.101}$$

其中 θ_a^μ 是一个黎曼逆变张量, 其协变散度为

$$\nabla_\mu\theta_a^\mu = \frac{1}{\sqrt{-g}}\frac{\partial\left(\sqrt{-g}\theta_a^\mu\right)}{\partial x^\mu}. \tag{8.102}$$

故存在广义协变守恒定律

$$\nabla_\mu\theta_a^\mu = 0. \tag{8.103}$$

此即广义相对论中的广义协变能量动量守恒定律.

θ_a^μ 的表达式 (8.100) 中, 第三项为引力源物质的能量动量张量

$$T_a^\mu = \frac{1}{\sqrt{-g}}\,[\mathcal{L}_e]_{e^{b\nu}}\, e^{a\nu}e^{b\mu}, \qquad T_a^\mu = T_\nu^\mu e^{a\nu}, \tag{8.104}$$

故引力场的能动张量为

$$t_a^\mu = \frac{1}{\sqrt{-g}}\left\{\mathcal{L}_e e^{a\mu} - \frac{\partial\mathcal{L}_e}{\partial\partial_\mu e^{b\lambda}}\left(\partial_\nu e^{b\lambda}\right)e^{a\nu} + \frac{\partial\mathcal{L}_e}{\partial\partial_\mu e^{b\nu}}e^{b\lambda}\left(\partial_\lambda e^{a\nu}\right)\right\}. \tag{8.105}$$

由此可知

$$\theta_a^\mu = T_a^\mu + t_a^\mu. \tag{8.106}$$

守恒定律可表述为

$$\nabla_\mu\left(T_a^\mu + t_a^\mu\right) = 0. \tag{8.107}$$

也即

$$\frac{1}{\sqrt{-g}}\partial_\mu\left[\sqrt{-g}\left(T_a^\mu + t_a^\mu\right)\right] = 0. \tag{8.108}$$

它与坐标选择无关.

由 $\mathcal{L}_e$ 的具体表达式可证明

$$\begin{aligned}
t_a^\mu =&\ \frac{c^4}{16\pi G}\cdot\left\{e^{a\mu}\left[\omega^b\omega^b - \omega^{abc}\omega^{cba}\right] - 2e^{b\mu}\left[\omega^b\omega^a - \omega^{dbc}\omega^{cad}\right]\right.\\
&\left. - 2e^{c\mu}\left[\omega^b\omega^{abc} + \omega^b\omega^{bac}\right] + 2e^{d\mu}\omega^{abc}\omega^{cbd}\right\}.
\end{aligned}$$

8.3.4　能量动量守恒定律的超势

式 (8.85) 对任何变换

$$x'^\mu = x^\mu + \delta x^\mu \tag{8.109}$$

都是成立的, 它的条件是 $\mathcal{L}_e$ 为广义协变量. 如选择位移变换

$$x'^\mu = x^\mu + \alpha^\mu, \tag{8.110}$$

这里 α^μ 不是 x 的函数, 且是任意的, 即

$$\delta x^\mu = \alpha^\mu, \qquad \partial_\mu\left(\delta x^\nu\right) = 0, \tag{8.111}$$

则由式 (8.85) 可得

$$\frac{\partial}{\partial x^\mu}\left[\mathcal{L}_e\delta_\nu^\mu - \frac{\partial\mathcal{L}_e}{\partial\partial_\mu e^{a\lambda}}\partial_\nu e^{a\lambda} + [\mathcal{L}_e]_{e^{a\nu}}\,e^{a\mu}\right] = 0. \tag{8.112}$$

此外, 由式 (8.85) 还可知

$$\begin{aligned}
&\frac{\partial}{\partial x^\mu}\left[\mathcal{L}_e\delta_\nu^\mu - \frac{\partial\mathcal{L}_e}{\partial\partial_\mu e^{a\lambda}}\partial_\nu e^{a\lambda} + [\mathcal{L}_e]_{e^{a\nu}}\,e^{a\mu}\right]\delta x^\nu\\
&+ \left[\mathcal{L}_e\delta_\nu^\mu - \frac{\partial\mathcal{L}_e}{\partial\partial_\mu e^{a\lambda}}\partial_\nu e^{a\lambda} + [\mathcal{L}_e]_{e^{a\nu}}\,e^{a\mu}\right]\partial_\mu\left(\delta x^\nu\right)\\
&+ \frac{\partial}{\partial x^\mu}\left[\frac{\partial\mathcal{L}_e}{\partial\partial_\mu e^{a\nu}}e^{a\lambda}\partial_\lambda\left(\delta x^\nu\right)\right] = 0. \tag{8.113}
\end{aligned}$$

考虑到式 (8.112) 可得

$$\left[\mathcal{L}_e\delta_\nu^\mu - \frac{\partial\mathcal{L}_e}{\partial\partial_\mu e^{a\lambda}}\partial_\nu e^{a\lambda} + [\mathcal{L}_e]_{e^{a\nu}}\,e^{a\mu}\right]\partial_\mu\left(\delta x^\nu\right) = -\frac{\partial}{\partial x^\mu}\left[\frac{\partial\mathcal{L}_e}{\partial\partial_\mu e^{a\nu}}e^{a\lambda}\partial_\lambda\left(\delta x^\nu\right)\right].$$
$$\tag{8.114}$$

如考虑无穷小正交变换

$$x'^{\mu} = x^{\mu} + \alpha^{\mu}_{\nu} x^{\nu}, \tag{8.115}$$

即 $\delta x^{\mu} = \alpha^{\mu}_{\nu} x^{\nu}$, α^{μ}_{ν} 不是 x 的函数, 且代表任意的正交变换, 则有

$$\partial_{\mu} \left(\delta x^{\nu} \right) = \partial_{\mu} \left(\alpha^{\nu}_{\lambda} x^{\lambda} \right) = \alpha^{\nu}_{\mu}, \tag{8.116}$$

则由式 (8.114) 可得

$$\mathcal{L}_e \delta^{\mu}_{\nu} - \frac{\partial \mathcal{L}_e}{\partial \partial_{\mu} e^{a\lambda}} \partial_{\nu} e^{a\lambda} + [\mathcal{L}_e]_{e^{a\nu}} e^{a\mu} = -\frac{\partial}{\partial x^{\lambda}} \left(\frac{\partial \mathcal{L}_e}{\partial \partial_{\lambda} e^{a\nu}} e^{a\mu} \right). \tag{8.117}$$

将式 (8.117) 中的 a 换为 b

$$\mathcal{L}_e \delta^{\mu}_{\nu} - \frac{\partial \mathcal{L}_e}{\partial \partial_{\mu} e^{b\lambda}} \partial_{\nu} e^{b\lambda} + [\mathcal{L}_e]_{e^{b\nu}} e^{b\mu} = -\frac{\partial}{\partial x^{\lambda}} \left[\frac{\partial \mathcal{L}_e}{\partial \partial_{\lambda} e^{b\nu}} e^{b\mu} \right], \tag{8.118}$$

将上式乘以 $e^{a\nu}$, 得

$$\mathcal{L}_e \delta^{\mu}_{\nu} e^{a\nu} - \frac{\partial \mathcal{L}_e}{\partial \partial_{\mu} e^{b\lambda}} \left(\partial_{\nu} e^{b\lambda} \right) e^{a\nu} + [\mathcal{L}_e]_{e^{b\nu}} e^{b\mu} e^{a\nu}$$

$$= -\frac{\partial}{\partial x^{\lambda}} \left[\frac{\partial \mathcal{L}_e}{\partial \partial_{\lambda} e^{b\nu}} e^{b\mu} e^{a\nu} \right] + \frac{\partial \mathcal{L}_e}{\partial \partial_{\lambda} e^{b\nu}} e^{b\mu} \partial_{\lambda} e^{a\nu}.$$

则有重要关系式

$$\mathcal{L}_e e^{a\mu} - \frac{\partial \mathcal{L}_e}{\partial \partial_{\mu} e^{b\lambda}} \left(\partial_{\nu} e^{b\lambda} \right) e^{a\nu} + [\mathcal{L}_e]_{e^{b\nu}} e^{b\mu} e^{a\nu} - \frac{\partial \mathcal{L}_e}{\partial \partial_{\lambda} e^{b\nu}} e^{b\mu} \partial_{\lambda} e^{a\nu}$$

$$= -\frac{\partial}{\partial x^{\lambda}} \left[\frac{\partial \mathcal{L}_e}{\partial \partial_{\lambda} e^{b\nu}} e^{b\mu} e^{a\nu} \right]. \tag{8.119}$$

上式左端正好是 $\sqrt{-g} \theta^{\mu}_a$ [①], 故

$$\sqrt{-g} \theta^{\mu}_a = -\frac{\partial}{\partial x^{\lambda}} \left[\frac{\partial \mathcal{L}_e}{\partial \partial_{\lambda} e^{b\nu}} e^{b\mu} e^{a\nu} \right]. \tag{8.120}$$

$$\theta^{\mu}_a = T^{\mu}_a + t^{\mu}_a. \tag{8.121}$$

$$\nabla_{\mu} \theta^{\mu}_a = 0. \tag{8.122}$$

将 (8.120) 式中 $\lambda \leftrightarrow \nu$, 得到

$$\sqrt{-g} \theta^{\mu}_a = -\frac{\partial}{\partial x^{\nu}} \left(\frac{\partial \mathcal{L}_e}{\partial \partial_{\nu} e^{b\lambda}} e^{b\mu} e^{a\lambda} \right). \tag{8.123}$$

---

① 这里用到了式 (8.119) 等号左端第四项对 λ, μ 的反对称性, 将 λ, μ 互换.

定义

$$\mathcal{V}_a^{\mu\nu} = -\frac{\partial \mathcal{L}_e}{\partial \partial_\nu e^{b\lambda}} e^{b\mu} e^{a\lambda}, \tag{8.124}$$

则

$$\sqrt{-g}\theta_a^\mu = \frac{\partial}{\partial x^\nu}\left(\mathcal{V}_a^{\mu\nu}\right), \tag{8.125}$$

即

$$\sqrt{-g}\left(T_a^\mu + t_a^\mu\right) = \frac{\partial \mathcal{V}_a^{\mu\nu}}{\partial x^\nu}. \tag{8.126}$$

$\mathcal{V}_a^{\mu\nu}$ 称为守恒定律的超势, 故

$$\partial_\mu \left(\sqrt{-g}\theta_a^\mu\right) = 0.$$

$\sqrt{-g}\theta_a^\mu$ 就是守恒流, 可表示成散度形式

$$\sqrt{-g}\theta_a^\mu = \partial_\nu \left(\mathcal{V}_a^{\mu\nu}\right). \tag{8.127}$$

根据附录四中的推导, 可得超势的表达式为

$$\mathcal{V}_a^{\mu\nu} = \frac{c^4}{16\pi G}\left[\left(e^{a\mu}e^{b\nu} - e^{a\nu}e^{b\mu}\right)\omega^b + e^{b\mu}e^{c\nu}\omega^{abc}\right]\sqrt{-g}. \tag{8.128}$$

定义

$$V_a^{\mu\nu} = \frac{c^4}{16\pi G}\left[\left(e^{a\mu}e^{b\nu} - e^{a\nu}e^{b\mu}\right)\omega^b + e^{b\mu}e^{c\nu}\omega^{abc}\right], \tag{8.129}$$

由

$$\omega^{abc} = -\omega^{acb}, \tag{8.130}$$

可得到

$$\mathcal{V}_a^{\mu\nu} = -\mathcal{V}_a^{\nu\mu}. \tag{8.131}$$

因此有如下恒等式:

$$\nabla_\mu \theta_a^\mu = \frac{1}{\sqrt{-g}}\partial_\mu \left(\sqrt{-g}\theta_a^\mu\right) = \frac{1}{\sqrt{-g}}\partial_\mu \left[\partial_\nu \left(\mathcal{V}_a^{\mu\nu}\right)\right] = \frac{1}{\sqrt{-g}}\partial_\mu \partial_\nu \mathcal{V}_a^{\mu\nu} = 0. \tag{8.132}$$

上式自然恒等于零, 故守恒定律

$$\nabla_\mu \theta_a^\mu = \frac{1}{\sqrt{-g}}\partial_\mu \left(\sqrt{-g}\theta_a^\mu\right) = 0 \tag{8.133}$$

是自然守恒定律, 似乎不需要 Nöether 定理, 因此通常认为自然守恒流一定对应于拓扑荷, 此观点不一定正确.

8.3.5 广义协变自然守恒流

由于

$$\omega^{abc} = e^{a\lambda}\omega_{\lambda}^{bc}, \quad \omega_{\lambda}^{bc} = \left(\nabla_{\lambda}e^{b\sigma}\right)e_{\sigma}^{c}, \tag{8.134}$$

则

$$\omega^{abc} = e^{a\lambda}e_{\sigma}^{c}\nabla_{\lambda}e^{b\sigma}, \quad \omega^{b} = e^{a\lambda}e_{\sigma}^{a}\nabla_{\lambda}e^{b\sigma}, \quad \omega^{b} = \nabla_{\lambda}e^{b\lambda}. \tag{8.135}$$

将上述公式代入 $V_a^{\mu\nu}$ 的表达式中可得

$$V_a^{\mu\nu} = \frac{c^4}{16\pi G}\left[\left(e^{a\mu}e^{b\nu} - e^{a\nu}e^{b\mu}\right)\nabla_{\lambda}e^{b\lambda} + e^{b\mu}e^{c\nu}e^{a\lambda}e_{\sigma}^{c}\nabla_{\lambda}e^{b\sigma}\right]. \tag{8.136}$$

利用

$$e^{c\nu}e_{\sigma}^{c} = \delta_{\sigma}^{\nu}, \tag{8.137}$$

可得

$$V_a^{\mu\nu} = \frac{c^4}{16\pi G}\left[\left(e^{a\mu}e^{b\nu} - e^{a\nu}e^{b\mu}\right)\nabla_{\lambda}e^{b\lambda} + e^{b\mu}e^{a\lambda}\nabla_{\lambda}e^{b\nu}\right]. \tag{8.138}$$

此式为 $V_a^{\mu\nu}$ 的明显广义协变表达式, 即 $V_a^{\mu\nu}$ 是二阶反对称广义协变张量. 设 $\phi^{\mu\nu}$ 是反对称张量, 则有[①]

$$\phi^{\mu\nu} = -\phi^{\nu\mu}, \quad 反对称张量 \tag{8.140}$$

$$\begin{aligned} \nabla_{\nu}\phi^{\mu\nu} &= \partial_{\nu}\phi^{\mu\nu} + \Gamma_{\nu\lambda}^{\mu}\phi^{\lambda\nu} + \Gamma_{\nu\lambda}^{\nu}\phi^{\mu\lambda} \\ &= \partial_{\nu}\phi^{\mu\nu} + 0 + \frac{1}{\sqrt{-g}}\left(\partial_{\lambda}\sqrt{-g}\right)\phi^{\mu\lambda} \\ &= \partial_{\nu}\phi^{\mu\nu} + \frac{1}{\sqrt{-g}}\left(\partial_{\lambda}\sqrt{-g}\right)\phi^{\mu\lambda}, \end{aligned} \tag{8.141}$$

得到

$$\nabla_{\nu}\phi^{\mu\nu} = \frac{1}{\sqrt{-g}}\left(\partial_{\nu}\sqrt{-g}\phi^{\mu\nu}\right). \tag{8.142}$$

利用上式可得

$$\nabla_{\nu}V_a^{\mu\nu} = \frac{1}{\sqrt{-g}}\left(\partial_{\nu}\sqrt{-g}V_a^{\mu\nu}\right), \tag{8.143}$$

故

$$\nabla_{\nu}V_a^{\mu\nu} = \theta_a^{\mu}. \tag{8.144}$$

[①] 设 $\phi^{\mu\nu}$ 是对称张量, $\phi^{\mu\nu} = \phi^{\nu\mu}$, 则有以下公式:

$$\nabla_{\nu}\phi_{\mu}^{\nu} = \partial_{\nu}\phi_{\mu}^{\nu} + \Gamma_{\nu\lambda}^{\nu}\phi_{\mu}^{\lambda} - \Gamma_{\nu\mu}^{\lambda}\phi_{\lambda}^{\nu} = \frac{1}{\sqrt{-g}}\partial_{\nu}\left(\sqrt{-g}\phi_{\mu}^{\nu}\right) - \frac{1}{2}\left(\partial_{\nu}g_{\sigma\mu} + \partial_{\mu}g_{\sigma\nu} - \partial_{\sigma}g_{\mu\nu}\right)\phi_{\lambda}^{\nu}. \tag{8.139}$$

当 $\phi^{\nu\sigma} = \phi^{\sigma\nu}$, $\left(\partial_{\nu}g_{\sigma\mu} - \partial_{\sigma}g_{\mu\nu}\right)\phi^{\nu\sigma} = 0$, 故 $\nabla_{\nu}\phi_{\mu}^{\nu} = \frac{1}{\sqrt{-g}}\partial_{\nu}\left(\sqrt{-g}\phi_{\mu}^{\nu}\right) - \frac{1}{2}\partial_{\mu}g_{\sigma\nu}\phi^{\sigma\nu}$.

定义

$$V_a^{\mu\nu} = \frac{c^4}{16\pi G} \left[\left(e^{a\mu}e^{b\nu} - e^{a\nu}e^{b\mu} \right) \omega^b + e^{b\mu}e^{c\nu}\omega^{abc} \right], \tag{8.145}$$

将 $\omega^{abc} = e^{a\lambda}\nabla_\lambda e^{b\sigma}e_\sigma^c$ 代入得

$$V_a^{\mu\nu} = \frac{c^4}{16\pi G} \left[\left(e^{a\mu}e^{b\nu} - e^{a\nu}e^{b\mu} \right) \nabla_\lambda e^{b\lambda} + e^{b\mu}e^{a\lambda}\nabla_\lambda e^{b\nu} \right], \tag{8.146}$$

故 $V_a^{\mu\nu}$ 是二阶广义协变反对称张量, 而 $\mathcal{V}_a^{\mu\nu}$ 不是. 由上面讨论可知

$$\mathcal{V}_a^{\mu\nu} = V_a^{\mu\nu}\sqrt{-g}, \tag{8.147}$$

$$V_a^{\mu\nu} = -V_a^{\nu\mu}, \tag{8.148}$$

$$\nabla_\nu V_a^{\mu\nu} = \frac{1}{\sqrt{-g}}\partial_\nu \left(\sqrt{-g}V_a^{\mu\nu} \right), \tag{8.149}$$

即

$$\nabla_\nu V_a^{\mu\nu} = \frac{1}{\sqrt{-g}}\partial_\nu \left(\mathcal{V}_a^{\mu\nu} \right) = \theta_a^\mu, \tag{8.150}$$

故有

$$\theta_a^\mu = \nabla_\nu V_a^{\mu\nu}. \tag{8.151}$$

即 θ_a^μ 是一个广义逆变矢量

$$\nabla_\mu \theta_a^\mu = \frac{1}{\sqrt{-g}}\partial_\mu \left(\sqrt{-g}\theta_a^\mu \right) = \frac{1}{\sqrt{-g}}\partial_\mu \left(\partial_\nu \mathcal{V}_a^{\mu\nu} \right). \tag{8.152}$$

因

$$\mathcal{V}_a^{\mu\nu} = -\mathcal{V}_a^{\nu\mu}, \tag{8.153}$$

故自然有

$$\nabla_\mu \theta_a^\mu = 0. \tag{8.154}$$

故 θ_a^μ 是协变自然守恒的.

以上守恒定律不依赖于黎曼坐标的选择, 因此我们得到的能量动量守恒定律为广义相对论中的广义协变能量动量守恒定律, 它与爱因斯坦和 Landau 等的守恒定律有本质的区别.

8.3.6　中心球对称解的正交标架与超势

采用欧氏共形解, 它的重要特点是由直角坐标表示的球对称解

$$ds^2 = -\frac{\left(1 - \dfrac{1}{2}\dfrac{r_0}{r} \right)^2}{\left(1 + \dfrac{1}{2}\dfrac{r_0}{r} \right)^2}c^2 dt^2 + \left(1 + \frac{1}{2}\frac{r_0}{r} \right)^4 \left[(dx^1)^2 + (dx^2)^2 + (dx^3)^2 \right], \tag{8.155}$$

其中, $r_0 = \dfrac{GM}{c^2}$, $x^4 = ict$. 则可得

$$g_{11} = g_{22} = g_{33} = \left(1 + \frac{1}{2}\frac{r_0}{r}\right)^4, \quad g_{44} = \frac{\left(1 - \dfrac{1}{2}\dfrac{r_0}{r}\right)^2}{\left(1 + \dfrac{1}{2}\dfrac{r_0}{r}\right)^2}. \tag{8.156}$$

当度规仅有对角元的情况, 如欧氏共形度规, 可得

$$g_{11} = H_1^2, \quad g_{22} = H_2^2, \quad g_{33} = H_3^2, \quad g_{44} = H_4^2, \tag{8.157}$$

其中

$$H_1 = H_2 = H_3 = \left(1 + \frac{1}{2}\frac{r_0}{r}\right)^2, \quad H_4 = \frac{\left(1 - \dfrac{1}{2}\dfrac{r_0}{r}\right)}{\left(1 + \dfrac{1}{2}\dfrac{r_0}{r}\right)}. \tag{8.158}$$

还可得

$$g = \det\left[g_{\mu\nu}\right] = H_1^2 H_2^2 H_3^2 H_4^2, \tag{8.159}$$

这里 $g > 0$, 因而在公式中需做 $\sqrt{-g} \to \sqrt{g}$ 的替换. 由度规与标架的关系 $g_{\mu\nu} = e_\mu^a e_\nu^a$ 还可知此时标架为

$$e_\mu^a = H_a \delta_\mu^a, \quad e^{a\mu} = \frac{1}{H_a}\delta^{a\mu}, \tag{8.160}$$

自旋联络 ω^{abc} 和 ω^a 为

$$\omega^{abc} = \frac{1}{4 H_a H_b H_c}\left\{\frac{\partial}{\partial x^b}\left[H_a^2 + H_c^2\right]\delta_c^a - \frac{\partial}{\partial x^c}\left[H_a^2 + H_b^2\right]\delta_b^a\right\}, \tag{8.161}$$

$$\omega^a = \frac{1}{2}\sum_{\substack{i=1 \\ i \neq a}}^{4} \frac{1}{H_a^2 H_i^2}\frac{\partial H_i^2}{\partial x^a}. \tag{8.162}$$

当

$$\frac{r_0}{r} \ll 1, \tag{8.163}$$

略去二级以上的小量, 可得

$$H_1 = H_2 = H_3 = 1 + \frac{r_0}{r}. \tag{8.164}$$

定义

$$H_1 = H_2 = H_3 = H, \tag{8.165}$$

$$H_4 = 1 - \frac{r_0}{r}, \tag{8.166}$$

将其代入 ω^{abc} 和 ω^a, 再代入超势 $\mathcal{V}_a^{\mu\nu}$, 可得

$$\mathcal{V}_4^{41} = -\frac{c^2 M}{4\pi} \frac{x^1}{Hr^3},$$

$$\mathcal{V}_4^{42} = -\frac{c^2 M}{4\pi} \frac{x^2}{Hr^3},$$

$$\mathcal{V}_4^{43} = -\frac{c^2 M}{4\pi} \frac{x^3}{Hr^3},$$

$$\mathcal{V}_a^{4j} = 0, \quad a \neq 4,$$

可统一表示为

$$\mathcal{V}_a^{4\nu} = -\frac{c^2 M}{4\pi} \frac{x^\nu}{Hr^3} \delta_a^4. \tag{8.167}$$

8.3.7　四维守恒矢量流与对应的守恒量

设 J^μ 是四维逆变矢量, 若其散度为零

$$\partial_\mu J^\mu = 0, \tag{8.168}$$

则 J^μ 称为四维守恒矢量流. 由四维 Gauss 定理 (Gauss theorem) 可知

$$\int_M (\partial_\mu J^\mu) \mathrm{d}^4 x = \int_{\partial M} J^\mu \mathrm{d}\sigma_\mu. \tag{8.169}$$

如图 8.1, 取以 V_2, V_1 为上下底和 Σ 为侧面包含的四维体元 M, 即 $\partial M = V_1 + V_2 + \Sigma$. 其中 $V_1 = V_1(t_1)$, 法矢为 $-t$ 方向; $V_2 = V_2(t_2)$, 法矢为 t 方向. 且在 $V(t)$ 上 $\mathrm{d}t = 0$.

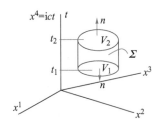

图 8.1　四维体元示意图

对研究守恒量问题, 通常设 V_1 和 V_2 为无穷大三维体元, Σ 为 M 的空间无穷远边界, 并设 $J^\mu|_{\Sigma=0}$, 即在无穷远边界 J^μ 为零, 则

$$\int_{\partial M} J^\mu \mathrm{d}\sigma_\mu = \int_{V_2} J^\mu \mathrm{d}\sigma_\mu - \int_{V_1} J^\mu \mathrm{d}\sigma_\mu = 0. \tag{8.170}$$

故

$$\int_{V_2} J^\mu \mathrm{d}\sigma_\mu = \int_{V_1} J^\mu \mathrm{d}\sigma_\mu, \tag{8.171}$$

即

$$K(t) = \int_{V(t)} J^\mu \mathrm{d}\sigma_\mu \tag{8.172}$$

是一个守恒量, 式中 $\mathrm{d}\sigma_\mu$ 为三维微分面元. 通常还规定 $\mathrm{d}\sigma_1$, $\mathrm{d}\sigma_2$, $\mathrm{d}\sigma_3$ 为实, $\mathrm{d}\sigma_4$ 为虚, 即

$$\begin{cases} \mathrm{d}\sigma_1 = \dfrac{1}{\mathrm{i}c}\mathrm{d}x^2\mathrm{d}x^3\mathrm{d}x^4 = \mathrm{d}x^2\mathrm{d}x^3\mathrm{d}t, \\[2mm] \mathrm{d}\sigma_2 = \dfrac{1}{\mathrm{i}c}\mathrm{d}x^3\mathrm{d}x^4\mathrm{d}x^1 = \mathrm{d}x^3\mathrm{d}t\mathrm{d}x^1, \\[2mm] \mathrm{d}\sigma_3 = \dfrac{1}{\mathrm{i}c}\mathrm{d}x^4\mathrm{d}x^1\mathrm{d}x^2 = \mathrm{d}t\mathrm{d}x^1\mathrm{d}x^2, \\[2mm] \mathrm{d}\sigma_4 = \dfrac{1}{\mathrm{i}c}\mathrm{d}x^1\mathrm{d}x^2\mathrm{d}x^3 = \dfrac{1}{\mathrm{i}c}\mathrm{d}^3x = \dfrac{1}{\mathrm{i}c}\mathrm{d}V, \end{cases} \tag{8.173}$$

则

$$K(t) = \int_{V(t)} J^4 \mathrm{d}\sigma_4. \tag{8.174}$$

因为在 V 上 $\mathrm{d}t = 0$, 故

$$K(t) = \frac{1}{\mathrm{i}c}\int_V J^4 \mathrm{d}V = K, \tag{8.175}$$

与 t 无关, 所以 K 是守恒量.

8.3.8 球对称引力源物质和引力场的总能量

由 8.3.3节可知, 由广义平移变换导出的守恒矢量流

$$\theta_a^\mu = T_a^\mu + t_a^\mu \tag{8.176}$$

满足如下公式:

$$\begin{cases} \nabla_\mu \theta_a^\mu = 0, \quad \dfrac{1}{\sqrt{g}}\partial_\mu\left(\sqrt{g}\theta_a^\mu\right) = 0, \\[3mm] \theta_a^\mu \sqrt{g} = \partial_\nu \mathcal{V}_a^{\mu\nu}. \end{cases} \tag{8.177}$$

而且 4-动量为

$$p_a = \frac{1}{\mathrm{i}c}\int_V \theta_a^4 \sqrt{g}\mathrm{d}^3x, \quad a\text{为群指标}, \ a = 1, 2, 3, 4, \tag{8.178}$$

为 θ_a^μ 对应的守恒量, 即

$$p_a = \frac{1}{\mathrm{i}c} \int_V \partial_\nu \mathcal{V}_a^{4\nu} \mathrm{d}^3 x. \tag{8.179}$$

则由三维 Gauss 定理可知

$$p_a = \frac{1}{\mathrm{i}c} \int_{\partial V} \mathcal{V}_a^{4\nu} \mathrm{d}S_\nu, \tag{8.180}$$

其中 $\mathrm{d}S_\nu$ 为二维微分面元. 由式 (8.167) 可知

$$\mathcal{V}_a^{4\nu} = -\frac{c^2 M}{4\pi} \frac{x^\nu}{Hr^3} \delta_a^4, \quad H = 1 + \frac{r_0}{r}, \quad r_0 = \frac{GM}{c^2}, \tag{8.181}$$

则

$$p_a = \frac{\mathrm{i}cM}{4\pi} \delta_a^4 \int_{\partial V} \frac{x^\nu}{Hr^3} \mathrm{d}S_\nu, \tag{8.182}$$

∂V 为无穷远三维球面. 对球对称的体元, 可取

$$\begin{cases} \mathrm{d}S_\nu = n_\nu \mathrm{d}S, \quad n_\nu = \dfrac{x_\nu}{r}, \\ \mathrm{d}S = r^2 \mathrm{d}\Omega, \end{cases} \tag{8.183}$$

其中 $\mathrm{d}\Omega$ 为立体角, $x^\nu x_\nu = r^2$. 故有

$$\mathrm{d}S_\nu = \frac{x_\nu}{r} \cdot r^2 \mathrm{d}\Omega = x_\nu r \mathrm{d}\Omega. \tag{8.184}$$

由此可得

$$p_a = \frac{\mathrm{i}cM}{4\pi} \delta_a^4 \int_{\partial V} \frac{x^\nu}{Hr^3} x_\nu r \mathrm{d}\Omega = \frac{\mathrm{i}cM}{4\pi} \delta_a^4 \int_{\partial V} \frac{1}{H} \mathrm{d}\Omega. \tag{8.185}$$

考虑式 (8.165)

$$H|_{r\to\infty} = \left(1 + \frac{r_0}{r}\right)\Big|_{r\to\infty} = 1, \tag{8.186}$$

则有

$$p_a = \frac{\mathrm{i}cM}{4\pi} \delta_a^4 \int_{\partial V} \mathrm{d}\Omega, \tag{8.187}$$

其中

$$\int_{\partial V} \mathrm{d}\Omega = 4\pi. \tag{8.188}$$

最后得到

$$p_a = \mathrm{i}cM \delta_a^4, \tag{8.189}$$

即

$$p_1, \quad p_2, \quad p_3 = 0, \tag{8.190}$$

$$p_4 = \mathrm{i}cM. \tag{8.191}$$

由于

$$p_4 = \frac{\mathrm{i}E}{c}, \tag{8.192}$$

由此得到重要结论

$$E = Mc^2. \tag{8.193}$$

第 9 章　引力辐射理论

9.1　引力辐射理论基础

由广义协变能量动量守恒定律知, 引力场和物质场的总能量动量张量为

$$\theta_a^\mu = T_a^\mu + t_a^\mu, \tag{9.1}$$

$$\theta_a^\mu = \frac{1}{\sqrt{-g}} \frac{\partial}{\partial x^\nu} \left(\mathcal{V}_a^{\mu\nu} \right), \tag{9.2}$$

其中超势为

$$\mathcal{V}_a^{\mu\nu} = \sqrt{-g} V_a^{\mu\nu}, \quad \mathcal{V}_a^{\nu\mu} = -\mathcal{V}_a^{\mu\nu}. \tag{9.3}$$

$V_a^{\mu\nu}$ 是一个张量. 根据上面的式子可得

$$\sqrt{-g} \left(T_a^\mu + t_a^\mu \right) = \frac{\partial}{\partial x^\nu} \left(\mathcal{V}_a^{\mu\nu} \right). \tag{9.4}$$

引力场与物质的总 4-动量

$$p_a = \frac{1}{ic} \int_V \left(T_a^0 + t_a^0 \right) \sqrt{-g} \mathrm{d}V, \quad a = 1, 2, 3, 4. \tag{9.5}$$

借助于超势, 该 4-动量可表示成

$$p_a = \frac{1}{ic} \int_V \frac{\partial \mathcal{V}_a^{0\nu}}{\partial x^\nu} \mathrm{d}V. \tag{9.6}$$

取空间分量 $\nu = i = 1, 2, 3$, 并利用 Gauss 定理, 该 4-动量可写作

$$p_a = \frac{1}{ic} \int_V \frac{\partial \mathcal{V}_a^{0i}}{\partial x^i} \mathrm{d}V = \frac{1}{ic} \int_S \mathcal{V}_a^{0i} \mathrm{d}S_i, \tag{9.7}$$

其中 S 为体积 V 的二维边界面.

从另一方面, 由于

$$\int_S \left[T_a^i + t_a^i \right] \sqrt{g} \mathrm{d}S_i = \int_S \frac{\partial \mathcal{V}_a^{i\nu}}{\partial x^\nu} \mathrm{d}S_i$$

$$= \int_S \frac{\partial \mathcal{V}_a^{i0}}{\partial x^0} \mathrm{d}S_i + \int_S \frac{\partial \mathcal{V}_a^{ij}}{\partial x^j} \mathrm{d}S_i. \tag{9.8}$$

即积分后变成了超势的散度项. 借助于 Gauss 定理, 并利用 $\mathcal{V}_a^{ij}$ 的反对称性, 可证明

$$\int_S \frac{\partial \mathcal{V}_a^{ij}}{\partial x^j} \mathrm{d}S_i = \int_V \frac{\partial \mathcal{V}_a^{ij}}{\partial x^i \partial x^j} \mathrm{d}V = 0.$$

需要注意的是 $\partial_i \partial_j$ 对于 i, j 指标是对称的. 另外, 利用广函数可证明, 在奇点处, 该微分对称的性质也成立. 因而式 (9.8) 化为

$$\int_S \left[T_a^i + t_a^i \right] \sqrt{g} \mathrm{d}S_i = -\frac{1}{\mathrm{i}c} \int_S \frac{\partial \mathcal{V}_a^{0i}}{\partial t} \mathrm{d}S_i.$$

这里的 g 为 S 上的诱导度规. 将上式与式 (9.7) 比较可知

$$\frac{\partial p_a}{\partial t} = -\int_S \left[T_a^i + t_a^i \right] \sqrt{g} \mathrm{d}S_i. \tag{9.9}$$

由 $p_0 = \dfrac{E}{c}$, 可得能量变化率

$$-\frac{\partial E}{\partial t} = c \int_S \left[T_0^i + t_0^i \right] \sqrt{g} \mathrm{d}S_i. \tag{9.10}$$

对物质分布及其运动比较集中的体系[1], 可选择足够大的二维闭曲面, 使得

$$T_a^i \big|_S = 0. \tag{9.11}$$

即只剩引力的能动张量 t_a^i. 进一步定义

$$J^i = c t_0^i, \quad i = 1, 2, 3. \tag{9.12}$$

可得到

$$-\frac{\partial E}{\partial t} = \int_S J^i \sqrt{g} \mathrm{d}S_i. \tag{9.13}$$

通过上式可以看出 $J^i (i = 1, 2, 3)$ 具有引力场能量流密度的特征, 因此它代表单位时间通过二维 S 面流失的能量. 在上式中令

$$\mathrm{d}S_i = n_i \mathrm{d}S, \tag{9.14}$$

$\mathrm{d}S_i$ 是有方向的面元, 而 $\mathrm{d}S$ 就是面元的大小. 另外

$$J^i n_i = c t_0^i n_i, \tag{9.15}$$

---

[1] 例如, 我们的太阳系有九大行星就比较集中, 即指九大行星之外是空的, 可认为没有物质. 双星系统也类似, 就是假定在双星系统以外没有物质.

那么能量的变化率可表示为

$$-\frac{\partial E}{\partial t} = \int_S J^i n_i \sqrt{g}\mathrm{d}S. \tag{9.16}$$

这里对面元的积分还可以变成对立体角的积分.

9.2   弱引力场近似

将度规表示为

$$g_{\mu\nu} = \eta_{\mu\nu} + h_{\mu\nu}, \quad h_{\mu\nu} = h_{\nu\mu}. \tag{9.17}$$

$h_{\mu\nu}$ 为描述弱引力场的小量, 当 $h_{\mu\nu} = 0$ 时, 线元变为 $\mathrm{d}s^2 = \eta_{\mu\nu}\mathrm{d}x^\mu\mathrm{d}x^\mu$, 即当引力场消失时 x^μ $(\mu = 0, 1, 2, 3)$ 具有 Lorentz 直角坐标特征.

Vielbein 在弱引力场近似下可表示为

$$e_\mu^a = \eta_\mu^a + \frac{1}{2}h_\mu^a, \tag{9.18}$$

在弱引力场近似下, 由于

$$g_{\mu\nu} = \left(\eta_\mu^a + \frac{1}{2}h_\mu^a\right)\left(\eta_\nu^a + \frac{1}{2}h_\nu^a\right), \tag{9.19}$$

在一级小量近似下, 如令

$$h_{(\mu)\nu} = e_\mu^a h_\nu^a = \eta_\mu^a h_\nu^a, \tag{9.20}$$

(μ) 表示由 a 降下的指标, 规定置于最左边, 则

$$g_{\mu\nu} = \eta_{\mu\nu} + \frac{1}{2}\left(h_{(\mu)\nu} + h_{(\nu)\mu}\right), \tag{9.21}$$

也即

$$h_{\mu\nu} = \frac{1}{2}\left(h_{(\mu)\nu} + h_{(\nu)\mu}\right). \tag{9.22}$$

由于 $g_{\mu\nu}$ 或 $h_{\mu\nu}$ 仅有 10 个独立分量, 可假设

$$h_{(\mu)\nu} = h_{(\nu)\mu}. \tag{9.23}$$

则由上式可知

$$h_{\mu\nu} = h_{(\mu)\nu} = h_{(\nu)\mu}. \tag{9.24}$$

一级近似时, 上述假设 (9.23) 对应于

$$e_\mu^a h_\nu^a = e_\nu^a h_\mu^a, \tag{9.25}$$

将上式乘以 $e^{b\nu}e^{c\mu}$, 可得

$$e^{b\nu}h_\nu^c = e^{c\mu}h_\mu^b, \tag{9.26}$$

即 $h^{bc} = h^{cb}$, 它对应于 $h_{\mu\nu} = h_{\nu\mu}$ [①]. 实际上, 可由 $h_{\mu\nu}$ 直接定义 h^{ab} 为

$$h^{ab} = e^{a\mu}e^{b\nu}h_{\mu\nu}. \tag{9.27}$$

其一级近似为

$$h^{ab} = \eta^{a\mu}\eta^{b\nu}h_{\mu\nu}. \tag{9.28}$$

下面求自旋联络 ω^{abc} 在弱引力场一级小量近似下的公式. 自旋联络

$$\omega^{abc} = \frac{1}{2}\{e^{a\mu}e^{c\nu}\left(\partial_\mu e_\nu^b - \partial_\nu e_\mu^b\right) + e^{b\mu}e^{a\nu}\left(\partial_\mu e_\nu^c - \partial_\nu e_\mu^c\right) + e^{b\mu}e^{c\nu}\left(\partial_\mu e_\nu^a - \partial_\nu e_\mu^a\right)\}. \tag{9.29}$$

考虑当 f 为一级小量时,

$$e^{a\mu}\partial_\mu f = \left(\eta^{a\mu} + \frac{1}{2}h^{a\mu}\right)\partial_\mu f = \eta^{a\mu}\partial_\mu f = \partial^a f, \tag{9.30}$$

则在一级小量近似下

$$\omega^{abc} = \frac{1}{4}\{\eta^{a\mu}\eta^{c\nu}\left(\partial_\mu h_\nu^b - \partial_\nu h_\mu^b\right) + \eta^{b\mu}\eta^{a\nu}\left(\partial_\mu h_\nu^c - \partial_\nu h_\mu^c\right) + \eta^{b\mu}\eta^{c\nu}\left(\partial_\mu h_\nu^a - \partial_\nu h_\mu^a\right)\}. \tag{9.31}$$

利用 $\eta^{a\mu}\partial_\mu = \partial^a$ 和 $\eta^{a\mu}h_\mu^b = h^{ab}$, 可得

$$\omega^{abc} = \frac{1}{4}\left\{\left(\partial^a h^{cb} - \partial^c h^{ab}\right) + \left(\partial^b h^{ac} - \partial^a h^{bc}\right) + \left(\partial^b h^{ca} - \partial^c h^{ba}\right)\right\}, \tag{9.32}$$

进一步化简

$$\omega^{abc} = \frac{1}{2}\left(\partial^b h^{ac} - \partial^c h^{ab}\right). \tag{9.33}$$

根据 $\omega^b = \omega^{aba}$, 可得到

$$\omega^b = \frac{1}{2}\left(\partial^b h - \partial^a h^{ab}\right), \tag{9.34}$$

其中 $h = h^{aa}$.

[①] 此外由弱引力场一级近似 $e^{a\mu}e_\nu^a = \left(\eta^{a\mu} + \frac{1}{2}h^{a\mu}\right)\left(\eta_\nu^a + \frac{1}{2}h_\nu^a\right) = \eta_\nu^\mu + \frac{1}{2}\left(h_\nu^\mu + h_\nu^\mu\right)$, 但因 $e^{a\mu}e_\nu^a = \eta_\nu^\mu$, 则有 $h_\nu^\mu + h_\nu^\mu = 0$, 最终可得 $h_\nu^\mu = -h_\nu^\mu$.

9.3　Fock 坐标条件与 Hilbert 条件

Fock 坐标条件

$$\partial_\nu \left(\sqrt{-g} g^{\mu\nu} \right) = 0, \quad \mu, \nu = 1, 2, 3, 4. \tag{9.35}$$

该条件等价于

$$\Gamma^\lambda = \Gamma^\lambda_{\mu\nu} g^{\mu\nu} = 0. \tag{9.36}$$

在一级小量近似下, 联络 $\Gamma^\lambda_{\mu\nu}$ 为

$$\Gamma^\lambda_{\mu\nu} = \frac{1}{2} \eta^{\lambda\rho} \left(\partial_\mu h_{\rho\nu} + \partial_\nu h_{\rho\mu} - \partial_\rho h_{\mu\nu} \right), \tag{9.37}$$

根据式 (9.36), 可以得到在一级近似下

$$\Gamma^\lambda = \frac{1}{2} \left(\partial^\mu h^\lambda_\mu + \partial^\mu h^\lambda_\mu - \partial^\lambda h^\mu_\mu \right). \tag{9.38}$$

在这里, 定义

$$h = h^\mu_\mu, \tag{9.39}$$

则有

$$\Gamma^\lambda = \partial^\mu \left(h^\lambda_\mu - \frac{1}{2} \delta^\lambda_\mu h \right). \tag{9.40}$$

所以 Fock 条件在弱引力场一级近似下可表述为

$$\partial^\mu \left(h_{\mu\nu} - \frac{1}{2} \eta_{\mu\nu} h \right) = 0. \tag{9.41}$$

此坐标条件称为 Hilbert 条件, 即 Hilbert 条件是 Fock 坐标条件的一级小量近似. 另外, 由于

$$h = g^{\mu\nu} h_{\mu\nu} = e^{a\mu} e^{a\nu} h_{\mu\nu}, \tag{9.42}$$

采用定义

$$e^{a\mu} e^{b\nu} h_{\mu\nu} = h^{ab}, \tag{9.43}$$

那么有

$$h = h^{aa}. \tag{9.44}$$

因

$$h_{\mu\nu} = e^a_\mu e^b_\nu h^{ab}, \tag{9.45}$$

在弱引力场一级近似下

$$h_{\mu\nu} = \eta_\mu^a \eta_\nu^b h^{ab}, \tag{9.46}$$

再利用 $\eta_{\mu\nu} = \eta_\mu^a \eta_\nu^b \delta^{ab}$, 则 Hilbert 条件 (9.41) 可表示为

$$\eta_\mu^a \eta_\nu^b \partial^\mu \left(h^{ab} - \frac{1}{2}\delta^{ab}h \right) = 0. \tag{9.47}$$

又由于 $\eta_\mu^a \partial^\mu = \partial^a$, 此条件可以进一步写为

$$\partial^a \left(h^{ab} - \frac{1}{2}\delta^{ab}h \right) = 0, \tag{9.48}$$

此即 Hilbert 条件的标架指标表示. 为方便起见, 定义

$$\phi^{ab} = h^{ab} - \frac{1}{2}\delta^{ab}h, \tag{9.49}$$

显然 $\phi^{ab} = \phi^{ba}$. 则 Hilbert 条件可表示为

$$\partial^a \phi^{ab} = 0, \quad a, b = 1, 2, 3, 4. \tag{9.50}$$

于是 Hilbert 条件表示成了 ϕ^{ab} 的散度.

9.4 弱引力场近似下的爱因斯坦引力场方程与引力波

首先研究弱引力场近似条件下的黎曼曲率张量和 Ricci 张量.

$$R^\lambda{}_{\sigma\mu\nu} = -e^{\ell\lambda} e_\sigma^m F^{\ell m}_{\mu\nu}, \tag{9.51}$$

$$R_{\sigma\nu} = R^\mu{}_{\sigma\mu\nu} = -e^{\ell\mu} e_\sigma^m F^{\ell m}_{\mu\nu}. \tag{9.52}$$

定义 Lorentz 指标的 Ricci 张量

$$R^{ab} = e^{a\sigma} e^{b\nu} R_{\sigma\nu}. \tag{9.53}$$

则借助于式 (9.52), 可以得到

$$R^{ab} = e^{b\nu} e^{\ell\mu} F^{a\ell}_{\mu\nu}, \tag{9.54}$$

其中

$$F^{\ell m}_{\mu\nu} = \partial_\mu \omega_\nu^{\ell m} - \partial_\nu \omega_\mu^{\ell m} - \omega_\mu^{\ell n} \omega_\nu^{nm} + \omega_\nu^{\ell n} \omega_\mu^{nm}. \tag{9.55}$$

在弱引力场一级近似下, $\omega_\nu^{\ell m}$ 是一个小量, 因而

$$F^{\ell m}_{\mu\nu} = \partial_\mu \omega_\nu^{\ell m} - \partial_\nu \omega_\mu^{\ell m}. \tag{9.56}$$

定义标架指标的曲率张量

$$F^{ij,\ell m} = e^{i\mu} e^{j\nu} F_{\mu\nu}^{\ell m}. \tag{9.57}$$

则在弱引力一级近似下

$$F^{ij,\ell m} = e^{i\mu} e^{j\nu} \left(\partial_\mu \omega_\nu^{\ell m} - \partial_\nu \omega_\mu^{\ell m} \right), \tag{9.58}$$

即

$$F^{ij,\ell m} = \partial_i \omega^{j\ell m} - \partial_j \omega^{i\ell m}. \tag{9.59}$$

将 $\omega^{i\ell m} = \frac{1}{2} \left(\partial_\ell h^{im} - \partial_m h^{i\ell} \right)$ 代入式 (9.59), 可得

$$F^{ij,\ell m} = \frac{1}{2} \left(\partial_i \partial_\ell h^{jm} - \partial_i \partial_m h^{j\ell} - \partial_j \partial_\ell h^{im} + \partial_j \partial_m h^{i\ell} \right). \tag{9.60}$$

利用

$$R^{ab} = -e^{b\nu} e^{\ell\mu} F_{\mu\nu}^{\ell a} = -F^{\ell b,\ell a} = F^{b\ell,\ell a}, \tag{9.61}$$

将式 (9.60) 代入上式, 并令 $i = b, j = \ell, m = a$, 则一级近似公式可以表示为

$$R^{ab} = \frac{1}{2} \left(\partial_b \partial_\ell h^{\ell a} - \partial_b \partial_a h^{\ell\ell} - \partial_\ell \partial_\ell h^{ba} + \partial_\ell \partial_a h^{b\ell} \right), \tag{9.62}$$

可得

$$R^{ab} = -\frac{1}{2} \left(\partial_a \partial_b h + \Box h^{ba} - \partial_b \partial_c h^{ac} - \partial_c \partial_a h^{bc} \right). \tag{9.63}$$

其中 $\Box = \partial_\ell \partial_\ell$. 利用 Hilbert 条件 (9.48) 和 $\partial_c h^{ca} = \frac{1}{2} \partial_a h$ 可得

$$R^{ab} = -\frac{1}{2} \left(\partial_a \partial_b h + \Box h^{ab} - \frac{1}{2} \partial_b \partial_a h - \frac{1}{2} \partial_a \partial_b h \right), \tag{9.64}$$

由此得到一个重要公式

$$R^{ab} = -\frac{1}{2} \Box h^{ab}. \tag{9.65}$$

由于 $R^{ab} = e^{a\mu} e^{b\nu} R_{\mu\nu}$, 则

$$R^{aa} = e^{a\mu} e^{a\nu} R_{\mu\nu} = g^{\mu\nu} R_{\mu\nu} = R, \tag{9.66}$$

因此

$$R = -\frac{1}{2} \Box h. \tag{9.67}$$

对爱因斯坦引力场方程

$$R_{\mu\nu} - \frac{1}{2} g_{\mu\nu} R = \frac{8\pi G}{c^4} T_{\mu\nu} \tag{9.68}$$

乘以 $e^{a\mu}e^{b\nu}$, 并利用

$$g_{\mu\nu}e^{a\mu}e^{b\nu} = \delta^{ab}, \tag{9.69}$$

$$T^{ab} = T_{\mu\nu}e^{a\mu}e^{b\nu}, \tag{9.70}$$

可得

$$R^{ab} - \frac{1}{2}\delta^{ab}R = \frac{8\pi G}{c^4}T^{ab}. \tag{9.71}$$

则在弱引力场一级小量近似下

$$-\frac{1}{2}\Box\left(h^{ab} - \frac{1}{2}\delta^{ab}h\right) = \frac{8\pi G}{c^4}T^{ab}. \tag{9.72}$$

于是爱因斯坦方程简化为

$$\begin{cases} \Box\phi^{ab} = -\dfrac{16\pi G}{c^4}T^{ab}, \\ \phi^{ab} = h^{ab} - \dfrac{1}{2}h. \end{cases} \tag{9.73}$$

由 Hilbert 条件可知

$$\partial_a\phi^{ab} = 0, \tag{9.74}$$

那么在无引力源物质的黎曼时空中, 即 $T^{ab} = 0$ 时

$$\Box\phi^{ab} = 0. \tag{9.75}$$

这时 ϕ^{ab} 满足 d'Alembert 方程, 即相对论波动方程, 故存在 (弱[1]) 引力波.

9.5　扰动的推迟解

弱引力场近似下爱因斯坦引力场方程可简化为[2]

$$\Box\phi^{ab} = -4\pi\frac{4G}{c^4}T^{ab}, \tag{9.76}$$

其中 $\Box = \Delta - \dfrac{1}{c^2}\dfrac{\partial^2}{\partial t^2}$. 则在弱场近似下爱因斯坦方程存在推迟解

$$\phi^{ab}(x,y,z,t) = \frac{4G}{c^4}\int_V \frac{1}{R}T^{ab}\left(x',y',z',t-\frac{R}{c}\right)\mathrm{d}V', \tag{9.77}$$

---

[1] 这里的弱是指我们前面采取的是弱引力场近似. 引力波的孤立子可认为是强引力波.

[2] 与电动力学 A_μ 的方程类比, 可以发现爱因斯坦引力场方程在形式上与其完全一样, 只是源不一样.

其中 $\mathrm{d}V' = \mathrm{d}x'\mathrm{d}y'\mathrm{d}z'$，$R^2 = (x-x')^2 + (y-y')^2 + (z-z')^2$. 该推迟解的物理意义是 t 时刻 $\boldsymbol{r} = (x, y, z)$ 处的 ϕ^{ab} 是由较早时间 $t' = t - \dfrac{R}{c}$ 的物质运动和分布状态 T^{ab} 决定的[①].

如果物质分布和运动范围不大，在离物质源较远处可认为

$$R^2 = x^2 + y^2 + z^2 = r^2, \tag{9.78}$$

即与 x', y', z' 无关，这时

$$\phi^{ab}\left(\boldsymbol{r}, t\right) = \frac{4G}{c^4 r} \int_V T^{ab}\left(x', y', z', t - \frac{r}{c}\right) \mathrm{d}V', \tag{9.79}$$

$\dfrac{G}{c^4}$ 是一个微小量，故即使是弱引力场近似，$\phi^{ab}\left(\boldsymbol{r}, t\right)$ 也是一个十分精确的解.

为方便起见，令

$$x^1 = x', \qquad x^2 = y', \qquad x^3 = z'. \tag{9.80}$$

那么体元 $\mathrm{d}V' = \mathrm{d}x^1\mathrm{d}x^2\mathrm{d}x^3 = \mathrm{d}^3x$，则

$$\phi^{ab}\left(\boldsymbol{r}, t\right) = \frac{4G}{c^4 r} \int_V T^{ab}\left(x^1, x^2, x^3, t - \frac{r}{c}\right) \mathrm{d}^3x. \tag{9.81}$$

由于 $\dfrac{4G}{c^4}$ 是一个很小的量，所以 $\phi^{ab}\left(\boldsymbol{r}, t\right)$ 是小量，因而忽略了高阶项之后还是相当精确的. 由式 (9.74)，可知

$$\frac{\partial T^{ab}}{\partial x^b} = 0, \quad a, b = 1, 2, 3, 4. \tag{9.82}$$

此式可分解为两种情况

$$\frac{\partial T^{ij}}{\partial x^j} + \frac{\partial T^{i4}}{\partial x^4} = 0, \quad i, j = 1, 2, 3; \tag{9.83}$$

$$\frac{\partial T^{4j}}{\partial x^j} + \frac{\partial T^{44}}{\partial x^4} = 0, \quad j = 1, 2, 3. \tag{9.84}$$

由式 (9.83) 可知，当 $k = 1, 2, 3$ 时，如取 V 的闭包面上的积分 $T^{ab} = 0$，

$$\frac{\partial}{\partial x^4} \int_V \left(T^{i4} x^k\right) \mathrm{d}^3x = -\int_V \frac{\partial T^{ij}}{\partial x^j} x^k \mathrm{d}^3x$$

$$= -\int_V \frac{\partial \left(T^{ij} x^k\right)}{\partial x^j} \mathrm{d}^3x + \int_V T^{ij} \frac{\partial x^k}{\partial x^j} \mathrm{d}^3x,$$

[①] 引力波以光速传播，在 $T^{ab} = 0$ 处，ϕ^{ab} 就是引力波.

等式右端第一项为零, 故可得

$$\frac{\partial}{\partial x^4} \int_V \left(T^{i4} x^k \right) \mathrm{d}^3 x = \int_V T^{ik} \mathrm{d}^3 x. \tag{9.85}$$

由于 $T^{ik} = T^{ki}$

$$\int_V T^{ik} \mathrm{d}^3 x = \frac{1}{2} \frac{\partial}{\partial x^4} \left[\int_V \left(T^{i4} x^k \right) \mathrm{d}^3 x + \int_V \left(T^{k4} x^i \right) \mathrm{d}^3 x \right]. \tag{9.86}$$

此外, 由式 (9.84) 知

$$\frac{\partial}{\partial x^4} \int_V \left(T^{44} x^i x^k \right) \mathrm{d}^3 x = - \int_V \frac{\partial T^{4j}}{\partial x^j} x^i x^k \mathrm{d}^3 x$$

$$= - \int_V \frac{\partial \left(T^{4j} x^i x^k \right)}{\partial x^j} \mathrm{d}^3 x + \int_V T^{4j} \frac{\partial \left(x^i x^k \right)}{\partial x^j} \mathrm{d}^3 x.$$

$$= \int_V \left(T^{4k} x^i + T^{4i} x^k \right) \mathrm{d}^3 x$$

由此可得[①]

$$\frac{\partial^2}{\partial x^4 \partial x^4} \int_V \left(T^{44} x^i x^k \right) \mathrm{d}^3 x = 2 \int_V T^{ik} \mathrm{d}^3 x. \tag{9.87}$$

另一方面, 物质的能量动量张量为

$$T^{ab} = \rho c^2 u^a u^b, \qquad u^a = \frac{\mathrm{d} x^a}{\mathrm{d} s}. \tag{9.88}$$

当物质的运动速度 $v \ll c$ 时 , $\mathrm{d}s = c \mathrm{d}t,\quad x^4 = \mathrm{i}ct$, 因而

$$u^4 = \frac{\mathrm{d} x^4}{\mathrm{d} s} = \frac{\mathrm{i}c\mathrm{d}t}{c\mathrm{d}t} = \mathrm{i}, \tag{9.89}$$

那么可得

$$T^{44} = -\rho c^2, \tag{9.90}$$

$$\frac{\partial^2}{\partial x^4 \partial x^4} = -\frac{1}{c^2} \frac{\partial^2}{\partial t^2}. \tag{9.91}$$

将式 (9.90) 和式 (9.91) 代入前面得到的 T^{ik} 的积分式 (9.87), 可得

$$\int_V T^{ik} \mathrm{d}^3 x = \frac{1}{2} \frac{\partial^2}{\partial t^2} \int_V \left(\rho x^i x^k \right) \mathrm{d}^3 x. \tag{9.92}$$

将上式代入式 (9.81), 可得

$$\phi^{ik}(r, t) = \frac{2G}{c^4 r} \frac{\partial^2}{\partial t^2} \int_V \rho x^i x^k \mathrm{d}^3 x, \tag{9.93}$$

这里 $\rho = \rho|_{t - \frac{r}{c}}$, 这是引力辐射理论中的典型公式.

---

① 电动力学只有一个 x, 可以出来二极矩, 这里有两个 x, 因而可以出来四极矩.

9.6　引力场能动张量的计算

9.6.1　扰动与自旋联络

由式 (9.49)，取 $a = b$ 可得

$$\phi = \phi^{aa} = -h, \tag{9.94}$$

即

$$h^{ab} = \phi^{ab} - \frac{1}{2}\delta^{ab}\phi. \tag{9.95}$$

将上式代入 ω^{abc} 与 h^{ab} 的关系式 (9.33) 可得

$$\omega^{abc} = \frac{1}{2}\left[\partial_b\phi^{ac} - \partial_c\phi^{ab} - \frac{1}{2}\delta^{ac}\partial_b\phi + \frac{1}{2}\delta^{ab}\partial_c\phi\right], \tag{9.96}$$

进而易有

$$\omega^b = \frac{1}{2}\left(\partial_b\phi - \partial_a\phi^{ab} - 2\partial_b\phi + \frac{1}{2}\partial_b\phi\right). \tag{9.97}$$

又因 $\partial_a\phi^{ab} = 0$，可得

$$\omega^b = -\frac{1}{4}\partial_b\phi. \tag{9.98}$$

9.6.2　扰动与引力场能动张量

由第 8 章引力场的能动张量

$$\begin{aligned}
t_a^\mu =& \frac{c^4}{16\pi G}\cdot\left[e^{a\mu}\left(\omega^b\omega^b - \omega^{dbc}\omega^{cbd}\right) - 2e^{b\mu}\left(\omega^b\omega^a + \omega^{dbc}\omega^{cad}\right)\right.\\
&\left. - 2e^{c\mu}\left(\omega^b\omega^{abc} + \omega^b\omega^{bac}\right) + 2e^{d\mu}\omega^{abc}\omega^{cbd}\right].
\end{aligned} \tag{9.99}$$

在弱引力场近似下将 ω^{abc} 与 ϕ^{ab} 的关系式 (9.96) 和式 (9.98) 代入式 (9.99) 可得

$$\begin{aligned}
t_a^i =& \frac{c^4}{16\pi G}\cdot\left\{\frac{1}{2}\delta^{ai}\left[\frac{1}{2}\left(\frac{\partial\phi}{\partial x^b}\right)^2 + \frac{\partial\phi^{cd}}{\partial x^b}\left(\frac{\partial\phi^{cb}}{\partial x^d} - \frac{\partial\phi^{cd}}{\partial x^b}\right)\right]\right.\\
&- \frac{1}{2}\frac{\partial\phi}{\partial x^a}\frac{\partial\phi}{\partial x^i} + \frac{\partial\phi}{\partial x^b}\left(\frac{\partial\phi^{bi}}{\partial x^a} - \frac{\partial\phi^{ab}}{\partial x^i}\right) + \frac{1}{2}\frac{\partial\phi}{\partial x^b}\left(\frac{\partial\phi^{bi}}{\partial x^a} - \frac{\partial\phi^{ai}}{\partial x^b}\right)\\
&\left.+ \frac{\partial\phi^{dc}}{\partial x^a}\left(\frac{\partial\phi^{dc}}{\partial x^i} - \frac{\partial\phi^{di}}{\partial x^c}\right) + \frac{\partial\phi^{ac}}{\partial x^b}\left(\frac{\partial\phi^{ci}}{\partial x^b} - \frac{\partial\phi^{cb}}{\partial x^i}\right)\right\}.
\end{aligned} \tag{9.100}$$

当 $i = 1, 2, 3$, $a = 4$ 时, $\delta^{4i} = 0$, 则由式 (9.100) 可得

$$t_4^i n^i = \frac{c^4}{16\pi G} n^i \cdot \left\{ -\frac{1}{2} \frac{\partial \phi}{\partial x^4} \frac{\partial \phi}{\partial x^i} + \frac{1}{2} \frac{\partial \phi}{\partial x^b} \left(\frac{\partial \phi^{bi}}{\partial x^4} - \frac{\partial \phi^{4b}}{\partial x^i} \right) \right.$$
$$\left. + \frac{1}{2} \frac{\partial \phi}{\partial x^b} \left(\frac{\partial \phi^{bi}}{\partial x^4} - \frac{\partial \phi^{4i}}{\partial x^b} \right) + \frac{\partial \phi^{dc}}{\partial x^4} \left(\frac{\partial \phi^{dc}}{\partial x^i} - \frac{\partial \phi^{di}}{\partial x^c} \right) + \frac{\partial \phi^{4c}}{\partial x^b} \left(\frac{\partial \phi^{4i}}{\partial x^b} - \frac{\partial \phi^{cb}}{\partial x^i} \right) \right\}.$$

$$(9.101)$$

可证明大括弧中第二项、第三项、第五项等于零.

9.6.3 推迟解的限制

可证明所有 $\dfrac{\partial \phi^{ab}}{\partial x^c}$ 的分量皆可化为 $\dfrac{\partial \phi^{ij}}{\partial t}$ 的形式 $(i, j = 1, 2, 3)$.
由

$$\phi^{ab} = \phi^{ab}(r - ct), \tag{9.102}$$

可知

$$\frac{\partial \phi^{ab}}{\partial x^i} = \frac{\partial \phi^{ab}}{\partial r} \frac{\partial r}{\partial x^i}, \tag{9.103}$$

利用 $\dfrac{\partial r}{\partial x^i} = \dfrac{x^i}{r} = n_i$, 可得

$$\frac{\partial \phi^{ab}}{\partial x^i} = \frac{\partial \phi^{ab}}{\partial r} n_i. \tag{9.104}$$

令

$$X = r - ct, \tag{9.105}$$

则

$$\frac{\partial \phi^{ab}}{\partial r} = \frac{\partial \phi^{ab}}{\partial X} \frac{\partial X}{\partial r} = \frac{\partial \phi^{ab}}{\partial X}, \tag{9.106}$$

$$\frac{\partial \phi^{ab}}{\partial t} = \frac{\partial \phi^{ab}}{\partial X} \frac{\partial X}{\partial t} = -c \frac{\partial \phi^{ab}}{\partial X}, \tag{9.107}$$

故

$$\frac{\partial \phi^{ab}}{\partial x^i} = -\frac{1}{c} \frac{\partial \phi^{ab}}{\partial t} n_i. \tag{9.108}$$

n_i 与球面垂直. 此外, 由 $\dfrac{\partial \phi^{ab}}{\partial x^b} = 0$ 知

$$\frac{\partial \phi^{a4}}{\partial x^4} = -\frac{\partial \phi^{ai}}{\partial x^i}. \tag{9.109}$$

当 $a = k = 1, 2, 3$ 时, 由式 (9.108) 可知

$$\frac{\partial \phi^{k4}}{\partial x^4} = \frac{1}{c} \frac{\partial \phi^{ki}}{\partial t} n_i, \tag{9.110}$$

即

$$\frac{\partial \phi^{k4}}{\partial x^4} = \frac{1}{c} \frac{\partial \phi^{ki}}{\partial t} n_i \quad \text{或} \quad \frac{\partial \phi^{k4}}{\partial t} = \mathrm{i} \frac{\partial \phi^{ki}}{\partial t} n_i. \tag{9.111}$$

当 $a = 4, b = i$ 时, 利用式 (9.108)

$$\frac{\partial \phi^{44}}{\partial x^4} = \frac{1}{c} \frac{\partial \phi^{4i}}{\partial t} n_i, \tag{9.112}$$

进一步, 利用式 (9.111), 得

$$\frac{\partial \phi^{44}}{\partial x^4} = \frac{\mathrm{i}}{c} \frac{\partial \phi^{ij}}{\partial t} n_i n_j. \tag{9.113}$$

此外, 由式 (9.108)

$$\frac{\partial \phi^{44}}{\partial x^k} = -\mathrm{i} \frac{\partial \phi^{44}}{\partial x^4} n_k. \tag{9.114}$$

考虑到式 (9.113), 则

$$\frac{\partial \phi^{44}}{\partial x^k} = \frac{1}{c} \frac{\partial \phi^{ij}}{\partial t} n_i n_j n_k. \tag{9.115}$$

并且, 由式 (9.108) 可证明

$$\frac{\partial \phi^{4k}}{\partial x^j} = -\frac{\mathrm{i}}{c} \frac{\partial \phi^{ki}}{\partial t} n_i n_j. \tag{9.116}$$

即

$$\frac{\partial \phi^{4k}}{\partial x^j} = -\frac{\mathrm{i}}{c} \frac{\partial \phi^{ik}}{\partial t} n_i n_j. \tag{9.117}$$

最后, 由式 (9.108) 可知

$$\frac{\partial \phi^{ij}}{\partial x^k} = -\frac{1}{c} \frac{\partial \phi^{ij}}{\partial t} n_k. \tag{9.118}$$

考虑到 $\phi^{ab}(r - ct)$ 的限制后

$$t_4^i n_i = \frac{c^4}{16\pi G} \left[-\frac{1}{2} \frac{\partial \phi}{\partial x^4} \frac{\partial \phi}{\partial x^i} + \frac{\partial \phi^{ac}}{\partial x^4} \left(\frac{\partial \phi^{ac}}{\partial x^i} - \frac{\partial \phi^{ai}}{\partial x^c} \right) \right]. \tag{9.119}$$

并可证明

$$\frac{n_i}{2} \frac{\partial \phi}{\partial x^4} \frac{\partial \phi}{\partial x^i} = \frac{\mathrm{i}}{2c^2} \left(\dot{\phi}_{lm} \dot{\phi}_{ij} n_l n_m n_i n_j - 2\dot{\phi}_{ll} \dot{\phi}_{ij} n_i n_j + \dot{\phi}_{ii} \dot{\phi}_{jj} \right), \tag{9.120}$$

$$n_i \frac{\partial \phi^{ac}}{\partial x^4} \left(\frac{\partial \phi^{ac}}{\partial x^i} - \frac{\partial \phi^{ai}}{\partial x^c} \right) = \frac{\mathrm{i}}{c^2} \left(\dot{\phi}_{lm} \dot{\phi}_{ij} n_l n_m n_i n_j - 2\dot{\phi}_{li} \dot{\phi}_{lj} n_i n_j + \dot{\phi}_{ij} \dot{\phi}_{ij} \right). \tag{9.121}$$

将上述公式代入 $t_4^i n_i$ 的公式 (9.101) 后可得

$$t_4^i n_i = \frac{c^2 \mathrm{i}}{32\pi G}(\dot\phi_{ij}\dot\phi_{ij} - \frac{1}{2}\dot\phi_{ii}\dot\phi_{jj} + \dot\phi_{\ell\ell}\dot\phi_{ij}n_i n_j - 2\dot\phi_{\ell i}\dot\phi_{\ell j}n_i n_j + \frac{1}{2}\dot\phi_{\ell m}\dot\phi_{ij}n_\ell n_m n_i n_j).$$

(9.122)

由

$$J^i n_i = -\mathrm{i}c t_4^i n_i,$$

(9.123)

可得

$$J^i n_i = \frac{c^3 \mathrm{i}}{32\pi G}\left(\dot\phi_{ij}\dot\phi_{ij} - \frac{1}{2}\dot\phi_{ii}\dot\phi_{jj} + \dot\phi_{\ell\ell}\dot\phi_{ij}n_i n_j - 2\dot\phi_{\ell i}\dot\phi_{\ell j}n_i n_j + \frac{1}{2}\dot\phi_{\ell m}\dot\phi_{ij}n_\ell n_m n_i n_j\right).$$

(9.124)

9.7 引力辐射四极矩公式

由式 (9.16) 知

$$-\frac{\partial E}{\partial t} = \int_S J^i n_i \mathrm{d}S = \int_S J^i n_i r^2 \mathrm{d}\Omega,$$

(9.125)

$\mathrm{d}\Omega$ 为立体角微分元. 将式 (9.124) 代入式 (9.125), 并利用下列积分式

$$\frac{1}{4\pi}\int n_i n_j \mathrm{d}\Omega = \frac{1}{3}\delta_{ij},$$

(9.126)

$$\frac{1}{4\pi}\int n_i n_j n_\ell n_m \mathrm{d}\Omega = \frac{1}{15}\left(\delta_{ij}\delta_{\ell m} + \delta_{i\ell}\delta_{jm} + \delta_{im}\delta_{j\ell}\right),$$

(9.127)

可得

$$-\frac{\partial E}{\partial t} = \frac{c^3}{20G}r^2\left(\dot\phi^{ij}\dot\phi^{ij} - \frac{1}{3}\dot\phi^{ii}\dot\phi^{jj}\right).$$

(9.128)

利用物质四极矩张量的定义

$$D_{ij} = \int \rho\left(3x^i x^j - \delta^{ij}x^k x^k\right)\mathrm{d}^3 x,$$

(9.129)

其中 $D_{ii} = D_{11} + D_{22} + D_{33} = 0$. 由

$$\frac{\partial^2}{\partial t^2}\int_V (\rho x^i x^j)\mathrm{d}^3 x = \frac{c^4 r}{2G}\phi^{ij},$$

(9.130)

可得

$$\ddot D_{ij} = \frac{c^4 r}{2G}\left(3\phi^{ij} - \delta^{ij}\phi^{kk}\right),$$

(9.131)

以及

$$\dddot{D}_{ij} = \frac{c^4 r}{2G}\left(3\ddot{\phi}^{ij} - \delta^{ij}\ddot{\phi}^{kk}\right). \tag{9.132}$$

由此可得

$$\dddot{D}_{ij}\dddot{D}_{ij} = \frac{c^8 r^2}{G^2}\cdot\frac{9}{4}\left(\ddot{\phi}^{ij}\ddot{\phi}^{ij} - \frac{1}{3}\ddot{\phi}^{ii}\ddot{\phi}^{jj}\right). \tag{9.133}$$

将此式代入 (9.128), 最后得到

$$-\frac{\partial E}{\partial t} = \frac{G}{45c^5}\,\dddot{D}_{ij}\dddot{D}_{ij}, \tag{9.134}$$

此即引力能量辐射的四极矩公式①.

9.8　双星引力辐射

9.8.1　能量变化率

设两星体的质量分别为 m_1 和 m_2, 如图 9.1, 其位置矢量为 $\boldsymbol{r}_1$ 和 $\boldsymbol{r}_2$. 选质心为原点, 则

$$\boldsymbol{r}_{\mathrm{c}} = \frac{m_1\boldsymbol{r}_1 + m_2\boldsymbol{r}_2}{m_1 + m_2} = 0. \tag{9.135}$$

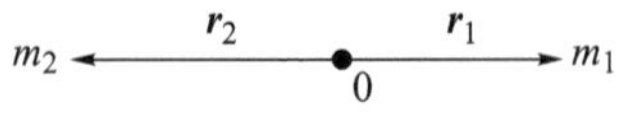

$$m_2 \longleftarrow \overset{\boldsymbol{r}_2}{\underset{0}{\bullet}} \overset{\boldsymbol{r}_1}{\longrightarrow} m_1$$

图 9.1　双星示意图

令

$$\boldsymbol{r} = \boldsymbol{r}_1 - \boldsymbol{r}_2, \quad \boldsymbol{r} = (x^1, x^2, x^3), \tag{9.136}$$

则有

$$\boldsymbol{r}_1 = \frac{m_2}{m_1 + m_2}\boldsymbol{r}, \quad \boldsymbol{r}_2 = -\frac{m_1}{m_1 + m_2}\boldsymbol{r}. \tag{9.137}$$

当研究问题的系统的尺度比星体半径大很多时, 双星系统的密度可以表示为

$$\rho(\boldsymbol{z}) = m_1\delta(\boldsymbol{z} - \boldsymbol{r}_1) + m_2\delta(\boldsymbol{z} - \boldsymbol{r}_2), \tag{9.138}$$

也即

$$\rho(\boldsymbol{z}) = m_1\delta\left(\boldsymbol{z} - \frac{m_2}{m_1 + m_2}\boldsymbol{r}\right) + m_2\delta\left(\boldsymbol{z} + \frac{m_1}{m_1 + m_2}\boldsymbol{r}\right). \tag{9.139}$$

---

① 此引力能量辐射是物质四极矩对时间的三次微商, 是加加速. $\dddot{D}_{ij}\dddot{D}_{ij}$ 为正, 所以能量是损耗的. 另外, 对于引力能量辐射, 不但要求物质四极矩, 还要求其加加速不为零.

双星引力辐射能量, 即单位时间能量的减小

$$\frac{\partial E}{\partial t} = -\frac{G}{45c^5} \left(\dddot{D}_{ik} \right)^2.$$ (9.140)

根据双星的密度 $\rho(\boldsymbol{z})$ 即式 (9.139), 以及利用 $\boldsymbol{r} = (x^1, x^2, x^3)$, 可得

$$
\begin{aligned}
D_{ik} &= \int \left[m_1 \delta \left(\boldsymbol{z} - \frac{m_2}{m_1 + m_2} \boldsymbol{r} \right) + m_2 \delta \left(\boldsymbol{z} + \frac{m_1}{m_1 + m_2} \boldsymbol{r} \right) \right] \left(3z^i z^k - \delta^{ik} z^2 \right) \mathrm{d}^3 z \\
&= m_1 \left(\frac{m_2}{m_1 + m_2} \right)^2 \left(3x^i x^k - \delta^{ik} r^2 \right) + m_2 \left(\frac{m_1}{m_1 + m_2} \right)^2 \left(3x^i x^k - \delta^{ik} r^2 \right) \\
&= \frac{m_1 m_2}{m_1 + m_2} \left(3x^i x^k - \delta^{ik} r^2 \right).
\end{aligned}
$$ (9.141)

由于两体问题的约化质量

$$\mu = \frac{m_1 m_2}{m_1 + m_2},$$ (9.142)

故物质四极矩张量可表示为

$$D_{ik} = \mu \left(3x^i x^k - \delta^{ik} r^2 \right).$$ (9.143)

两星体相对运动的拉氏量

$$\mathcal{L} = \frac{1}{2}\mu \dot{\boldsymbol{r}}^2 - u(\boldsymbol{r}), \quad u(\boldsymbol{r}) = -\frac{Gm_1 m_2}{r}.$$ (9.144)

在相对坐标中运动轨迹方程为

$$r = \frac{p}{1 + e\cos\phi}, \quad p = a\left(1 - e^2\right).$$ (9.145)

e 为轨道偏心率. 由面积速度守恒 $r^2 \dfrac{\mathrm{d}\phi}{\mathrm{d}t} = h$, 可知

$$\frac{\mathrm{d}\phi}{\mathrm{d}t} = \frac{h}{r^2}.$$ (9.146)

其中 $h^2 = a(m_1 + m_2)p$. 在球坐标系中

$$x^1 = r\sin\theta\cos\phi,$$ (9.147)

$$x^2 = r\sin\theta\sin\phi,$$ (9.148)

$$x^3 = r\cos\theta.$$ (9.149)

当轨道面为 x^1-x^2 面时 (如图 9.2 所示)

$$\theta = \frac{\pi}{2}, \quad x^3 = 0.$$ (9.150)

图 9.2　轨道平面示意图

可计算出

$$
\begin{aligned}
D_{11} &= \mu \left[3x^1 x^1 - (x^1 x^1 + x^2 x^2) \right] \\
&= \mu r^2 \left(3\cos^2 \phi - 1 \right).
\end{aligned} \tag{9.151}
$$

同理可计算出其他非零的四极矩张量

$$
D_{22} = \mu r^2 \left(3\sin^2 \phi - 1 \right), \tag{9.152}
$$

$$
D_{33} = -\mu r^2, \tag{9.153}
$$

$$
D_{12} = D_{21} = 3\mu x^1 x^2 = 3\mu r^2 \cos\phi \sin\phi. \tag{9.154}
$$

将 r 与 ϕ 的关系代入可得

$$
D_{11} = \mu p^2 \frac{3\cos^2 \phi - 1}{(1 + e\cos\phi)^2}, \tag{9.155}
$$

$$
D_{22} = \mu p^2 \frac{3\sin^2 \phi - 1}{(1 + e\cos\phi)^2}, \tag{9.156}
$$

$$
D_{33} = \mu p^2 \frac{1}{(1 + e\cos\phi)^2}, \tag{9.157}
$$

$$
D_{12} = D_{21} = 3\mu p^2 \frac{\cos\phi \sin\phi}{(1 + e\cos\phi)^2}, \tag{9.158}
$$

可见 D_{ik} 仅是 ϕ 的函数. 可令

$$
D_{ik} = f_{ik}(\phi), \tag{9.159}
$$

那么 D_{ik} 对时间的求导可以写成

$$
\dot{D}_{ik} = \frac{\mathrm{d} f_{ik}}{\mathrm{d}\phi} \frac{\mathrm{d}\phi}{\mathrm{d}t}, \tag{9.160}
$$

其中

$$
\frac{\mathrm{d}\phi}{\mathrm{d}t} = \frac{h}{p^2} \left(1 + e\cos\phi \right)^2, \tag{9.161}
$$

所以 $\dot{D}_{ik}$ 也仅为 ϕ 的函数. 同理可知 $\ddot{D}_{ik}$、$\dddot{D}_{ik}$ 皆仅为 ϕ 的函数, 由此可计算出

$$\dddot{D}_{11}, \quad \dddot{D}_{22}, \quad \dddot{D}_{33}, \quad \dddot{D}_{12}.$$

将计算结果代入式 (9.140)

$$\frac{\mathrm{d}E}{\mathrm{d}t} = -\frac{G}{45c^5}\left(\dddot{D}_{ik}\right)^2 = -\frac{G}{45c^5}\left(\dddot{D}_{11}^{\,2} + \dddot{D}_{22}^{\,2} + \dddot{D}_{33}^{\,2} + \dddot{D}_{12}^{\,2}\right), \qquad (9.162)$$

可得

$$\frac{\partial E}{\partial t} = -\frac{8G^4 m_1^2 m_2^2(m_1+m_2)}{5a^5c^5(1-e^2)^5}(1+e\cos\phi)^4\left[12\left(1+e\cos\phi\right)^2 + e^2\sin^2\phi\right]. \tag{9.163}$$

利用积分公式

$$\frac{1}{2\pi}\int_0^{2\pi}\sin^2\phi d\phi = \frac{1}{2\pi}\int_0^{2\pi}\cos^2\phi d\phi = \frac{1}{2}, \qquad (9.164)$$

可以求得双星环绕一周时的平均能量变化率

$$-\overline{\left(\frac{\mathrm{d}E}{\mathrm{d}t}\right)} = \frac{32G^4 m_1^2 m_2^2(m_1+m_2)}{15a^5c^5}f(e^2), \qquad (9.165)$$

$$f(e^2) = \frac{1}{(1-e^2)^{\frac{7}{2}}}\left(1 + \frac{73}{24}e^2 + \frac{37}{96}e^4\right). \qquad (9.166)$$

注意函数 $f(e^2)$ 只与轨道偏心率有关. 对行星绕恒星的运动的情况

$$m_1 = m_{\text{planet}}, \quad m_2 = M, \qquad (9.167)$$

由于 $m_1 \ll m_2$, 质量因子近似有

$$m_1^2 m_2^2(m_1+m_2) \simeq m_{\text{planet}}^2 M^3. \qquad (9.168)$$

另外, 对致密星组成的双星系统

$$m_1 \simeq m_2 = M, \qquad (9.169)$$

质量因子

$$m_1^2 m_2^2(m_1+m_2) = 2M^5. \qquad (9.170)$$

因

$$m_{\text{planet}} \ll M, \qquad (9.171)$$

所以致密双星系统的引力辐射比行星绕恒星运动的引力辐射大得多.

9.8.2　轨道半径与周期变化率

双星系的总能量

$$E = -\frac{1}{2}\frac{Gm_1m_2}{a}. \tag{9.172}$$

对上式求导, 并考虑双星环绕时, 它们的质量保持不变, 只有它们间的距离随时间变化

$$\frac{\mathrm{d}E}{\mathrm{d}t} = \frac{1}{2}\frac{Gm_1m_2}{a^2}\frac{\mathrm{d}a}{\mathrm{d}t}, \tag{9.173}$$

即

$$\frac{\mathrm{d}a}{\mathrm{d}t} = \frac{2a^2}{Gm_1m_2}\frac{\mathrm{d}E}{\mathrm{d}t}. \tag{9.174}$$

因此当 $\dfrac{\mathrm{d}E}{\mathrm{d}t} < 0$ 时,

$$\frac{\mathrm{d}a}{\mathrm{d}t} < 0, \tag{9.175}$$

即引力辐射使长径 a 减小.

另一方面, 由开普勒定理

$$T = \frac{2\pi}{\sqrt{G(m_1+m_2)}}a^{\frac{3}{2}}, \tag{9.176}$$

对其求导可得

$$\frac{\mathrm{d}T}{\mathrm{d}t} = \frac{2\pi}{\sqrt{G(m_1+m_2)}}\frac{3}{2}a^{\frac{1}{2}}\frac{\mathrm{d}a}{\mathrm{d}t}, \tag{9.177}$$

进而得到

$$\frac{1}{T}\frac{\mathrm{d}T}{\mathrm{d}t} = \frac{3}{2}\cdot\frac{1}{a}\cdot\frac{\mathrm{d}a}{\mathrm{d}t}. \tag{9.178}$$

将式 (9.174) 代入, 可得

$$\frac{1}{T}\frac{\mathrm{d}T}{\mathrm{d}t} = \frac{3a}{Gm_1m_2}\frac{\mathrm{d}E}{\mathrm{d}t}. \tag{9.179}$$

将 $\overline{\left(\dfrac{\mathrm{d}E}{\mathrm{d}t}\right)}$ 的双星引力辐射能量公式 (9.165) 代入可得

$$\frac{1}{T}\frac{\mathrm{d}T}{\mathrm{d}t} = -\frac{96G^3m_1m_2(m_1+m_2)}{5a^4c^5}f(e^2), \tag{9.180}$$

$$f(e^2) = \frac{1}{(1-e^2)^{\frac{7}{2}}}\left(1+\frac{73}{24}e^2+\frac{37}{96}e^4\right). \tag{9.181}$$

故由于引力辐射, 双星公转周期将逐渐变短, 上式也称为引力辐射阻尼公式.

9.8.3 引力辐射的天文观测与证实

通过观测双星公转周期的变化率可检验引力辐射阻尼理论.

1974 年底 Hulse 和 Taylor 发现一颗射电脉冲星 PSR1913+16, 观测证实此脉冲星是双星成员之一, 并证实其伴星也是致密星. 对脉冲星 PSR1913+16 的观测提供了双星轨道数据的精确测定. 1974 年起, 对 PSR1913+16 的四年观测数据见表 9.1.

表 9.1　PSR1913+16 基本数据

脉冲星的自转周期	$P = 0.05902999526(9 \pm 2)$ s
轨道面倾角	$a \sin i = (2.3424 \pm 0.0007)$ 光秒
偏心率	$e = 0.617155 \pm 0.000007$
轨道周期	$T = (27906.98172 \pm 0.00005)$ s (约 8 h)
四年监视观测近星点的进动	$\Omega = (4.226 \pm 0.002)°$ / 年
二极多普勒效应因子	$\gamma = 0.0047 \pm 0.0007$ $\sin i = 0.81 \pm 0.16$ $\dfrac{\mathrm{d}T}{\mathrm{d}t} = (-3.2 \pm 0.6) \times 10^{-12}$

从 γ 、$\sin i$、$\dfrac{\mathrm{d}T}{\mathrm{d}t}$ 和 Ω 四个观测量, 即由四个超定方程可定出 m_1 和 m_2:

$$m_1 \simeq m_2 = 1.41 M_\odot, \tag{9.182}$$

$$\frac{\mathrm{d}T}{\mathrm{d}t} = -1.70 \times 10^{-12} \frac{m_1 m_2}{M_\odot^2} \left(\frac{m_1 + m_2}{M_\odot} \right)^{-\frac{1}{3}}. \tag{9.183}$$

方励之得到的中子星临界质量为 $3.2 M_\odot$, Ruffini 以不同方法得到的中子星质量为 $3.18 M_\odot$, 且

$$M = 1.41 M_\odot > 1.3 M_\odot, \tag{9.184}$$

故脉冲星 PSR1913+16 为中子星.

由四年观测和理论综合分析得到 PSR1913+16 轨道相位随时间的变化如图 9.3 和图 9.4 所示. 按广义相对论计算, 引力辐射阻尼取 $m_1 \simeq m_2 = 1.41 M_\odot$, 可得上述曲线, 从七个观测数据 (1975 ~ 1979 年) 可以看出 PSR1913+16 双星引力辐射与理论预言符合得很好.

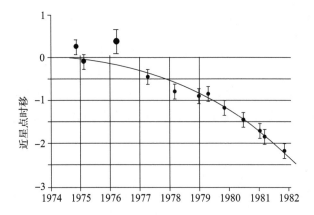

图 9.3　轨道周期相位移动 (一)

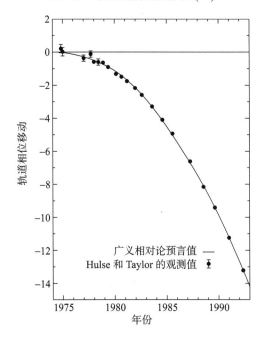

图 9.4　轨道周期相位移动 (二)

附录一: 矩阵与行列式

附 1.1 矩阵与逆矩阵

以 $a_{\mu\nu}$ $(\mu, \nu = 1, 2, \cdots, n)$ 为元素的 $n \times n$ 矩阵记为

$$\hat{a} = \begin{bmatrix} a_{11} \cdots a_{1n} \\ \vdots \qquad \vdots \\ a_{n1} \cdots a_{nn} \end{bmatrix}, \tag{附 1.1}$$

即

$$\hat{a} = [a_{\mu\nu}], \tag{附 1.2}$$

$\hat{a}$ 的逆矩阵 $\hat{a}^{-1}$ 定义为

$$\hat{a}^{-1}\hat{a} = \hat{a}\hat{a}^{-1} = I, \tag{附 1.3}$$

$\hat{a}^{-1}$ 的元素记为 $a^{\mu\nu}$, 即 $\hat{a}^{-1} = [a^{\mu\nu}]$

$$a^{\mu\nu}a_{\nu\lambda} = \delta_\lambda^\mu, \ \ \text{且} \ a_{\mu\nu}a^{\nu\lambda} = \delta_\mu^\lambda. \tag{附 1.4}$$

这是行列式的一些符号表示.

附 1.2 矩阵的行列式

矩阵 $\hat{a} = [a_{\mu\nu}]$ 的行列式记为

$$a = \det(a_{\mu\nu}), \tag{附 1.5}$$

其定义为

$$\epsilon_{\nu_1\nu_2\cdots\nu_n}a = \epsilon^{\mu_1\mu_2\cdots\mu_n}a_{\mu_1\nu_1}a_{\mu_2\nu_2}\cdots a_{\mu_n\nu_n}, \tag{附 1.6}$$

将上式乘以 $\epsilon^{\nu_1\nu_2\cdots\nu_n}$, 利用

$$\epsilon^{\nu_1\nu_2\cdots\nu_n}\epsilon_{\nu_1\nu_2\cdots\nu_n} = n!, \tag{附 1.7}$$

可得

$$a = \frac{1}{n!} \epsilon^{\mu_1\mu_2\cdots\mu_n} \epsilon^{\nu_1\nu_2\cdots\nu_n} a_{\mu_1\nu_1} a_{\mu_2\nu_2} \cdots a_{\mu_n\nu_n}. \tag{附 1.8}$$

令 $\hat{a}$ 的逆矩阵 $\hat{a}^{-1}$ 的行列式记为

$$\bar{a} = \det(a^{\mu\nu}), \tag{附 1.9}$$

$$\epsilon^{\mu_1\mu_2\cdots\mu_n} \bar{a} = \epsilon_{\lambda_1\lambda_2\cdots\lambda_n} a^{\lambda_1\mu_1} a^{\lambda_2\mu_2} \cdots a^{\lambda_n\mu_n}, \tag{附 1.10}$$

则

$$\begin{aligned}
& \epsilon^{\mu_1\mu_2\cdots\mu_n} a_{\mu_1\nu_1} a_{\mu_2\nu_2} \cdots a_{\mu_n\nu_n} \bar{a} \\
&= \epsilon_{\lambda_1\lambda_2\cdots\lambda_n} \left(a^{\lambda_1\mu_1} a_{\mu_1\nu_1}\right) \left(a^{\lambda_2\mu_2} a_{\mu_2\nu_2}\right) \cdots \left(a^{\lambda_n\mu_n} a_{\mu_n\nu_n} \bar{a}\right) \\
&= \epsilon_{\lambda_1\lambda_2\cdots\lambda_n} \delta^{\lambda_1}_{\nu_1} \delta^{\lambda_2}_{\nu_2} \cdots \delta^{\lambda_n}_{\nu_n} \\
&= \epsilon_{\nu_1\nu_2\cdots\nu_n}. \tag{附 1.11}
\end{aligned}$$

上式可化为

$$\epsilon_{\nu_1\nu_2\cdots\nu_n} a\bar{a} = \epsilon_{\nu_1\nu_2\cdots\nu_n}, \tag{附 1.12}$$

因此可得

$$a\bar{a} = I, \tag{附 1.13}$$

也即

$$\bar{a} = \frac{1}{a}, \qquad \bar{a} = \det(a^{\mu\nu}), \qquad a = \det(a_{\mu\nu}). \tag{附 1.14}$$

附 1.3   矩阵元 $a_{\mu\nu}$ 的余因子 $A^{\mu\nu}$

定义

$$A^{\mu\nu} = \frac{1}{n!} \epsilon^{\mu\mu_2\cdots\mu_n} \epsilon^{\nu\nu_2\cdots\nu_n} a_{\mu_2\nu_2} \cdots a_{\mu_n\nu_n}, \tag{附 1.15}$$

可证明

$$\begin{aligned}
A^{\mu\nu} a_{\mu\lambda} &= \frac{1}{n!} \epsilon^{\mu\mu_2\cdots\mu_n} \epsilon^{\nu\nu_2\cdots\nu_n} a_{\mu\lambda} a_{\mu_2\nu_2} \cdots a_{\mu_n\nu_n} \\
&= \frac{1}{n!} \epsilon_{\lambda\nu_2\cdots\nu_n} a \epsilon^{\nu\nu_2\cdots\nu_n}, \tag{附 1.16}
\end{aligned}$$

利用

$$\epsilon_{\lambda\nu_2\cdots\nu_n} \epsilon^{\nu\nu_2\cdots\nu_n} = \delta^\nu_\lambda (n-1)! \ , \tag{附 1.17}$$

可得

$$A^{\mu\nu} a_{\mu\lambda} = \frac{1}{n} a \delta^\nu_\lambda. \tag{附 1.18}$$

并由上式可得

$$A^{\mu\nu}a_{\mu\nu}=a,\qquad \delta^{\nu}_{\nu}=n. \tag{附 1.19}$$

$A^{\mu\nu}$ 称为 $a_{\mu\nu}$ 的余因子 (cofactor).

若 $a_{\mu\nu}$ 为对称的, 即 $a_{\mu\nu}=a_{\nu\mu}$, 则由

$$A^{\mu\nu}a_{\mu\lambda}=\frac{1}{n}a\delta^{\nu}_{\lambda}, \tag{附 1.20}$$

可知

$$A^{\mu\nu}a_{\lambda\mu}=\frac{1}{n}a\delta^{\nu}_{\lambda}, \tag{附 1.21}$$

即

$$a_{\lambda\mu}A^{\mu\nu}=\frac{1}{n}a\delta^{\nu}_{\lambda},\qquad 当 a_{\lambda\mu}=a_{\mu\lambda} 时. \tag{附 1.22}$$

由于

$$a_{\lambda\mu}a^{\mu\nu}=\delta^{\nu}_{\lambda},\qquad 矩阵相乘, \tag{附 1.23}$$

比较上两式可知

$$A^{\mu\nu}=\frac{1}{n}a^{\mu\nu}a, \tag{附 1.24}$$

因

$$a_{\nu\mu}A^{\mu\nu}=\frac{1}{n}a\delta^{\nu}_{\nu}, \tag{附 1.25}$$

故

$$a_{\nu\mu}A^{\mu\nu}=a. \tag{附 1.26}$$

附 1.4　行列式的偏微商

$$a=\frac{1}{n!}\epsilon^{\mu_1\mu_2\cdots\mu_n}\epsilon^{\nu_1\nu_2\cdots\nu_n}a_{\mu_1\nu_1}a_{\mu_2\nu_2}\cdots a_{\mu_n\nu_n}, \tag{附 1.27}$$

当 $a_{\mu\nu}=a_{\mu\nu}(x)$, $x=(x^1,x^2,\cdots,x^n)$, 矩阵元是坐标的函数, 可证明

$$\partial_\lambda a=\frac{1}{(n-1)!}\epsilon^{\mu_1\mu_2\cdots\mu_n}\epsilon^{\nu_1\nu_2\cdots\nu_n}(\partial_\lambda a_{\mu_1\nu_1})a_{\mu_2\nu_2}\cdots a_{\mu_n\nu_n}, \tag{附 1.28}$$

因

$$A^{\mu\nu}=\frac{1}{n!}\epsilon^{\mu\mu_2\cdots\mu_n}\epsilon^{\nu\nu_2\cdots\nu_n}a_{\mu_2\nu_2}\cdots a_{\mu_n\nu_n}, \tag{附 1.29}$$

故

$$\partial_\lambda a=nA^{\mu\nu}(\partial_\lambda a_{\mu\nu}), \tag{附 1.30}$$

当 $a_{\mu\nu}=a_{\nu\mu}$, $A^{\mu\nu}=\frac{1}{n}a^{\mu\nu}a$, 将其代入上式, 可得

$$\partial_\lambda a=aa^{\mu\nu}(\partial_\lambda a_{\mu\nu}). \tag{附 1.31}$$

附 1.5   行列式的变分

$$\delta a = \frac{1}{n!}\epsilon^{\mu\mu_2\cdots\mu_n}\epsilon^{\nu\nu_2\cdots\nu_n}\delta a_{\mu\nu}a_{\mu_2\nu_2}\cdots a_{\mu_n\nu_n}, \tag{附 1.32}$$

利用

$$\frac{1}{(n-1)!} = \frac{n}{n!}, \tag{附 1.33}$$

可得

$$\delta a = nA^{\mu\nu}\delta a_{\mu\nu}, \tag{附 1.34}$$

当 $a_{\mu\nu} = a_{\nu\mu}$, $A^{\mu\nu} = \frac{1}{n}a^{\mu\nu}a$, 则

$$\delta a = \left(a^{\mu\nu}\delta a_{\mu\nu}\right)a, \tag{附 1.35}$$

$$\delta a = \frac{1}{n!}\epsilon^{\mu\mu_2\cdots\mu_n}\epsilon^{\nu\nu_2\cdots\nu_n}\delta a_{\mu\nu}a_{\mu_2\nu_2}\cdots a_{\mu_n\nu_n}, \tag{附 1.36}$$

因 a 中不含 $a_{\mu\nu}$ 的偏微商项, 故行列式 a 对 $a_{\mu\nu}$ 的变分

$$\frac{\delta a}{\delta a_{\mu\nu}} = \frac{\partial a}{\partial a_{\mu\nu}}, \tag{附 1.37}$$

故

$$\frac{\delta a}{\delta a_{\mu\nu}} = \frac{n}{n!}\epsilon^{\mu\mu_2\cdots\mu_n}\epsilon^{\nu\nu_2\cdots\nu_n}a_{\mu_2\nu_2}\cdots a_{\mu_n\nu_n}. \tag{附 1.38}$$

考虑到 $A^{\mu\nu}$ 的定义, 可得

$$\frac{\delta a}{\delta a_{\mu\nu}} = nA^{\mu\nu}, \tag{附 1.39}$$

当 $a_{\mu\nu} = a_{\nu\mu}$, $A^{\mu\nu} = \frac{1}{n}a^{\mu\nu}a$, 最后得到

$$\frac{\delta a}{\delta a_{\mu\nu}} = a^{\mu\nu}a. \tag{附 1.40}$$

附录二：对称矩阵与三角矩阵

附 2.1　关于对称矩阵等于三角矩阵乘积的定理

本节内容是标架 (vielbein) 理论的基础. 定理: 如果 $[a_{\mu\nu}]$ 为对称矩阵, $a_{\mu\nu} = a_{\nu\mu}$, 且

$$\Delta_1 = a_{11} \neq 0, \quad \Delta_2 = \begin{vmatrix} a_{11} & a_{12} \\ a_{21} & a_{22} \end{vmatrix}, \cdots, \quad \Delta_n = a \neq 0, \tag{附 2.1}$$

则

$$a_{\mu\nu} = b_\mu^a b_\nu^a, \tag{附 2.2}$$

其中 $[b_\mu^a]$ 为三角矩阵.

举例阐明此问题: 三角矩阵可由对称矩阵 $\boldsymbol{a}$ 唯一决定. 设 $\boldsymbol{a}$ 为对称矩阵:

$$\boldsymbol{a} = \begin{pmatrix} A & B & D \\ B & C & E \\ D & E & F \end{pmatrix}, \tag{附 2.3}$$

元素数为 6.

$\boldsymbol{b}$ 为三角矩阵:

$$\boldsymbol{b} = \begin{pmatrix} l & 0 & 0 \\ m & n & 0 \\ p & q & r \end{pmatrix}, \quad \boldsymbol{b}^{\mathrm{T}} = \begin{pmatrix} l & m & p \\ 0 & n & q \\ 0 & 0 & r \end{pmatrix}, \tag{附 2.4}$$

元素数为 6. 则

$$\boldsymbol{b}\boldsymbol{b}^{\mathrm{T}} = \begin{pmatrix} l & 0 & 0 \\ m & n & 0 \\ p & q & r \end{pmatrix} \begin{pmatrix} l & m & p \\ 0 & n & q \\ 0 & 0 & r \end{pmatrix} = \begin{pmatrix} l^2 & lm & lp \\ lm & n^2 + m^2 & mp + nq \\ lp & mp + nq & p^2 + q^2 + r^2 \end{pmatrix}, \tag{附 2.5}$$

再设

$$a = bb^{\mathrm{T}}, \tag{附 2.6}$$

a 是给定的, 求 b 中的元素, 则

$$A = l^2, \qquad B = lm, \qquad D = lp,$$
$$C = n^2 + m^2, \quad E = mp + nq, \quad F = p^2 + q^2 + r^2,$$
$$l = \sqrt{A}, \qquad m = \frac{B}{\sqrt{A}}, \qquad p = \frac{D}{\sqrt{A}},$$

$$n = \sqrt{C - \frac{B^2}{A}}, q = \frac{E - \frac{BD}{A}}{\sqrt{C - \frac{B^2}{A}}}, r = \sqrt{F - \frac{D^2}{A} - \frac{\left(E - \frac{BD}{A}\right)^2}{C - \frac{B^2}{A}}}.$$

下面说明 $\Delta_i \neq 0$ 的意义. 由 a 的元素可决定 b 的元素. 此外, 注意到:

$$\Delta_1 = A = l^2 , \tag{附 2.7}$$

$$\Delta_2 = \begin{vmatrix} A & B \\ B & C \end{vmatrix} = AC - B^2 = l^2(m^2 + n^2) - l^2 m^2 = l^2 n^2 , \tag{附 2.8}$$

$$\Delta_3 = \begin{vmatrix} A & B & D \\ B & C & E \\ D & E & F \end{vmatrix} = A\begin{vmatrix} C & E \\ E & F \end{vmatrix} - B\begin{vmatrix} B & E \\ D & F \end{vmatrix} + D\begin{vmatrix} B & C \\ D & E \end{vmatrix}$$

$$= A(CF - E^2) - B(BF - ED) + D(BE - CD)$$

$$= l^2[(m^2 + n^2)(p^2 + q^2 + r^2) - (mp + nq)^2]$$

$$\quad - lm[lm(p^2 + q^2 + r^2) - (mp + nq)lp]$$

$$\quad + lp[lm(mp + nq) - (m^2 + n^2)lp]$$

$$= l^2 m^2(p^2 + q^2 + r^2) + l^2 n^2(p^2 + q^2 + r^2) - l^2 m^2 p^2 + l^2 n^2 q^2 - 2l^2 mnpq$$

$$\quad - l^2 m^2(p^2 + q^2 + r^2) - lmlpmp + lmlpnq$$

$$\quad + lplmmp + lplmnq - lplpm^2 + n^2 - lplpn^2$$

$$= l^2 n^2 p^2 + l^2 n^2(q^2 + r^2) - l^2 p^2 n^2 - l^2 n^2 q^2$$

$$= l^2 n^2 r^2. \tag{附 2.9}$$

即 $\Delta_1 \neq 0, \Delta_2 \neq 0, \Delta_3 \neq 0$ 归结为

$$\begin{cases} \Delta_1 = l^2 \neq 0 & \text{对应} \quad l^2 \neq 0 , \\ \Delta_2 = l^2 n^2 \neq 0 & \text{对应} \quad n^2 \neq 0 , \\ \Delta_3 = l^2 n^2 r^2 \neq 0 & \text{对应} \quad r^2 \neq 0 , \end{cases} \tag{附 2.10}$$

即 b 的对角元不为零, 这是 $\Delta_1 \neq 0, \Delta_2 \neq 0, \cdots, \Delta_n \neq 0$ 的意义.

下面可看到, 由 b 的行列式证明上述结果更直接.

$$\boldsymbol{b} = \begin{pmatrix} l & 0 & 0 \\ m & n & 0 \\ p & q & r \end{pmatrix}, \quad \boldsymbol{b}^{\mathrm{T}} = \begin{pmatrix} l & m & p \\ 0 & n & q \\ 0 & 0 & r \end{pmatrix},$$

$$\boldsymbol{a} = \boldsymbol{b}\boldsymbol{b}^{\mathrm{T}}.$$

令

$$
\begin{aligned}
& b_1 = (l), && b_1^{\mathrm{T}} = (l), \\
& b_2 = \begin{pmatrix} l & 0 \\ m & n \end{pmatrix}, && b_2^{\mathrm{T}} = \begin{pmatrix} l & m \\ 0 & n \end{pmatrix}, \\
& b_3 = b = \begin{pmatrix} l & 0 & 0 \\ m & n & 0 \\ p & q & r \end{pmatrix}, && b_3^{\mathrm{T}} = b^{\mathrm{T}} = \begin{pmatrix} l & m & p \\ 0 & n & q \\ 0 & 0 & r \end{pmatrix},
\end{aligned}
\tag{附 2.11}
$$

$$
\begin{cases}
\det b_1 = l, \\
\det b_2 = ln, \\
\det b_3 = lnr,
\end{cases}
\tag{附 2.12}
$$

则

$$
\begin{cases}
\Delta_1 = \det b_1 \ \det b_1^{\mathrm{T}} = (\det b_1)^2 = l^2, \quad \det b_1^{\mathrm{T}} = \det b_1, \\
\Delta_2 = \det b_2 \ \det b_2^{\mathrm{T}} = (\det b_2)^2 = l^2 n^2, \\
\Delta_3 = \det b_3 \ \det b_3^{\mathrm{T}} = (\det b_3)^2 = l^2 n^2 r^2.
\end{cases}
\tag{附 2.13}
$$

附 2.2 对称矩阵和三角矩阵的矩阵元表示

一般情况 $\boldsymbol{a}$ 和 $\boldsymbol{b}$ 皆为 $n \times n$ 矩阵, 且 $\boldsymbol{b}$ 为下三角矩阵, $\boldsymbol{b}^{\mathrm{T}}$ 为上三角矩阵, 将 $\boldsymbol{b}$ 表示为

$$
\boldsymbol{b} = \begin{pmatrix}
b_1^1 & 0 & 0 & \cdots & 0 \\
b_2^1 & b_2^2 & 0 & \cdots & 0 \\
b_3^1 & b_3^2 & b_3^3 & \cdots & 0 \\
\vdots & \vdots & \vdots & & \vdots \\
b_n^1 & b_n^2 & b_n^3 & \cdots & b_n^n
\end{pmatrix}, \quad \boldsymbol{b} = [b_\mu^q], \ \mu \geqslant q \,,
$$

$$
\boldsymbol{b}^{\mathrm{T}} = \begin{pmatrix} b_1^1 & b_2^1 & b_3^1 & \cdots & b_n^1 \\ 0 & b_2^2 & b_3^2 & \cdots & b_n^2 \\ 0 & 0 & b_3^3 & \cdots & b_n^3 \\ \vdots & \vdots & \vdots & & \vdots \\ 0 & 0 & 0 & \cdots & b_n^n \end{pmatrix}, \tag{附 2.14}
$$

则:

$$
\boldsymbol{bb}^{\mathrm{T}} = \begin{pmatrix} b_1^1 b_1^1 & b_1^1 b_2^1 & b_1^1 b_3^1 & \cdots & b_1^1 b_n^1 \\ b_2^1 b_1^1 & b_2^1 b_2^1 + b_2^2 b_2^2 & b_2^1 b_3^1 + b_2^2 b_3^2 & \cdots & b_2^1 b_n^1 + b_2^2 b_n^2 \\ b_3^1 b_1^1 & b_3^1 b_2^1 + b_3^2 b_2^2 & b_3^1 b_3^1 + b_3^2 b_3^2 + b_3^3 b_3^3 & \cdots & b_3^1 b_n^1 + b_3^2 b_n^2 + b_3^3 b_n^3 \\ \vdots & \vdots & \vdots & & \vdots \\ b_n^1 b_1^1 & b_n^1 b_2^1 + b_n^2 b_2^2 & b_n^1 b_3^1 + b_n^2 b_3^2 + b_n^3 b_3^3 & \cdots & b_n^1 b_n^1 + b_n^2 b_n^2 + b_n^3 b_n^3 \end{pmatrix}, \tag{附 2.15}
$$

由 $\boldsymbol{a} = \boldsymbol{bb}^{\mathrm{T}}$ 可知:

$a_{11} = b_1^1 b_1^1,\ a_{12} = b_1^1 b_2^1,\quad a_{13} = b_1^1 b_3^1,\qquad\cdots,\ a_{1n} = b_1^1 b_n^1,$

$a_{21} = b_2^1 b_1^1,\ a_{22} = b_2^1 b_2^1 + b_2^2 b_2^2,\ a_{23} = b_2^1 b_3^1 + b_2^2 b_3^2,\qquad\cdots,\ a_{2n} = b_2^1 b_n^1 + b_2^2 b_n^2,$

$a_{31} = b_3^1 b_1^1,\ a_{32} = b_3^1 b_2^1 + b_3^2 b_2^2,\ a_{33} = b_3^1 b_3^1 + b_3^2 b_3^2 + b_3^3 b_3^3,\ \cdots,\ a_{3n} = b_3^1 b_n^1 + b_3^2 b_n^2 + b_3^3 b_n^3,$

$a_{n1} = b_n^1 b_1^1,\ a_{n2} = b_n^1 b_2^1 + b_n^2 b_2^2,\ a_{n3} = b_n^1 b_3^1 + b_n^2 b_3^2 + b_n^3 b_3^3, \cdots,\ a_{nn} = b_n^1 b_n^1 + b_n^2 b_n^2 + b_n^3 b_n^3,$

可看出: $a_{\mu\nu} = a_{\nu\mu}$, 故当 $\boldsymbol{a}$ 为对称矩阵时, 利用三角矩阵 $\boldsymbol{b}$ 可将 $\boldsymbol{a}$ 表示为: $\boldsymbol{a} = \boldsymbol{bb}^{\mathrm{T}}$, 三角矩阵 $\boldsymbol{b}$ 的元素可由 $\boldsymbol{a}$ 的矩阵完全确定.

一般设 $\boldsymbol{a} = [a_{\mu\nu}]$, 并设 $b = [b_\mu^a]$, 且 $\boldsymbol{b}$ 的矩阵元 b_μ^a 指标 $a \leqslant \mu$ (三角矩阵). 则 $a_{\mu\nu} = b_\mu^a b_\nu^a$. 其中 $\boldsymbol{a}$ 的元素数为: $\frac{1}{2}n(n+1)$, $\boldsymbol{b}$ 的元素数为: $\frac{1}{2}n(n+1)$. 由于度规 $g_{\mu\nu}$ 对 μ, ν 是对称的, 故

$$ g_{\mu\nu} = b_\mu^a b_\nu^a. \tag{附 2.16} $$

将 b_μ^a 作正交变换

$$ b_\mu^{a\prime} = A^{ab} b_\mu^b, \tag{附 2.17} $$

$$ b_\nu^{a\prime} = A^{ac} b_\nu^c, \tag{附 2.18} $$

$$ A^{ab} A^{ac} = \delta^{bc}, \tag{附 2.19} $$

则可得

$$b_\mu^{a'} b_\nu^{a'} = b_\mu^c b_\nu^c. \qquad (\text{附 } 2.20)$$

故令

$$e_\mu^a = A^{ab} b_\mu^b, \quad e_\nu^a = A^{ac} b_\nu^c, \qquad (\text{附 } 2.21)$$

则

$$g_{\mu\nu} = e_\mu^a e_\nu^a. \qquad (\text{附 } 2.22)$$

附录三: $SO(N)$ 规范理论与 Riemann-Cartan 几何

附 3.1   经典规范场理论

物理学中的规范场理论就是数学上的主纤维丛 (主丛) 理论. 设 M 为底流形, G 为规范群, 即主丛上纤维 (结构群). G 为李群, $S(\alpha)$ 为 G 的不可约线性表示. 若 $\alpha = (\alpha^1 \cdots \alpha^r)$, 则 G 称为 r 阶李群, 其生成元定义为

$$T_a = \left. \frac{\partial S(\alpha)}{\partial \alpha^a} \right|_{\alpha=0}. \tag{附 3.1}$$

满足李代数关系

$$[T_a, T_b] = C_{ab}^\rho T_\rho, \tag{附 3.2}$$

$T_a \in \mathscr{L}ie(G)$ 称为李代数 $\mathscr{L}ie(G)$ 的元素. 在规范场理论中参数 $\alpha = \alpha^a(x)$ 是底流形 M 上坐标的函数, 即

$$S(\alpha(x)) = S(x). \tag{附 3.3}$$

设 $S(x)$ 的变换关系为 $\psi(x)$, 则 $\psi(x)$ 的规范变换定义为

$$\psi'(x) = S(x)\psi(x). \tag{附 3.4}$$

$\psi(x)$ 的协变微商定义为

$$D_\mu \psi = \partial_\mu \psi(x) - \mathscr{A}_\mu \psi, \tag{附 3.5}$$

$$\mathscr{A}_\mu = \mathscr{A}_\mu^a T_a, \quad \text{李代数关系} \tag{附 3.6}$$

$\mathscr{A}_\mu$ 称为规范势. 若要求 $D_\mu \psi$ 是规范协变的

$$D'_\mu \psi'(x) = S(x) D_\mu \psi(x), \tag{附 3.7}$$

则可证明 $\mathscr{A}$ 的变换规律应为

$$\mathscr{A}'_\mu(x) = S\mathscr{A}_\mu S^{-1} + \partial_\mu S\, S^{-1}. \qquad (\text{附 } 3.8)$$

由 $\mathscr{A}_\mu$ 可定义规范场张量

$$\mathscr{F}_{\mu\nu} = \partial_\mu\mathscr{A}_\nu - \partial_\nu\mathscr{A}_\mu - [\mathscr{A}_\mu, \mathscr{A}_\nu], \qquad (\text{附 } 3.9)$$

可证明 $\mathscr{F}_{\mu\nu}$ 对 $\mathscr{A}_\mu \to \mathscr{A}'_\mu$ 变换是规范协变的, 即

$$\mathscr{F}'_{\mu\nu} = S\mathscr{F}_{\mu\nu}S^{-1}. \qquad (\text{附 } 3.10)$$

在主丛理论中将 M 和 G 统一为一个全空间 E. 若定义投射

$$\pi : E \to M, \qquad (\text{附 } 3.11)$$

并将主丛表示为

$$P(E, \pi, G), \qquad (\text{附 } 3.12)$$

规范势 $\mathscr{A}_\mu$ 称为主丛上的联络, $\mathscr{F}_{\mu\nu}$ 则称为主丛上的曲率张量.

附 3.2 $O(N)$ 群与 $SO(N)$ 群

可由 $N \times N$ 实正交矩阵构成一个群, 称为正交群的 $O(N)$ 表示

$$O(N) = \{A | A \in M_N(\mathscr{R}),\ A^{\mathrm{T}}A = I\}. \qquad (\text{附 } 3.13)$$

令 x 为在 R^N 中的矢量

$$x = \begin{pmatrix} x^1 \\ x^2 \\ \vdots \\ x^N \end{pmatrix}, \quad x^{\mathrm{T}} = \begin{pmatrix} x^1\ x^2 \cdots x^N \end{pmatrix}, \qquad (\text{附 } 3.14)$$

$$\|x\|^2 = x^{\mathrm{T}}x = {x^1}^2 + {x^2}^2 \cdots + {x^N}^2.$$

将 x 进行正交变换

$$x' = Ax, \quad A^{\mathrm{T}}A = 1, \qquad (\text{附 } 3.15)$$

可证明

$$x'^{\mathrm{T}}x' = x^{\mathrm{T}}A^{\mathrm{T}}Ax = x^{\mathrm{T}}x,$$

故正交变换的主要特征是使 x 的模不变

$$\|x'\|^2 = \|x\|^2, \tag{附 3.16}$$

$$SO(N) = \{A|A \in O(N), \ \det A = 1\}. \tag{附 3.17}$$

附 3.3　*SO(N)* 群的生成元

群的生成元仅涉及小参量情况, 在此情况下, 令

$$A = I + \alpha,$$
$$A^{-1} = I - \alpha. \tag{附 3.18}$$

由要求 $\det A = 1$ 可证明 $\mathrm{Tr}\,(\alpha) = 0$. 又由

$$A^{\mathrm{T}} = I + \alpha^{\mathrm{T}}, \tag{附 3.19}$$

故有

$$\alpha^{\mathrm{T}} = -\alpha. \tag{附 3.20}$$

令 α 的矩阵元 α_{ab} 与 $\alpha = -\alpha^{\mathrm{T}}$ 对应

$$\alpha_{ab} = -\alpha_{ba}, \tag{附 3.21}$$

即 α_{ab} 对 a, b 指标是反对称的.

如果直接选择 α_{ab} 就是 $SO(N)$ 的群参数, 则 $SO(N)$ 群的群参数个数为 $\frac{1}{2}N(N-1)$ 个. 令 $SO(N)$ 生成元为 I_{ab}, 则

$$\alpha = \frac{1}{2}I_{ab}\alpha_{ab}, \quad I_{ab} = -I_{ba}, \tag{附 3.22}$$

则

$$\alpha_{cd} = \frac{1}{2}(I_{ab})_{cd}\alpha_{ab}.$$

由此可得

$$(I_{ab})_{cd} = \delta_{ac}\delta_{bd} - \delta_{ad}\delta_{bc},$$

即

$$I_{12} = \begin{pmatrix} 0 & 1 & 0 & \cdots & 0 \\ -1 & 0 & 0 & \cdots & 0 \\ 0 & 0 & 0 & \cdots & 0 \\ \vdots & \vdots & \vdots & & \vdots \\ 0 & 0 & 0 & \cdots & 0 \end{pmatrix}, \quad I_{13} = \begin{pmatrix} 0 & 0 & 1 & \cdots & 0 \\ 0 & 0 & 0 & \cdots & 0 \\ -1 & 0 & 0 & \cdots & 0 \\ \vdots & \vdots & \vdots & & \vdots \\ 0 & 0 & 0 & \cdots & 0 \end{pmatrix}, \qquad \text{(附 3.23)}$$

$$I_{23} = \begin{pmatrix} 0 & 0 & 0 & \cdots & 0 \\ 0 & 0 & 1 & \cdots & 0 \\ 0 & -1 & 0 & \cdots & 0 \\ \vdots & \vdots & \vdots & & \vdots \\ 0 & 0 & 0 & \cdots & 0 \end{pmatrix}, \quad I_{1n} = \begin{pmatrix} 0 & 0 & 0 & \cdots & 1 \\ 0 & 0 & 0 & \cdots & 0 \\ 0 & 0 & 0 & \cdots & 0 \\ \vdots & \vdots & \vdots & & \vdots \\ -1 & 0 & 0 & \cdots & 0 \end{pmatrix}. \qquad \text{(附 3.24)}$$

由此可证明生成元的对易关系为

$$[I_{ab}, I_{cd}] = \delta_{ad}I_{bc} + \delta_{bc}I_{ad} - \delta_{ac}I_{bd} - \delta_{bd}I_{ac}. \qquad \text{(附 3.25)}$$

这是 $SO(N)$ 群的结构. 将上式生成元进行下列变换

$$\overline{I}_{ab} = SI_{ab}S^{-1}, \qquad \text{(附 3.26)}$$

当 S 为任意 $N \times N$ 矩阵, $\overline{I}_{ab}$ 则是 $SO(N)$ 群生成元的任意不同的表示, 但式 (附 3.25) 表征的结构常数是不变的.

附 3.4 Clifford 代数与 $SO(N)$ 生成元的表示

设 e_a $(a = 1, \cdots, N)$ 为 N 维矢量空间的基, 如果它满足

$$e_a e_b + e_b e_a = 2\delta_{ab}, \qquad \text{(附 3.27)}$$

则 e_a 称为 Clifford 代数的矢量基, Clifford 代数空间的矢量可表示为

$$A = A^a e_a. \qquad \text{(附 3.28)}$$

设另一矢量 $B = B^b e_b$, 则可证明

$$\frac{1}{2}(AB + BA) = \frac{1}{2}A^a B^b (e_a e_b + e_b e_a) = \frac{1}{2}A^a B^b 2\delta_{ab}, \qquad \text{(附 3.29)}$$

故

$$\frac{1}{2}(AB + BA) = A^a B^a = AB. \qquad (\text{附 } 3.30)$$

由式 (附 3.27) 可知, 当 $a \neq b$ 时, e_a 和 e_b 是反对称的, $e_a e_b = -e_b e_a$, 故当 $a \neq b$ 时, $e_a e_b$ 构成反对称张量基.

$$T = T^{ab} e_a e_b = \frac{1}{2} T^{ab}[e_a, e_b], \quad T^{ab} = -T^{ba}. \qquad (\text{附 } 3.31)$$

e_a 还可以构成高阶反对称张量基. Clifford 代数矢量基 e_a 的 $N \times N$ 矩阵表示

$$\Gamma(e_a) = \gamma_a, \qquad (\text{附 } 3.32)$$

它与式 (附 3.27) 同构, 即

$$\gamma_a \gamma_b + \gamma_b \gamma_a = 2I\delta_{ab}. \qquad (\text{附 } 3.33)$$

当 $N = 4$ 时, $\gamma_a(a = 1, 2, 3, 4)$ 称为 Dirac 矩阵.

用 γ_a 矩阵可构造 $SO(N)$ 群的生成元

$$I_{ab} = \frac{1}{4}(\gamma_a \gamma_b - \gamma_b \gamma_a), \qquad (\text{附 } 3.34)$$

显然

$$I_{ab} = -I_{ba}.$$

由等式

$$[A, BC] = [A, B]C + B[A, C], \qquad (\text{附 } 3.35)$$

可证明

$$[I_{ab}, \gamma_c] = \gamma_a \delta_{bc} - \gamma_b \delta_{ac}. \qquad (\text{附 } 3.36)$$

则

$$
\begin{aligned}
[I_{ab}, I_{cd}] =& \frac{1}{4}[I_{ab}, (\gamma_c \gamma_d - \gamma_d \gamma_c)] \\
=& \frac{1}{4}[I_{ab}, \gamma_c \gamma_d] - \frac{1}{4}[I_{ab}, \gamma_d \gamma_c] \\
=& \frac{1}{4}[I_{ab}, \gamma_c]\gamma_d + \frac{1}{4}\gamma_c[I_{ab}, \gamma_d] - \frac{1}{4}[I_{ab}, \gamma_d]\gamma_c - \frac{1}{4}\gamma_d[I_{ab}, \gamma_c] \\
=& \frac{1}{4}(\gamma_a \gamma_d \delta_{bc} - \gamma_b \gamma_d \delta_{ac} + \gamma_c \gamma_a \delta_{bd} - \gamma_c \gamma_b \delta_{ad} - \gamma_a \gamma_c \delta_{bd} \\
& + \gamma_b \gamma_c \delta_{ad} - \gamma_d \gamma_a \delta_{bc} + \gamma_d \gamma_b \delta_{ac}) \\
=& I_{ad}\delta_{bc} + I_{bc}\delta_{ad} - I_{ac}\delta_{bd} - I_{bd}\delta_{ac}. \qquad (\text{附 } 3.37)
\end{aligned}
$$

故由式 (附 3.34) 定义的 I_{ab} 满足 $SO(N)$ 生成元的结构关系

$$[I_{ab}, I_{cd}] = I_{ad}\delta_{bc} + I_{bc}\delta_{ad} - I_{ac}\delta_{bd} - I_{bd}\delta_{ac}. \tag{附 3.38}$$

将上式表示为典型李代数形式

$$[I_{ab}, I_{cd}] = C_{ab,cd}^{lm} I_{lm},$$

$C_{ab,cd}^{lm}$ 为 $SO(N)$ 李代数的结构常数. 由式 (附 3.38) 可看出

$$C_{ab,cd}^{lm} = \delta_{la}\delta_{dm}\delta_{bc} + \delta_{lb}\delta_{mc}\delta_{ad} - \delta_{la}\delta_{mc}\delta_{bd} - \delta_{lb}\delta_{md}\delta_{ac}. \tag{附 3.39}$$

生成元对易关系的原始证明

$$(I_{ab})_{lm} = \delta_{al}\delta_{bm} - \delta_{am}\delta_{bl}.$$

令

$$[I_{ab}, I_{cd}] = C_{ab,cd}^{lm} I_{lm},$$

而

$$I_{ab}I_{cd} - I_{cd}I_{ab} = C_{ab,cd}^{lm} I_{lm},$$

则

$$(I_{ab})_{pq}(I_{cd})_{qr} - (I_{cd})_{pq}(I_{ab})_{qr} = C_{ab,cd}^{lm}(I_{lm})_{pr}.$$

$$\begin{aligned}
左 &= (\delta_{ap}\delta_{bq} - \delta_{aq}\delta_{bp})(\delta_{cq}\delta_{dr} - \delta_{cr}\delta_{dq}) - (\delta_{cp}\delta_{dq} - \delta_{cq}\delta_{dp})(\delta_{aq}\delta_{br} - \delta_{ar}\delta_{bq}) \\
&= \delta_{ap}\delta_{bc}\delta_{dr} - \delta_{ap}\delta_{bd}\delta_{cr} - \delta_{ac}\delta_{bp}\delta_{dr} + \delta_{ad}\delta_{bp}\delta_{cr} \\
&\quad - \delta_{cp}\delta_{da}\delta_{br} + \delta_{cp}\delta_{db}\delta_{ar} + \delta_{ca}\delta_{dp}\delta_{br} - \delta_{cb}\delta_{dp}\delta_{ar}, \tag{附 3.40}
\end{aligned}$$

$$\begin{aligned}
右 &= C_{ab,cd}^{lm}(\delta_{lp}\delta_{mr} - \delta_{lr}\delta_{mp}) \\
&= C_{ab,cd}^{pr} - C_{ab,cd}^{rp} \Rightarrow C_{ab,cd}^{lm} - C_{ab,cd}^{ml}, \quad p \to l, r \to m, \tag{附 3.41}
\end{aligned}$$

即

$$\begin{aligned}
C_{ab,cd}^{lm} - C_{ab,cd}^{ml} &= \delta_{al}\delta_{bc}\delta_{dm} - \delta_{al}\delta_{bd}\delta_{cm} - \delta_{ac}\delta_{bl}\delta_{dm} + \delta_{ad}\delta_{bl}\delta_{cm} \\
&\quad - \delta_{cl}\delta_{da}\delta_{bm} + \delta_{cl}\delta_{db}\delta_{am} + \delta_{ca}\delta_{dl}\delta_{bm} - \delta_{cb}\delta_{dl}\delta_{am} \\
&= (\delta_{la}\delta_{dm}\delta_{bc} + \delta_{bl}\delta_{mc}\delta_{ad} - \delta_{la}\delta_{mc}\delta_{bd} - \delta_{lb}\delta_{md}\delta_{ac}) \\
&\quad - (\delta_{ma}\delta_{ld}\delta_{bc} + \delta_{bm}\delta_{cl}\delta_{ad} + \delta_{ma}\delta_{lc}\delta_{bd} - \delta_{mb}\delta_{ld}\delta_{ac}), \tag{附 3.42}
\end{aligned}$$

故有

$$C_{ab,cd}^{lm} = \delta_{la}\delta_{md}\delta_{bc} + \delta_{lb}\delta_{mc}\delta_{ad} - \delta_{la}\delta_{mc}\delta_{bd} - \delta_{lb}\delta_{md}\delta_{ac}.$$

则可证明

$$[I_{ab}, I_{cd}] = \delta_{la}\delta_{md}\delta_{bc} + \delta_{lb}\delta_{mc}\delta_{ad} - \delta_{la}\delta_{mc}\delta_{bd} - \delta_{lb}\delta_{md}\delta_{ac},$$

即

$$[I_{ab}, I_{cd}] = I_{ab}\delta_{bc} + I_{bc}\delta_{ad} - I_{ac}\delta_{bd} - I_{bd}\delta_{ac}.$$

附 3.5　Clifford 矢量与张量的对易关系

定义 Clifford 张量

$$A = \frac{1}{2}A^{ab}I_{ab}, \quad A^{ab} = -A^{ba},$$

$$I_{ab} = \frac{1}{4}(\gamma_a\gamma_b - \gamma_b\gamma_a),$$

Clifford 矢量

$$B = B^a\gamma_a,$$

则可证明

$$\begin{aligned}
[A, B] &= \frac{1}{2}A^{ab}B^c[I_{ab}, \gamma_c] \\
&= \frac{1}{2}A^{ab}B^c(\gamma_a\delta_{bc} - \gamma_b\delta_{ac}) \\
&= \frac{1}{2}(A^{ab}B^b\gamma_a - A^{ab}B^b\gamma_b) \\
&= \frac{1}{2}(A^{ab}B^b\gamma_a - A^{ba}B^b\gamma_a) \\
&= A^{ab}B^b\gamma_a,
\end{aligned} \tag{附 3.43}$$

即

$$[A, B] = A^{ab}B^b\gamma_a. \tag{附 3.44}$$

如定义另一 Clifford 张量

$$K = \frac{1}{2}K^{ab}I_{ab}, \quad K^{ab} = -K^{ba}, \tag{附 3.45}$$

则

$$
\begin{aligned}
[A, K] =& \frac{1}{4} A^{ab} K^{cd} [I_{ab}, I_{cd}] \\
=& \frac{1}{4} A^{ab} K^{cd} (I_{ab} \delta_{bc} + I_{bc} \delta_{ad} - I_{ac} \delta_{bd} - I_{bd} \delta_{ac}) \\
=& \frac{1}{4} (A^{ab} K^{bd} I_{ad} + A^{ab} K^{ca} I_{bc} - A^{ab} K^{cb} I_{ac} - A^{ab} K^{ad} I_{bd}) \\
=& \frac{1}{4} (A^{al} K^{ld} I_{ad} + A^{lb} K^{cl} I_{bc} - A^{al} K^{cl} I_{ac} - A^{lb} K^{ld} I_{bd}) \\
=& \frac{1}{4} (A^{al} K^{lb} I_{ab} + A^{la} K^{bl} I_{ab} - A^{al} K^{bl} I_{ab} - A^{la} K^{lb} I_{ab}) \\
=& \frac{1}{4} (A^{al} K^{lb} + A^{al} K^{bl} + A^{al} K^{bl} + A^{al} K^{lb}) I_{ab},
\end{aligned}
\tag{附 3.46}
$$

故

$$
[A, K] = A^{ac} K^{cb} I_{ab}.
$$

将 $A^{ac} K^{cb}$ 对 a, b 反对称化后有

$$
[A, K] = \frac{1}{2} (A^{ac} K^{cb} - K^{ac} A^{cb}) I_{ab}.
\tag{附 3.47}
$$

附 3.6 $SO(N)$ 规范势与 Clifford 代数矢量场的协变微商

在以李代数为基础的表述中, $SO(N)$ 规范场理论的规范势写为

$$
\omega_\mu = \frac{1}{2} \omega_\mu^{ab} I_{ab}, \quad I_{ab} = \frac{1}{4} (\gamma_a \gamma_b - \gamma_b \gamma_a), \quad \omega_\mu^{ab} = -\omega_\mu^{ba},
\tag{附 3.48}
$$

I_{ab} 是 $SO(n)$ 群的生成元. Clifford 代数矢量场

$$
\phi(x) = \phi^a(x) \gamma_a
\tag{附 3.49}
$$

的协变微商定义为

$$
D_\mu \phi = \partial_\mu \phi - [\omega_\mu, \phi].
\tag{附 3.50}
$$

对其进行协变规范变换

$$
\phi' = S \phi S^{-1}, \quad S = S(x),
\tag{附 3.51}
$$

则协变微商 $D_\mu \phi$ 的变换要求

$$D'_\mu \phi' = S D_\mu \phi S^{-1}, \qquad (\text{附 } 3.52)$$

$$D'_\mu \phi' = \partial_\mu \phi' - [\omega'_\mu, \phi']. \qquad (\text{附 } 3.53)$$

可证明当规范势 ω_μ 的规范变换为

$$\omega'_\mu = S\omega_\mu S^{-1} + \partial_\mu S S^{-1}, \quad SS^{-1} = S^{-1}S = I, \qquad (\text{附 } 3.54)$$

$D'_\mu \phi'$ 满足式 (附 3.52), 这是由于利用 $\partial_\mu S^{-1} S = -S^{-1} \partial_\mu S$, 可证明

$$
\begin{aligned}
D'_\mu \phi' &= \partial_\mu \phi' - [\omega'_\mu, \phi'] \\
&= \partial_\mu \phi' - \omega'_\mu \phi' + \phi' \omega'_\mu \\
&= \partial_\mu (S\phi S^{-1}) - (S\omega_\mu S^{-1} + \partial_\mu S S^{-1})(S\phi S^{-1}) + (S\phi S^{-1})(S\omega_\mu S^{-1} + \partial_\mu S S^{-1}) \\
&= S\partial_\mu \phi S^{-1} + \partial_\mu S \phi S^{-1} + S\phi \partial_\mu S^{-1} - S(\omega_\mu \phi)S^{-1} - \partial_\mu S \phi S^{-1} + S(\phi \omega_\mu)S^{-1} \\
&\quad - S\phi \partial_\mu S^{-1} S S^{-1} \\
&= S(\partial_\mu \phi - \omega_\mu \phi + \phi \omega_\mu)S^{-1} = S(\partial_\mu \phi - [\omega_\mu, \phi])S^{-1} \\
&= S(D_\mu \phi)S^{-1}. \qquad (\text{附 } 3.55)
\end{aligned}
$$

将式 (附 3.48) 和式 (附 3.49) 代入式 (附 3.50) 可有

$$
\begin{aligned}
D_\mu \phi &= (\partial_\mu \phi^a)\gamma_a - \frac{1}{2}\omega_\mu^{ab}\phi^c[I_{ab}, \gamma_c] \\
&= \partial_\mu \phi^a \gamma_a - \frac{1}{2}\omega_\mu^{ab}\phi^c(\gamma_a \delta_{bc} - \gamma_b \delta_{ac}), \qquad (\text{附 } 3.56)
\end{aligned}
$$

故

$$
\begin{aligned}
D_\mu \phi &= (\partial_\mu \phi^a)\gamma^a - \frac{1}{2}\omega_\mu^{ab}\phi^b \gamma_a + \frac{1}{2}\omega_\mu^{cb}\phi^c \gamma_b \\
&= (\partial_\mu \phi^a)\gamma^a - \frac{1}{2}\omega_\mu^{ab}\phi^b \gamma_a - \frac{1}{2}\omega_\mu^{ac}\phi^c \gamma_a, \qquad (\text{附 } 3.57)
\end{aligned}
$$

即

$$D_\mu \phi = (\partial_\mu \phi^a - \omega_\mu^{ab}\phi^b)\gamma_a.$$

故

$$
\begin{cases}
D_\mu \phi = (D_\mu \phi^a)\gamma_a, \\
D_\mu \phi = \partial_\mu \phi^a - \omega_\mu^{ab}\phi^b.
\end{cases} \qquad (\text{附 } 3.58)
$$

此式利用式 (附 3.44) 可直接证明.

附 3.7 $SO(N)$ 规范场张量

$SO(N)$ 规范场张量定义为

$$F_{\mu\nu} = \frac{1}{2}F_{\mu\nu}^{ab}I_{ab}. \tag{附 3.59}$$

$F_{\mu\nu}$ 由 ω_μ 构成且满足规范协变性

$$F'_{\mu\nu} = SF_{\mu\nu}S^{-1}. \tag{附 3.60}$$

可证明若规范势 ω_μ 满足规范变换

$$\omega'_\mu = S\omega_\mu S^{-1} + \partial_\mu S S^{-1},$$

则 $F_{\mu\nu}$ 具有下列形式:

$$F_{\mu\nu} = \partial_\mu\omega_\nu - \partial_\nu\omega_\mu - [\omega_\mu,\omega_\nu]. \tag{附 3.61}$$

证明如下: (利用 $S^{-1}\partial_\mu S = -\partial_\mu S^{-1}S$)

$$
\begin{aligned}
F'_{\mu\nu} =& \partial_\mu\omega'_\nu - \partial_\nu\omega'_\mu - [\omega'_\mu,\omega'_\nu]\\
=& \partial_\mu(S\omega_\nu S^{-1} + \partial_\nu S S^{-1}) - \partial_\nu(S\omega_\mu S^{-1} + \partial_\mu S S^{-1})\\
& - (S\omega_\mu S^{-1} + \partial_\mu S S^{-1})(S\omega_\nu S^{-1} + \partial_\nu S S^{-1})\\
& + (S\omega_\nu S^{-1} + \partial_\nu S S^{-1})(S\omega_\mu S^{-1} + \partial_\mu S S^{-1})\\
=& S\partial_\mu\omega_\nu S^{-1} + \partial_\mu S\omega_\nu S^{-1} + S\omega_\nu\partial_\mu S^{-1} + (\partial_\mu\partial_\nu S)S^{-1} + \partial_\nu S\partial_\nu S^{-1}\\
& - S\partial_\nu\omega_\mu S^{-1} - \partial_\nu S\omega_\mu S^{-1} - S\omega_\mu\partial_\nu S^{-1} - (\partial_\nu\partial_\mu S)S^{-1} - \partial_\mu S\partial_\nu S^{-1}\\
& - S\omega_\mu\omega_\nu S^{-1} + S\omega_\mu\partial_\nu S^{-1} - \partial_\mu S\omega_\nu S^{-1} + \partial_\mu S\partial_\nu S^{-1}\\
& + S\omega_\nu\omega_\mu S^{-1} - S\omega_\nu\partial_\mu S^{-1} + \partial_\nu S\omega_\mu S^{-1} - \partial_\nu S\partial_\mu S^{-1}, \tag{附 3.62}
\end{aligned}
$$

故

$$F'_{\mu\nu} = S\{\partial_\mu\omega_\nu - \partial_\nu\omega_\mu - [\omega_\mu,\omega_\nu]\}S^{-1},$$

因而 $F_{\mu\nu}$ 是规范协变张量

$$F'_{\mu\nu} = SF_{\mu\nu}S^{-1}. \tag{附 3.63}$$

此外由

$$F_{\mu\nu} = \frac{1}{2}F_{\mu\nu}^{ab}I_{ab}, \quad \omega_\mu = \frac{1}{2}\omega_\mu^{ab}I_{ab}, \tag{附 3.64}$$

可知

$$F_{\mu\nu} = \frac{1}{2} F_{\mu\nu}^{ab} I_{ab}$$
$$= \frac{1}{2} \left(\partial_\mu \omega_\nu^{ab} - \partial_\nu \omega_\mu^{ab} \right) I_{ab} - [\omega_\mu, \omega_\nu]. \tag{附 3.65}$$

可证

$$F_{\mu\nu} = \frac{1}{2} \left(\partial_\mu \omega_\nu^{ab} - \partial_\nu \omega_\mu^{ab} \right) I_{ab} - \frac{1}{2} \left(\omega_\mu^{ac} \omega_\nu^{cb} - \omega_\nu^{ac} \omega_\mu^{cb} \right) I_{ab}, \tag{附 3.66}$$

即

$$\frac{1}{2} F_{\mu\nu}^{ab} I_{ab} = \frac{1}{2} \left(\partial_\mu \omega_\nu^{ab} - \partial_\nu \omega_\mu^{ab} - \omega_\mu^{ac} \omega_\nu^{cb} + \omega_\nu^{ac} \omega_\mu^{cb} \right) I_{ab}, \tag{附 3.67}$$

故

$$\begin{cases} F_{\mu\nu}^{ab} = \partial_\mu \omega_\nu^{ab} - \partial_\nu \omega_\mu^{ab} - \omega_\mu^{ac} \omega_\nu^{cb} + \omega_\nu^{ac} \omega_\mu^{cb}, \\ F_{\mu\nu} = \frac{1}{2} F_{\mu\nu}^{ab} I_{ab}. \end{cases} \tag{附 3.68}$$

附 3.8　协变微商与规范场张量

由于 $[A, B] = AB - BA$, 则可证明

$$\partial_\mu [A, B] = [\partial_\mu A, B] + [A, \partial_\mu B], \tag{附 3.69}$$

并且

$$[A, [B, C]] + [B, [C, A]] + [C, [A, B]] = 0. \tag{附 3.70}$$

对 Clifford 代数矢量 $\phi = \phi^a \gamma_a$ 的协变微商

$$D_\mu \phi = \partial_\mu \phi - [\omega_\mu, \phi] = (D_\mu \phi^a) \gamma_a \tag{附 3.71}$$

仍是一个 Clifford 代数矢量, 故

$$D_\mu (D_\nu \phi) = \partial_\mu D_\nu \phi - [\omega_\mu, D_\nu \phi]$$
$$= \partial_\mu [\partial_\nu \phi - [\omega_\nu, \phi]] - [\omega_\mu, \partial_\nu \phi - [\omega_\nu, \phi]], \tag{附 3.72}$$

即

$$\begin{cases} D_\mu(D_\nu \phi) = \partial_\mu \partial_\nu \phi - [\partial_\mu \omega_\nu, \phi] - [\omega_\nu, \partial_\mu \phi] + [\omega_\mu, \partial_\nu \phi] + [\omega_\mu, [\omega_\nu, \phi]], \\ D_\nu(D_\mu \phi) = \partial_\nu \partial_\mu \phi - [\partial_\nu \omega_\mu, \phi] - [\omega_\mu, \partial_\nu \phi] + [\omega_\nu, \partial_\mu \phi] + [\omega_\nu, [\omega_\mu, \phi]]. \end{cases}$$
$$\tag{附 3.73}$$

将两式相减得

$$\left(D_\mu D_\nu - D_\nu D_\mu\right)\phi = -\left[\left(\partial_\mu \omega_\nu - \partial_\nu \omega_\mu\right), \phi\right] + \left[\omega_\mu, \left[\omega_\nu, \phi\right]\right] - \left[\omega_\nu, \left[\omega_\mu, \phi\right]\right].$$

（附 3.74）

由于

$$[\omega_\mu, [\omega_\nu, \phi]] + [\omega_\nu, [\phi, \omega_\mu]] + [\phi, [\omega_\mu, \omega_\nu]] = 0,$$

（附 3.75）

则有

$$[\omega_\mu, [\omega_\nu, \phi]] - [\omega_\nu, [\omega_\mu, \phi]] = [[\omega_\mu, \omega_\nu], \phi].$$

（附 3.76）

将上式代入式 (附 3.74) 可得

$$\left(D_\mu D_\nu - D_\nu D_\mu\right)\phi = -[F_{\mu\nu}, \phi],$$

（附 3.77）

其中, $F_{\mu\nu}$ 就是附 3.7 节定义的规范场张量

$$\begin{cases} F_{\mu\nu} = \partial_\mu \omega_\nu - \partial_\nu \omega_\mu - [\omega_\mu, \omega_\nu], \\ F_{\mu\nu} = \frac{1}{2} F_{\mu\nu}^{ab} I_{ab}. \end{cases}$$

（附 3.78）

由于

$$\begin{aligned} D'_\mu \phi' &= S D_\mu \phi S^{-1}, \\ \phi' &= S \phi S^{-1}, \end{aligned}$$

（附 3.79）

则可证明

$$F'_{\mu\nu} = S F_{\mu\nu} S^{-1},$$

（附 3.80）

即 $F_{\mu\nu}$ 是规范协变的. 由于 $D_\mu \phi = (D_\mu \phi^a)\gamma_a$, 可将式 (附 3.77) 表示为

$$\left(D_\mu D_\nu - D_\nu D_\mu\right)\phi^a \gamma_a = -[F_{\mu\nu}, \phi].$$

（附 3.81）

利用 $F_{\mu\nu} = \dfrac{1}{2} F_{\mu\nu}^{ab} I_{ab}$, $\phi = \phi^a \gamma_a$ 和式 (附 3.44) 可证明

$$[F_{\mu\nu}, \phi] = F_{\mu\nu}^{ab} \phi^b,$$

（附 3.82）

故有分量公式

$$\left(D_\mu D_\nu - D_\nu D_\mu\right)\phi^a = -F_{\mu\nu}^{ab} \phi^b.$$

（附 3.83）

附 3.9　$SO(N)$ 李代数矢量的协变微商

$SO(N)$ 群的生成元为 I_{ab}, 它是 $SO(N)$ 李代数的基, 故其对应的李代数矢量场可表示为

$$\Phi = \frac{1}{2}\phi^{ab}I_{ab}, \quad \phi^{ab} = -\phi^{ba}. \tag{附 3.84}$$

可证明当进行规范变换

$$\Phi' = S\Phi S^{-1}, \tag{附 3.85}$$

$$\omega'_\mu = S\omega'_\mu S^{-1} + \partial_\mu SS^{-1}, \tag{附 3.86}$$

如下定义的协变微商

$$D_\mu\Phi = \partial_\mu\Phi - [\omega_\mu, \Phi] \tag{附 3.87}$$

是规范协变的

$$D'_\mu\Phi' = S(D_\mu\Phi)S^{-1}.$$

利用式 (附 3.47) 和

$$\omega_\mu = \frac{1}{2}\omega_\mu^{ab}I_{ab}, \Phi = \frac{1}{2}\phi^{cd}I_{cd},$$

可证明

$$\begin{aligned}[\omega_\mu, \Phi] &= \frac{1}{2}[\omega_\mu^{ac}\phi^{cb} - \phi^{ac}\omega_\mu^{cb}]I_{ab}\\ &= \frac{1}{2}[\omega_\mu^{ac}\phi^{cb} - \omega_\mu^{bc}\phi^{ca}]I_{ab}.\end{aligned} \tag{附 3.88}$$

故由式 (附 3.86) 可知

$$D_\mu\Phi = \frac{1}{2}(D_\mu\phi^{ab})I_{ab},$$

$$D_\mu\phi^{ab} = \partial_\mu\phi^{ab} - \omega_\mu^{ac}\phi^{cb} + \omega_\mu^{bc}\phi^{ca}. \tag{附 3.89}$$

附 3.10　挠率张量

定义

$$T_{\mu\nu} = D_\mu e_\nu - D_\nu e_\mu, \tag{附 3.90}$$

其中

$$e_\mu = e_\mu^a \gamma_a, \tag{附 3.91}$$

e_μ^a 对 a 指标为 Clifford 矢量. Clifford 矢量的协变微商仍是 Clifford 矢量

$$D_\mu e_\nu = (D_\mu e_\nu^a)\gamma_a, \tag{附 3.92}$$

$$D_\mu e_\nu = D_\nu e_\nu - [\omega_\mu, e_\nu], \tag{附 3.93}$$

$$D_\mu e_\nu^a = \partial_\mu e_\nu^a - \omega_\mu^{ab} e_\nu^b, \tag{附 3.94}$$

则有

$$T_{\mu\nu} = T_{\mu\nu}^a \gamma_a, \tag{附 3.95}$$

其中

$$T_{\mu\nu}^a = D_\mu e_\nu^a - D_\nu e_\mu^a \tag{附 3.96}$$

称为挠率张量 (torsion tensor). e_μ^a 的双重协变微商为[①]

$$\mathcal{D}_\mu e_\nu^a = \partial_\mu e_\nu^a - \omega_\mu^{ab} e_\nu^b - \Gamma_{\mu\nu}^\lambda e_\lambda^a = D_\mu e_\nu^a - \Gamma_{\mu\nu}^\lambda e_\lambda^a, \tag{附 3.97}$$

其中 $\Gamma_{\mu\nu}^\lambda$ 称为仿射联络.

在 $SO(N)$ 规范理论与 Riemann-Cartan 流形微分几何统一理论中, 假设

$$\mathcal{D}_\mu e_\mu^a = 0, \tag{附 3.98}$$

则有

$$D_\mu e_\nu^a = \Gamma_{\mu\nu}^\lambda e_\lambda^a, \tag{附 3.99}$$

故有

$$T_{\mu\nu}^a = D_\mu e_\nu^a - D_\nu e_\mu^a = \Gamma_{\mu\nu}^\lambda e_\lambda^a - \Gamma_{\nu\mu}^\lambda e_\lambda^a. \tag{附 3.100}$$

将上式乘 $e^{a\sigma}$, 利用 $e^{a\sigma} e_\lambda^a = \delta_\lambda^\sigma$, 得

$$T_{\mu\nu}^a e^{a\sigma} = \Gamma_{\mu\nu}^\sigma - \Gamma_{\nu\mu}^\sigma. \tag{附 3.101}$$

---

① 两种协变微商 $D_\mu e_\nu^a = \partial_\mu e_\nu^a - \omega_\mu^{ab} e_\nu^b$, $\nabla_\mu e_\nu^a = \partial_\mu e_\nu^a - \Gamma_{\mu\nu}^\lambda e_\lambda^a$.

令

$$T_{\mu\nu}^{\lambda} = e^{a\lambda}T_{\mu\nu}^{a}, \tag{附 3.102}$$

则有

$$T_{\mu\nu}^{\lambda} = \Gamma_{\mu\nu}^{\lambda} - \Gamma_{\nu\mu}^{\lambda}, \tag{附 3.103}$$

即当有挠率张量存在时, 联络 $\Gamma_{\mu\nu}^{\lambda}$ 对 μ, ν 指标不是对称的.

附 3.11　$SO(N)$ 规范理论与黎曼几何

附 3.11.1　Riemann 几何中的联络与协变微商

度规 $g_{\mu\nu} = e_{\mu}^{a}e_{\nu}^{a}$, Vielbein e_{μ}^{a} 的双重协变微商为零

$$\mathcal{D}_{\mu}e_{\nu}^{a} = 0, \quad \mathcal{D}_{\mu}e^{a\nu} = 0. \tag{附 3.104}$$

协变矢量 $\phi_{\nu} = e_{\nu}^{a}\phi^{a}$, ϕ^{a} 为 Clifford 矢量分量

$$\mathcal{D}_{\mu}\phi_{\nu} = e_{\nu}^{a}D_{\mu}\phi^{a}, \quad \mathcal{D}_{\mu}\phi^{a} = D_{\mu}\phi^{a}. \tag{附 3.105}$$

$D_{\mu}\phi^{a}$ 为 Clifford 矢量的 $SO(N)$ 规范协变微商, 且

$$\mathcal{D}_{\mu}\phi_{\nu} = \nabla_{\mu}\phi_{\nu}, \tag{附 3.106}$$

故

$$\begin{aligned}
\nabla_{\mu}\phi_{\nu} &= e_{\nu}^{a}D_{\mu}\phi^{a}\\
&= D_{\mu}(e_{\nu}^{a}\phi^{a}) - (D_{\mu}e_{\nu}^{a})\phi^{a}\\
&= D_{\mu}\phi_{\nu} - (D_{\mu}e_{\nu}^{a})e^{a\lambda}\phi_{\lambda}.
\end{aligned} \tag{附 3.107}$$

定义 Riemann-Cartan 联络

$$\Gamma_{\mu\nu}^{\lambda} = (D_{\mu}e_{\nu}^{a})\,e^{a\lambda}, \tag{附 3.108}$$

可有

$$\nabla_{\mu}\phi_{\nu} = \partial_{\mu}\phi_{\nu} - \Gamma_{\mu\nu}^{\lambda}\phi_{\lambda}. \tag{附 3.109}$$

此外由

$$\phi^\lambda = e^{a\lambda}\phi^a,$$

则

$$\mathcal{D}_\mu\phi^\lambda = e^{a\lambda}D_\mu\phi^a.$$

且

$$\mathcal{D}_\mu\phi^\lambda = \nabla_\mu\phi^\lambda,$$

则

$$
\begin{aligned}
\nabla_\mu\phi^\lambda &= e^{a\lambda}D_\mu\phi^a \\
&= D_\mu(e^{a\lambda}\phi^a) - (D_\mu e^{a\lambda})\phi^a \\
&= \partial_\mu\phi^\lambda - (D_\mu e^{a\lambda})e^a_\nu\phi^\nu + \partial_\mu\phi^\lambda + (D_\mu e^a_\nu)e^{a\lambda}\phi^\nu,
\end{aligned}
\tag{附 3.110}
$$

可有

$$\nabla_\mu\phi^\lambda = \partial_\mu\phi^\lambda + \Gamma^\lambda_{\mu\nu}\phi^\nu. \tag{附 3.111}$$

此外, 由于 $g_{\mu\nu} = e^a_\mu e^a_\nu$, 则

$$
\begin{aligned}
\nabla_\lambda g_{\mu\nu} &= (\nabla_\lambda e^a_\mu)e^a_\nu + e^a_\mu\nabla_\lambda e^a_\nu \\
&= (\partial_\lambda e^a_\mu - \Gamma^\sigma_{\lambda\mu}e^a_\sigma)e^a_\nu + e^a_\mu(\partial_\lambda e^a_\nu - \Gamma^\sigma_{\lambda\nu}e^a_\sigma) \\
&= (\partial_\lambda e^a_\mu)e^a_\nu - \Gamma^\sigma_{\lambda\mu}e^a_\sigma e^a_\nu + e^a_\mu(\partial_\lambda e^a_\nu) - \Gamma^\sigma_{\lambda\nu}e^a_\sigma e^a_\mu \\
&= \partial_\lambda(e^a_\mu e^a_\nu) - \Gamma^\sigma_{\lambda\mu}g_{\sigma\nu} - \Gamma^\sigma_{\lambda\nu}g_{\sigma\mu},
\end{aligned}
\tag{附 3.112}
$$

故有

$$\nabla_\lambda g_{\mu\nu} = \partial_\lambda(g_{\mu\nu}) - \Gamma^\sigma_{\lambda\mu}g_{\sigma\nu} - \Gamma^\sigma_{\lambda\nu}g_{\sigma\mu}, \tag{附 3.113}$$

这与黎曼几何中 $\nabla_\lambda g_{\mu\nu}$ 中的协变微商是一致的.

　　黎曼几何中假设:

　　(1) $\nabla_\lambda g_{\mu\nu} = 0$,　　　　度规与协变微商适配;

　　(2) $\Gamma^\lambda_{\mu\nu} = \Gamma^\lambda_{\nu\mu}$.

用 (1) 和 (2) 可证明

$$\Gamma^\lambda_{\mu\nu} = \frac{1}{2}g^{\lambda\sigma}\left(\partial_\mu g_{\nu\sigma} + \partial_\nu g_{\mu\sigma} - \partial_\sigma g_{\mu\nu}\right), \tag{附 3.114}$$

此联络在黎曼几何中称为 Christoffel 符号, 记为

$$\Gamma^\lambda_{\mu\nu} = \{^\lambda_{\mu\nu}\}, \tag{附 3.115}$$

也称黎曼联络.

附 3.11.2　$SO(N)$ 规范场张量与 Riemann-Cartan 微分几何的曲率张量

现在讨论 $SO(N)$ 规范场张量与 Riemann-Cartan 流形的曲率张量之间的关系, 也即 $F^{ab}_{\mu\nu}$ 与 $R^\lambda{}_{\rho\mu\nu}$ 之间的关系, 其中

$$R^\lambda{}_{\sigma\mu\nu} = \partial_\mu \Gamma^\lambda_{\nu\sigma} - \partial_\nu \Gamma^\lambda_{\mu\sigma} + \Gamma^\lambda_{\mu\rho}\Gamma^\rho_{\nu\sigma} - \Gamma^\lambda_{\nu\rho}\Gamma^\rho_{\mu\sigma}. \tag{附 3.116}$$

由于

$$\mathcal{D}_\mu e^a_\nu = \partial_\mu e^a_\nu - \omega^{ab}_\mu e^b_\nu - \Gamma^\lambda_{\mu\nu} e^a_\lambda = 0, \tag{附 3.117}$$

即

$$D_\mu e^a_\nu = \Gamma^\lambda_{\mu\nu} e^a_\lambda, \tag{附 3.118}$$

则

$$\Gamma^\lambda_{\mu\nu} = (D_\mu e^a_\nu) e^{a\lambda} \quad \text{或} \quad \Gamma^\lambda_{\mu\nu} = -e^a_\nu D_\mu e^{a\lambda}, \tag{附 3.119}$$

故

$$\Gamma^\lambda_{\nu\sigma} = (D_\nu e^a_\sigma) e^{a\lambda}, \quad \Gamma^\lambda_{\mu\sigma} = (D_\mu e^a_\sigma) e^{a\lambda}. \tag{附 3.120}$$

可知

$$\partial_\mu \Gamma^\lambda_{\nu\sigma} = D_\mu \left[(D_\nu e^a_\sigma) e^{a\lambda} \right] = (D_\mu D_\nu e^a_\sigma) e^{\lambda a} + (D_\nu e^a_\sigma)(D_\mu e^{\lambda a}), \tag{附 3.121}$$

$$\partial_\nu \Gamma^\lambda_{\mu\sigma} = D_\nu \left[(D_\mu e^a_\sigma) e^{a\lambda} \right] = (D_\nu D_\mu e^a_\sigma) e^{\lambda a} + (D_\mu e^a_\sigma)(D_\nu e^{\lambda a}), \tag{附 3.122}$$

则

$$\partial_\mu \Gamma^\lambda_{\nu\sigma} - \partial_\nu \Gamma^\lambda_{\mu\sigma} = [(D_\mu D_\nu - D_\nu D_\mu) e^a_\sigma] e^{\lambda a} + D_\nu e^a_\sigma D_\mu e^{\lambda a} - D_\mu e^a_\sigma D_\nu e^{\lambda a}, \tag{附 3.123}$$

由于

$$D_\nu e^a_\sigma = \Gamma^\rho_{\nu\sigma} e^a_\rho, \qquad D_\nu e^{\lambda a} = \Gamma^\lambda_{\nu\tau} e^{\tau a},$$
$$D_\mu e^a_\sigma = \Gamma^\rho_{\mu\sigma} e^a_\rho, \qquad D_\mu e^{\lambda a} = \Gamma^\lambda_{\mu\tau} e^{\tau a},$$

且

$$(D_\mu D_\nu - D_\nu D_\mu) e^a_\sigma = -F^{ab}_{\mu\nu} e^b_\sigma, \tag{附 3.124}$$

故有

$$\partial_\mu \Gamma^\lambda_{\nu\sigma} - \partial_\nu \Gamma^\lambda_{\mu\sigma} = -F^{ab}_{\mu\nu} e^b_\sigma e^{\lambda a} - \Gamma^\rho_{\nu\sigma} e^a_\rho \Gamma^\lambda_{\mu\tau} e^{\tau a} + \Gamma^\rho_{\mu\sigma} e^a_\rho \Gamma^\lambda_{\nu\tau} e^{\tau a}. \qquad (\text{附 } 3.125)$$

再利用

$$e^a_\rho e^{\tau a} = \delta^\tau_\rho, \qquad (\text{附 } 3.126)$$

可有

$$\partial_\mu \Gamma^\lambda_{\nu\sigma} - \partial_\nu \Gamma^\lambda_{\mu\sigma} = -F^{ab}_{\mu\nu} e^b_\sigma e^{\lambda a} - \Gamma^\rho_{\nu\sigma} \Gamma^\lambda_{\mu\rho} + \Gamma^\rho_{\mu\sigma} \Gamma^\lambda_{\nu\rho}, \qquad (\text{附 } 3.127)$$

即

$$\partial_\mu \Gamma^\lambda_{\nu\sigma} - \partial_\nu \Gamma^\lambda_{\mu\sigma} + \Gamma^\rho_{\nu\sigma} \Gamma^\lambda_{\mu\rho} - \Gamma^\rho_{\mu\sigma} \Gamma^\lambda_{\nu\rho} = -F^{ab}_{\mu\nu} e^b_\sigma e^{\lambda a}, \qquad (\text{附 } 3.128)$$

也即

$$R^\lambda{}_{\sigma\mu\nu} = -F^{ab}_{\mu\nu} e^b_\sigma e^{\lambda a}. \qquad (\text{附 } 3.129)$$

这说明 $R^\lambda{}_{\sigma\mu\nu}$ 是由 $F^{ab}_{\mu\nu}$ 和 Veilbein 构成的 $SO(N)$ 不变量.

上式还有一个直接推导, 由于 ϕ^λ 可表示为

$$\phi^\lambda = e^{a\lambda} \phi^a, \qquad (\text{附 } 3.130)$$

且

$$D_\mu \phi^\lambda = \nabla_\mu \phi^\lambda, \qquad (\text{附 } 3.131)$$

又因

$$\mathcal{D}_\mu e^{a\lambda} = 0, \qquad \mathcal{D}_\mu \phi^a = D_\mu \phi^a, \qquad (\text{附 } 3.132)$$

则

$$(\mathcal{D}_\mu \mathcal{D}_\nu - \mathcal{D}_\nu \mathcal{D}_\mu) \phi^\lambda = e^{a\lambda} (\mathcal{D}_\mu \mathcal{D}_\nu - \mathcal{D}_\nu \mathcal{D}_\mu) \phi^a, \qquad (\text{附 } 3.133)$$

故

$$(\nabla_\mu \nabla_\nu - \nabla_\nu \nabla_\mu) \phi^\lambda = e^{a\lambda} (D_\mu D_\nu - D_\nu D_\mu) \phi^a. \qquad (\text{附 } 3.134)$$

由于

$$(D_\mu D_\nu - D_\nu D_\mu)\,\phi^a = -\,F_{\mu\nu}^{ab}\phi^b = -F_{\mu\nu}^{ab}e_\sigma^b\phi^\sigma, \tag{附 3.135}$$

$$(\nabla_\mu \nabla_\nu - \nabla_\nu \nabla_\mu)\,\phi^\lambda = R^\lambda{}_{\sigma\mu\nu}\phi^\sigma, \tag{附 3.136}$$

故

$$(\nabla_\mu \nabla_\nu - \nabla_\nu \nabla_\mu)\,\phi^\lambda = -\,F_{\mu\nu}^{ab}e_\sigma^b\phi^\sigma e^{a\lambda},$$

$$F_{\mu\nu}^{ab}e_\sigma^b e^{a\lambda} = -\,R^\lambda{}_{\sigma\mu\nu}. \tag{附 3.137}$$

附录四: 超势的具体表达式

$$\mathcal{V}_a^{\mu\nu} = -\frac{\partial \mathcal{L}_e}{\partial \partial_\nu e^{b\lambda}} e^{b\mu} e^{a\lambda}, \tag{附 4.1}$$

由超势的定义

$$\mathcal{L}_e = -\frac{c^4}{16\pi G} \left(\omega^a \omega^a - \omega^{abc} \omega^{abc} \right) \sqrt{-g}, \tag{附 4.2}$$

其中

$$\omega^a = \omega^{bab}, \tag{附 4.3}$$

可得

$$\mathcal{L}_e = -\frac{c^4}{16\pi G} \left(\omega^{lml} \omega^{pmp} - \omega^{lmn} \omega^{nml} \right) \sqrt{-g}, \tag{附 4.4}$$

故可有

$$\frac{\partial \mathcal{L}_e}{\partial \partial_\nu e^{b\lambda}} = \frac{c^4}{16\pi G} \left(\frac{\partial \omega^{lml}}{\partial \partial_\nu e^{b\lambda}} \omega^{pmp} + \omega^{lml} \frac{\partial \omega^{pmp}}{\partial \partial_\nu e^{b\lambda}} - \frac{\partial \omega^{lmn}}{\partial \partial_\nu e^{b\lambda}} \omega^{nml} - \omega^{lmn} \frac{\partial \omega^{nml}}{\partial \partial_\nu e^{b\lambda}} \right),$$

$$\frac{\partial \omega^{lmn}}{\partial \partial_\nu e^{b\lambda}} \omega^{nml}$$

$$= \frac{1}{2} \left[\left(e^{n\nu} e_\lambda^m - e^{m\nu} e_\lambda^n \right) \delta^{bl} + \left(e^{m\nu} e_\lambda^l - e^{l\nu} e_\lambda^n \right) \delta^{bm} - \left(e^{m\nu} e_\lambda^l - e^{l\nu} e_\lambda^m \right) \delta^{bn} \right] \omega^{nml}$$

$$= \frac{1}{2} \left[\left(e^{n\nu} e_\lambda^m - e^{m\nu} e_\lambda^n \right) \omega^{nmb} + \left(e^{m\nu} e_\lambda^l - e^{l\nu} e_\lambda^n \right) \omega^{nbl} - \left(e^{m\nu} e_\lambda^l - e^{l\nu} e_\lambda^m \right) \omega^{bml} \right]$$

$$= \frac{1}{2} \left[\left(e^{n\nu} e_\lambda^l - e^{l\nu} e_\lambda^n \right) \omega^{nlb} + \left(e^{m\nu} e_\lambda^l - e^{l\nu} e_\lambda^n \right) \omega^{nlb} - \left(e^{m\nu} e_\lambda^l - e^{l\nu} e_\lambda^m \right) \omega^{bml} \right].$$

其中

$$\left(e^{m\nu} e_\lambda^l - e^{l\nu} e_\lambda^m \right) \omega^{bml} = 0. \tag{附 4.5}$$

则

$$\frac{\partial \omega^{lmn}}{\partial \partial_\nu e^{b\lambda}} \omega^{nml} = -e_\lambda^n e^{l\nu} \omega^{nlb}. \tag{附 4.6}$$

有

$$\frac{\partial \omega^{nml}}{\partial \partial_\nu e^{b\lambda}} \omega^{lmn} = -e_\lambda^l e^{n\nu} \omega^{lnb} = -e_\lambda^n e^{l\nu} \omega^{nlb}. \tag{附 4.7}$$

$$\frac{\partial \omega^{lml}}{\partial \partial_\nu e^{b\lambda}} \omega^m$$

$$=\frac{1}{2} \left[\left(e^{l\nu} e_\lambda^m - e^{m\nu} e_\lambda^l\right) \delta^{bl} + \left(e^{l\nu} e_\lambda^l - e^{l\nu} e_\lambda^l\right) \delta^{bm} - \left(e^{m\nu} e_\lambda^l - e^{l\nu} e_\lambda^m\right) \delta^{bl} \right] \omega^m$$

$$=\frac{1}{2} \left[\left(e^{b\nu} e_\lambda^m - e^{m\nu} e_\lambda^b\right) \omega^m + \left(2\delta_\lambda^\nu\right) \omega^b - \left(e^{m\nu} e_\lambda^b + e^{b\nu} e_\lambda^m\right) \right] \omega^m. \tag{附 4.8}$$

即

$$\frac{\partial \omega^{lml}}{\partial \partial_\nu e^{b\lambda}} \omega^m = \delta_\lambda^\nu \omega^b - e^{m\nu} e_\lambda^b \omega^m, \tag{附 4.9}$$

故

$$\frac{\partial \mathcal{L}_e}{\partial \partial_\nu e^{b\lambda}} = \frac{c^4}{16\pi G} \left(\delta_\lambda^\nu \omega^b - e^{m\nu} e_\lambda^b \omega^m + e_\lambda^n e^{l\nu} \omega^{nlb} \right) \sqrt{-g}. \tag{附 4.10}$$

则由

$$\mathcal{V}_a^{\mu\nu} = -\frac{\partial \mathcal{L}_e}{\partial \partial_\nu e^{b\lambda}} e^{b\mu} e^{a\lambda}, \tag{附 4.11}$$

得

$$\mathcal{V}_a^{\mu\nu} = -\frac{c^4}{16\pi G} \left(\delta_\lambda^\nu \omega^b - e^{m\nu} e_\lambda^b \omega^m + e_\lambda^n e^{l\nu} \omega^{nlb} \right) e^{b\mu} e^{a\lambda} \sqrt{-g}$$

$$= -\frac{c^4}{16\pi G} \left[\left(e^{a\nu} e^{b\mu} - e^{b\nu} e^{a\mu}\right) \omega^b + e^{l\nu} e^{b\mu} \omega^{alb} \right] \sqrt{-g}. \tag{附 4.12}$$

即

$$\mathcal{V}_a^{\mu\nu} = -\frac{c^4}{16\pi G} \left[\left(e^{a\mu} e^{b\nu} - e^{b\mu} e^{a\nu}\right) \omega^b + e^{b\mu} e^{c\nu} \omega^{abc} \right] \sqrt{-g}. \tag{附 4.13}$$

上式对 μ, ν 交换反对称, 即

$$\mathcal{V}_a^{\mu\nu} = -\mathcal{V}_a^{\nu\mu}. \tag{附 4.14}$$

最终可有如下表达式:

$$\sqrt{-g}\theta_a^\mu = \frac{\partial}{\partial x^\nu} \left(\mathcal{V}_a^{\mu\nu} \right). \tag{附 4.15}$$

主要参考文献

[1] Misner C W, Thorne K S, Wheeler J A. Gravitation. W H Freeman and Company, 1973.

[2] Landau L D, Lifshitz E M. The Classical Theory of Fields (4th ed). Pergamon Press, 1975.

[3] 刘辽, 赵峥. 广义相对论 (第二版). 高等教育出版社, 2004.

[4] Weinberg S. Gravitation and Cosmology: Principles and Applications of the General Theory of Relativity. John Wiley & Sons, 1972; 邹振隆, 张历宁等译. 引力论和宇宙论: 广义相对论的原理和应用. 科学出版社, 1980.

[5] 向守平, 冯珑珑译; (美) 瓦尼安 (Ohanian H C), (意) 鲁菲尼 (Ruffini R) 著. 引力与时空 (第二版). 科学出版社, 2006.

[6] 方励之, (意) 鲁菲尼 (Ruffini R) 著. 相对论天体物理的基本概念. 上海科学技术出版社, 1981.

[7] Duan Y S. Generally Covariant Formulation of Fields Theory and Generalized Conservation Laws. JINR Preprint, 1957, 65.

[8] Duan Y S. General Covariant Equations for Fields of Arbitrary Spin. Soviet Physics JETP, 1958, 34(3): 632-636.

[9] 段一士. 任意自旋基本质点的场的广义协变方程式. 兰州大学学报, 1958(1): 29-34.

[10] 段一士, 张敬业. 关于广义相对论中福克的谐和坐标条件. 物理学报, 1962(4): 211-217.

[11] 段一士, 张敬业. 广义相对论中的能量动量守恒定律. 物理学报, 1963(11): 689-704.

[12] Shapiro I I. Fourth Test of General Relativity. Physical Review Letters, 1964, 13(26): 789-791.

[13] Shapiro I I, Pettengill G H, Ash M E, et al. Fourth Test of General Relativity: Preliminary Results. Physical Review Letters, 1968, 20(22): 1265-1269.

[14] Shapiro I I, Ash M E, Ingalls R P, et al. Fourth Test of General Relativity: New Radar Result. Physical Review Letters, 1971, 26(18): 1132-1135.

[15] Pound R V, Rebka G A. Apparent Weight of Photons. Physical Review Letters, 1960, 4(7): 337-341.

后　记

段一士先生在兰州大学从事教学和科研工作六十年，留下了大量的讲义和笔记手稿. 这些资料饱含了段先生毕生的心血，体现了他对学科前沿的把握、严谨的科研作风、厚实的理论基础以及培养人才的独到之处，是兰州大学的一笔宝贵财富.

为了纪念段先生并传承段先生的教学之道和治学精神，以葛墨林院士为代表的段一士先生的学生们、孙昌璞院士及段先生生前同事等倡议出版段先生的系列讲义和笔记手稿. 本书的电子版初稿由任继荣整理录入. 2005 年以来，杨捷使用此讲义为兰州大学理论物理专业的研究生和本科生讲授《广义相对论》课程. 在本书内容的整理过程中，西安交通大学张胜利教授提供了他记录的段先生八十年代在中国科学院研究生院讲授广义相对论和引力规范理论时的笔记，刘玉孝、王永强、赵力、魏少文进行了修改和补充. 书稿清样的校对工作主要由刘玉孝、杨捷以及部分研究生完成. 由于我们水平有限，书中不妥之处，敬请专家、读者指正. 除《广义相对论与引力规范理论》外，还有《拓扑规范场论》和《经典规范场理论》讲义也将陆续整理出版. 本书的顺利出版，得到了段先生夫人黄友梅研究员的热忱关心和大力支持. 本书出版过程中，也得到了罗洪刚教授和王建波教授等的鼎力支持，在此致以衷心的感谢. 此外，还要特别感谢喻豪、郭文帝、睢陶陶、崔正权、杨四江、林子超、王健、万俊杰、谭钦、陈靖、王慧敏、杨晨、孙烁、冯文彬、刘宇强、张学昊、朱春春、张梓奇、徐娜、曲乐琛、崔思源、赵少东、常景程等研究生的协助.

段先生一生以科学创新和教书育人为己任，创造了言简意赅、一语道破的讲法. 这本讲义的出版，寄托了我们对段先生的敬仰和思念，也希望能惠及更多的学者和学生.

本书编委会

2020 年 5 月